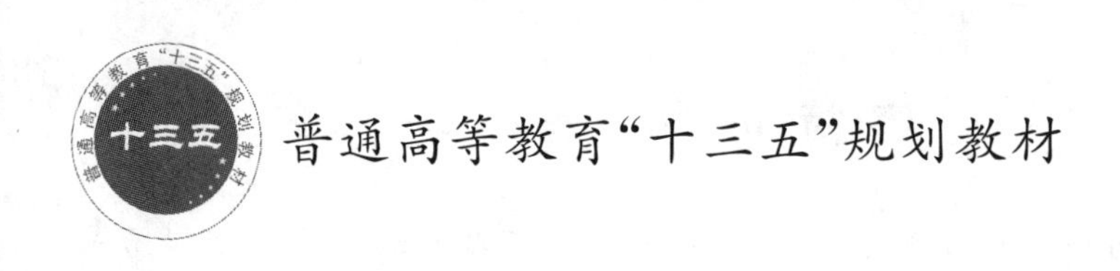

大学计算机基础SPOC实用教程

主　编　李志刚　肖　婧　卫张亮
副主编　石丽娟　张美玲　先瑜婷

北京邮电大学出版社
·北京·

内容简介

本书是配合石河子大学基于SPOC方式的“大学计算机基础”课程而编写的教材，共分为16讲。本书系统地介绍了计算机的基础知识、Office 2010办公软件、计算机网络与Internet应用基础等内容。

本书结构严谨，层次分明，注重基本概念和基本理论知识的讲解，同时又重点加强了动手操作和基本技能的训练。本书案例丰富，内容讲解深入浅出，使学生在案例的学习过程中掌握计算机的各种基础知识，密切结合“大学计算机基础”课程的教学要求和教学进度。

本书参考全国计算机一级考试考点进行编写，因此本教材可以作为高等学校本科生的计算机基础教材，又可作为参加全国计算机一级考试的人员和广大计算机爱好者的参考用书。

图书在版编目(CIP)数据

大学计算机基础SPOC实用教程/李志刚，肖婧，卫张亮主编. -- 北京：北京邮电大学出版社，2016.5

ISBN 978-7-5635-4744-9

Ⅰ.①大… Ⅱ.①李… ②肖… ③卫… Ⅲ.①电子计算机—高等学校—教材 Ⅳ.①TP3

中国版本图书馆CIP数据核字(2016)第081603号

书　　名 大学计算机基础SPOC实用教程
主　　编 李志刚　肖　婧　卫张亮
责任编辑 张保林
出版发行 北京邮电大学出版社
社　　址 北京市海淀区西土城路10号(100876)
电话传真 010-82333010　62282185(发行部)　010-82333009　62283578(传真)
网　　址 www.buptpress3.com
电子信箱 ctrd@buptpress.com
经　　销 各地新华书店
印　　刷 中煤(北京)印务有限公司
开　　本 787 mm×1 092 mm　1/16
印　　张 14.5
字　　数 361千字
版　　次 2016年5月第1版　2016年5月第1次印刷

ISBN 978-7-5635-4744-9　　定价：29.00元

前　　言

随着计算机科学和信息技术的飞速发展以及计算机的普及教育，国内高等学校的计算机基础教育已经踏上了新的台阶，步入了一个新的发展阶段。各专业对学生的计算机应用能力提出了更高的要求。为了适应这种新发展，我们根据教育部计算机基础教学指导委员会《关于进一步加强高等学校计算机基础教学的意见》和《高等学校非计算机专业计算机接触课程教学基本要求》，结合《中国高等院校计算机基础教育课程体系》报告编写了本教材。

大学计算机基础是非计算机专业高等教育的公共必修课程，是学习其他计算机相关技术课程的前导和基础课程。本书编写的宗旨是使读者较全面、系统地了解计算机基础知识，具备计算机实际应用能力，并能在各自的专业领域自觉地利用计算机进行学习与研究。本书照顾了不同专业、不同层次学生的需要，采用面对面线下教学与SPOC(Small Private Online Course)线上学习的混合，以SPOC在线课程资源为依托，在MOOC(慕课)学习平台以及真实教室环境中展开，混合了自主学习、探究式学习、合作学习、反思性学习等多种学习方式，需要课程开发团队、教师以及学习者的多方协同，具有动态性、开放性、复杂性以及多元性。本书在综合考虑SPOC线上环境和高等学校传统课堂环境的基础上，设计了完整的教学活动，主要包括课前、课中以及课后3个部分，教师通过平台发布课程任务、布置作业、组织课程讨论，学生可自主进行视频预习、讨论交流、完成作业、参加考试。

参加本书编写的作者是多年从事一线教学的教师，具有较为丰富的教学经验。在编写时注重理论与实践紧密结合，注重实用性和可操作性。在案例的选取上注意从读者日常学习和工作的需要出发，文字叙述深入浅出，通俗易懂。

全书分为5篇，共16讲内容。第1篇 Windows 7：第1，2讲介绍了 Windows 7的基本操作和 Windows 7的其他功能；第2篇 Word 2010：第3，4，5，6，7讲介绍了 Word 2010的基本操作、Word 2010文档的排版、Word 2010的表格处理、Word 2010的图文混排、Word 2010的其他功能；第3篇 Excel 2010：第8，9，10，11，12讲介绍了 Excel 2010的基本操作、工作表的编辑与格式化、公式和函数、Excel 2010图表制作、数据的管理与统计；第4篇 PowerPoint 2010：第13，14，15讲介绍了 PowerPoint 2010的基本操作、幻灯片的修饰、演示文稿的放映；第5篇其他：第16讲介绍了因特网基础与简单应用。每一讲都有3～5段视频是通过平台学习，每一讲均有实验案例，可以使学生举一反三，达到对所学知识深入理解的目的。每一讲配有相当数量的课后练习题，供学生课后练习，以巩固所学知识。

参加本书的编写、修订、审校工作的有石河子大学的李志刚、肖婧、卫张亮、石丽娟、张美玲、先瑜婷、窦佩佩、周方、张欣、彭帮国。全书由李志刚、肖婧、卫张亮任主编，由石丽娟、张美玲、先瑜婷任副主编。由于本书的知识面较广，要将众多的知识很好地贯穿起来，难度较大，不足之处在所难免。为便于以后教材的修订，恳请专家、教师及读者多提宝贵意见。

编　者

目　　录

第1篇　Windows 7

第2篇　Word 2010

第3篇　Excel 2010

第4篇　PowerPoint 2010

第5篇 其 他

第1篇 Windows 7

第1讲 Windows 7的基本操作

Windows 7是由微软公司于2009年10月推出的新一代操作系统,相比微软公司的上一代操作系统,具有更安全、更易用、更稳定、更好的用户体验等特点。到目前为止,Windows 7已成为个人电脑的主流操作系统。根据不同的市场定位,微软公司将Windows 7分为了6种不同的版本,分别是初级版、家庭普通版、家庭高级版、专业版、企业版、旗舰版。在这些版本中,旗舰版拥有完善的服务和所有的高级功能。

1.1 初 识 Windows 7

Windows 7的桌面主要由任务栏、桌面图标、桌面背景组成。

任务栏通常出现在屏幕的底部,任务栏中主要承载了“开始”菜单按钮、正在运行的窗口、语言栏、通知区域和显示桌面按钮。在Windows 7中,用户可通过任务栏上的“开始”菜单按钮进入开始菜单,运行已安装好的应用程序。

图标主要由一幅缩略图和它下方的一组文字组成,它主要用来帮助用户区别各种应用程序以及文件资源的类型。桌面背景是整个背景区域中的背景图案,也称为桌布或墙纸。用户可以根据个人需要定制桌面图标,还可以根据自己的喜好选择桌面背景。

Windows 7操作系统中的交互一般是由窗口完成的,程序运行的信息一般通过相应的窗口显示出来,用户也可以通过窗口对程序进行控制。窗口的外观和功能可能会根据应用程序的不同有所改变,但大部分窗口都有一些共同的特征,比如窗口一般都由标题栏、地址栏、搜索栏、工具栏、工作区等组成。

1.1.1 学习视频

登录“网络教学平台”,打开“第1讲”中“Windows 7的基本使用”目录下的“初识Windows 7”视频,在规定的时间内进行学习。

1.1.2 学习案例

1. 定制系统桌面图标

通过对系统图标的定制，用户可以快速地访问资源管理器、网络等资源。

(1)在桌面的空白处单击鼠标右键，选择“个性化”命令(见图 1-1)。

(2)在弹出的“个性化”窗口中单击左上方的“更改桌面图标”链接(见图 1-2)。

(3)在“桌面图标设置”窗口中，根据需要来选择相应的图标，然后单击“确定”按钮完成桌面图标的更改(见图 1-3)。

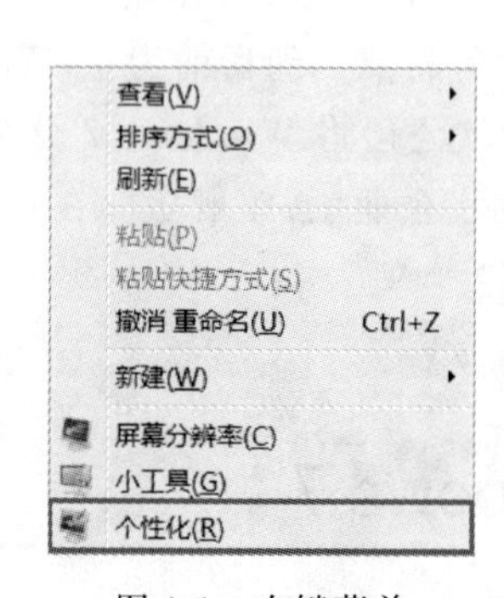

图 1-1 右键菜单

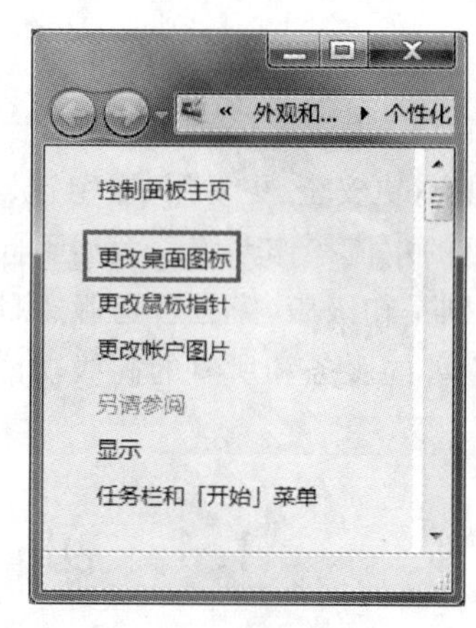

图 1-2 “个性化”窗口

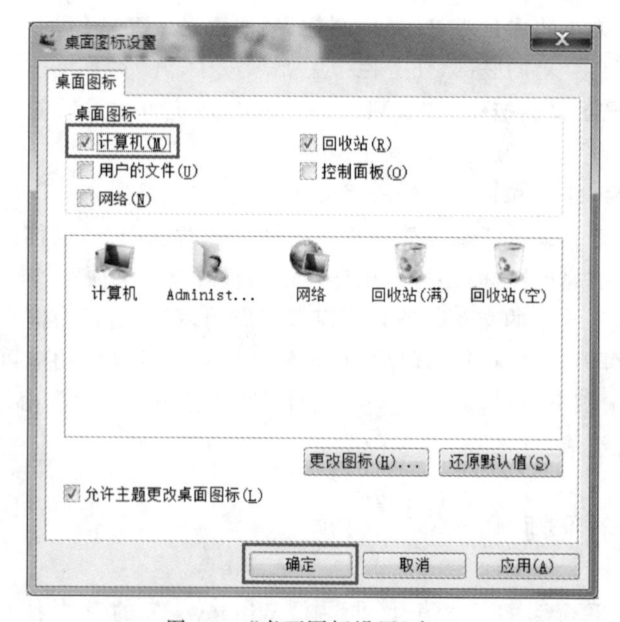

图 1-3 “桌面图标设置”窗口

2. 定制桌面背景

(1)在桌面的空白处单击鼠标右键,选择“个性化”命令(见图 1-4)。

(2)在弹出的“个性化”窗口中单击下方的“桌面背景”(见图 1-5)。

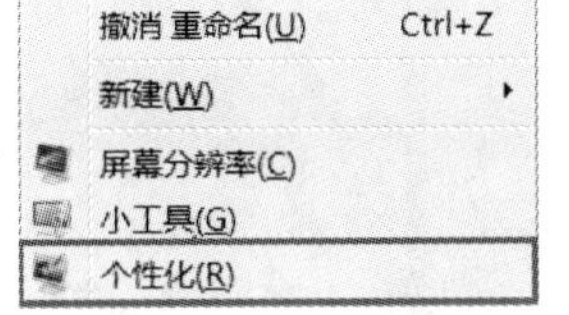

图 1-4　右键菜单

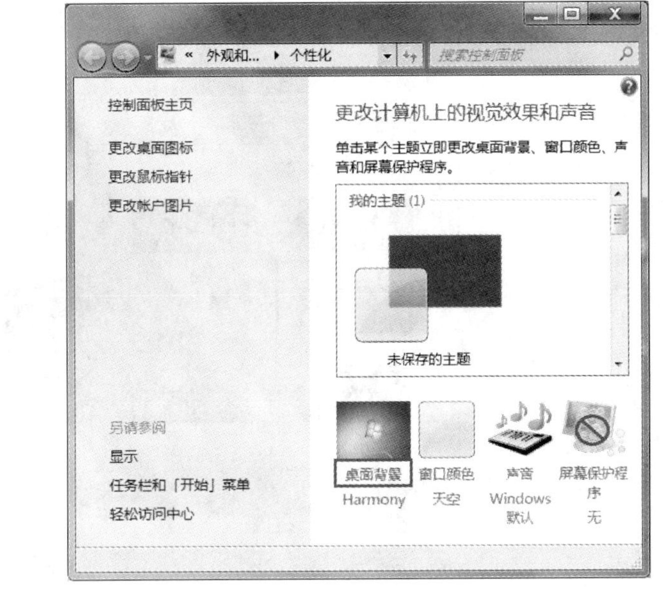

图 1-5　“个性化”窗口

(3)在“桌面背景”窗口中,单击“浏览”按钮,选择图片所在的文件夹,然后单击“确定”按钮(见图 1-6)。

图 1-6　“桌面背景”窗口

(4)在"图片预览"窗口选择想要用于桌面背景的图片,并单击"保存修改"按钮(见图 1-7)。

图 1-7 "桌面背景"窗口

1.2 文件和文件夹的相关操作

文件管理是 Windows 7 操作系统的基本功能之一。

文件:计算机中所有的信息都存放在文件中,文件由文件名和扩展名两部分组成,文件名和扩展名之间用"."分隔,扩展名一般用来说明文件的类型,操作系统根据文件名及扩展名来识别一个具体的文件。例如,".txt"说明文件为文本文档,".doc"说明该文件是使用 Word 2003 或者以前的版本创建的文档,".docx"说明是使用 Word 2007 之后创建的文档,".xlsx"说明是电子表格文件,".pptx"说明是演示文稿文件。

文件夹:文件夹是用于存放文件和其他子文件夹的区域,是一个逻辑载体。每一个文件夹对应一块磁盘空间,它提供了指向对应空间的地址,它没有扩展名。通常一个文件夹对应磁盘上的一片区域。

用户通过资源管理器可以查看文件夹的组织结构以及文件的详细信息,并通过资源管理器进行文件夹或文件的建立、删除以及属性设置等操作。

1.2.1　学习视频

登录“网络教学平台”，打开“第 1 讲”中“Windows 7 的基本使用”目录下的视频，在规定的时间内进行学习。

1.2.2　学习案例

1. 新建文件夹

(1)在指定的目录下，单击鼠标右键，选择“新建”→“文件夹”命令(见图 1-8)。

(2)输入文件夹的名称后，按下键盘上的 Enter 键。

图 1-8　右键菜单

2. 文件夹(文件)的重命名

(1)使用鼠标左键选中待重命名的文件夹(文件)，然后单击鼠标右键，在弹出的菜单中选择“重命名”命令(见图 1-9)。

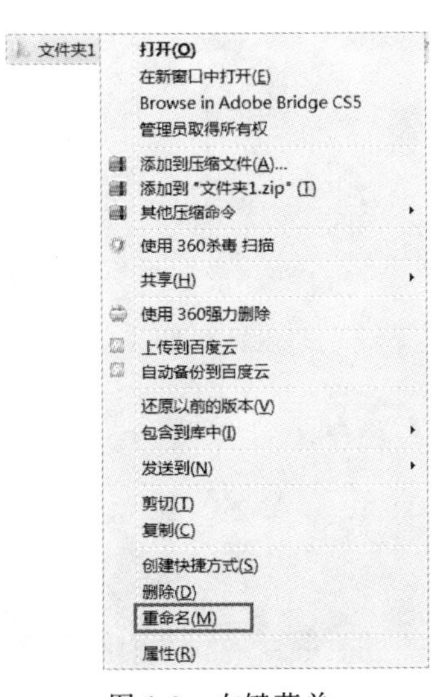

图 1-9　右键菜单

(2)输入新的文件名后,按下键盘上的 Enter 键。

3. 文件夹(文件)的删除

(1)使用鼠标左键选中待删除的文件夹(文件),然后单击鼠标右键,在弹出的菜单中选择“删除”命令(见图 1-10)。

(2)在弹出的窗口中,单击“是”按钮(见图 1-11)。

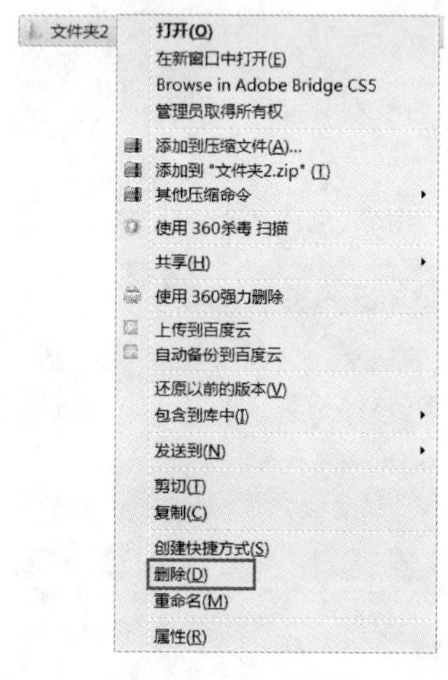

图 1-10　右键菜单

图 1-11　“删除文件夹”窗口

4. 文件夹(文件)的复制和粘贴

(1)使用鼠标左键选中待复制的文件夹(文件),单击鼠标右键,然后在弹出的右键菜单中选择“复制”命令(见图 1-12)。

(2)在目标文件夹的空白处单击鼠标右键,选择“粘贴”命令(见图 1-13)。

图 1-12　右键菜单

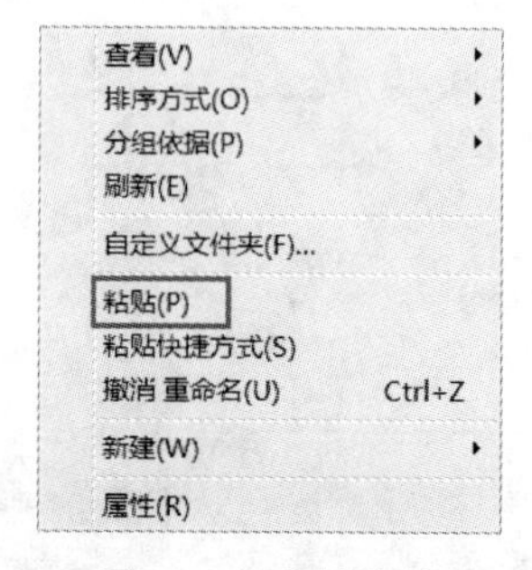

图 1-13　右键菜单

5. 文件夹(文件)的剪切

(1)使用鼠标左键选中待复制的文件夹(文件),单击鼠标右键,然后在弹出的右键菜单中选择“剪切”命令(见图 1-14)。

(2)在目标文件夹的空白处单击鼠标右键,选择“粘贴”命令(见图 1-15)。

图 1-14 右键菜单

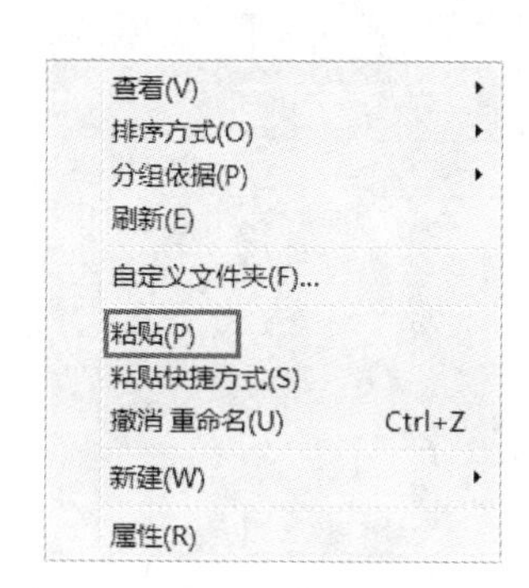

图 1-15 右键菜单

6. 文件夹(文件)的属性设置

(1)使用鼠标左键选中待设置的文件夹(文件),单击鼠标右键,然后在弹出的右键菜单中选择“属性”命令(见图 1-16)。

(2)在属性窗口的下方选中“只读”或“隐藏”,然后单击“确定”按钮(见图 1-17)。

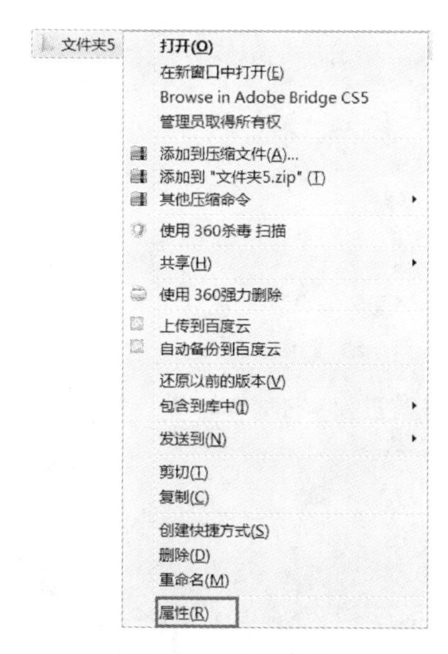

图 1-16 右键菜单

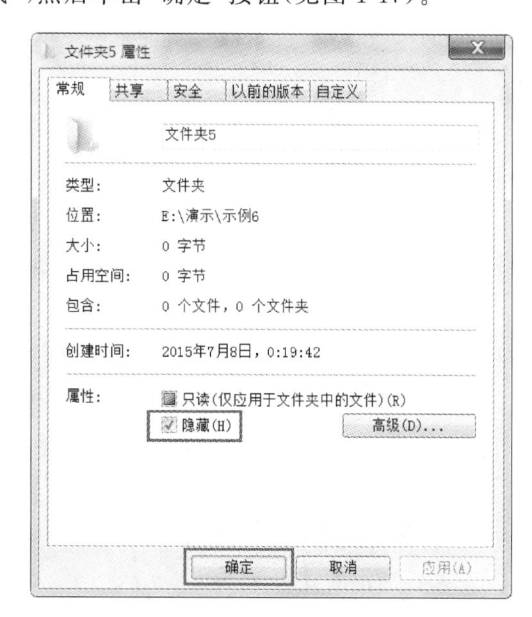

图 1-17 “文件夹属性”窗口

7. 取消文件夹(文件)的隐藏属性

(1)在资源管理器的工具栏上单击“组织”下拉按钮,在弹出的下拉式菜单栏中选择“文件夹和搜索选项”命令(见图 1-18)。

(2)在弹出的文件和文件夹选项窗口中选择“查看”选项卡,在该选项卡下选中“显示隐藏的文件、文件夹和驱动器”,并单击“确定”按钮(见图 1-19)。

(3)使用鼠标左键选中已被隐藏的文件夹(文件),单击鼠标右键,然后在弹出的右键菜单中选择“属性”命令(见图 1-20)。

(4)在属性窗口的下方取消选中“隐藏”复选框,并单击“确定”按钮(见图 1-21)。

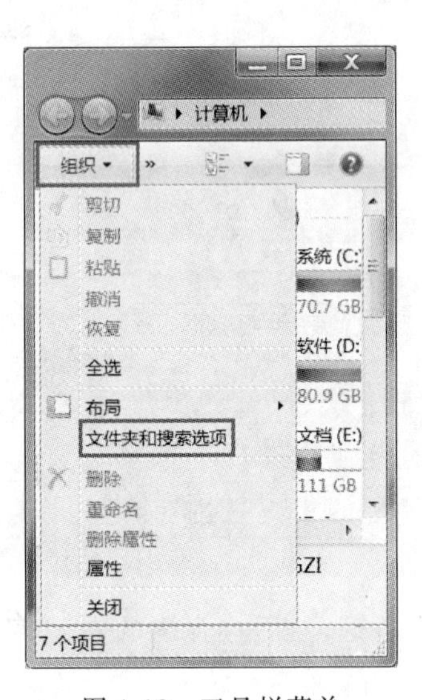

图 1-18 工具栏菜单

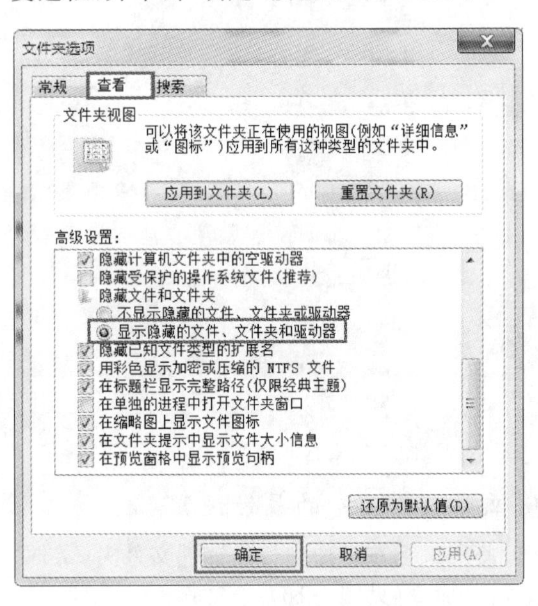

图 1-19 文件夹选项

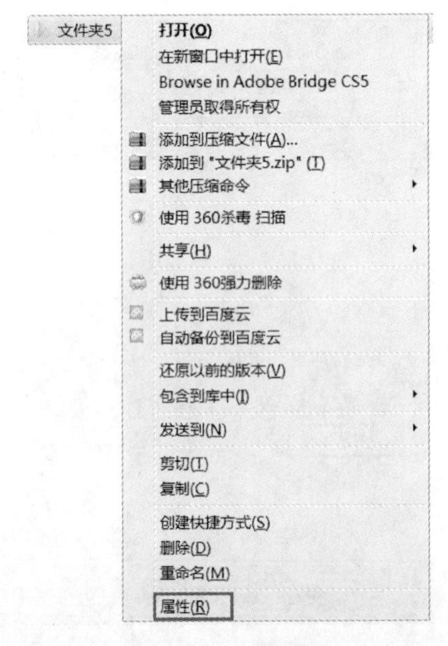

图 1-20 右键菜单

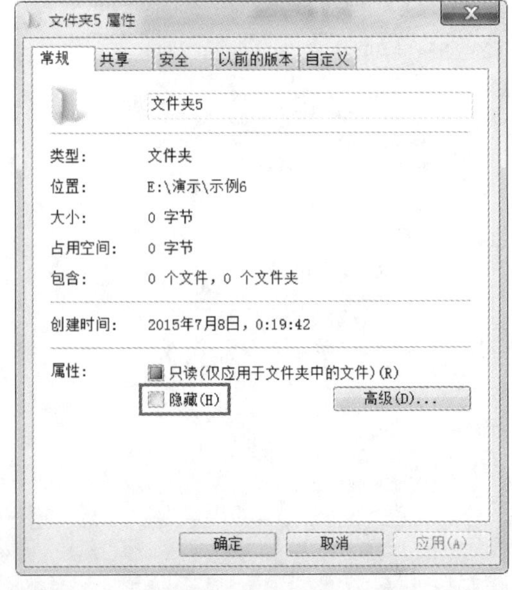

图 1-21 “文件夹属性”窗口

1.3 课后练习

第 1 题

在计算机硬盘的最后一个盘下建立考生文件夹，文件夹以“考生学号＋姓名”命名(如20140100 郭靖)，请将所有考生文件保存在此文件夹中。

在 D 盘的根目录下新建一个文件夹，并将其重命名为“文件夹 1”。

第 2 题

设置第 1 题中“文件夹 1”的只读属性。

第 3 题

设置第 1 题中“文件夹 1”的隐藏属性。

第 4 题

将第 3 题中设置了隐藏属性的“文件夹 1”显示出来，并将其删除。

第 2 讲　Windows 7 的其他功能

2.1　软件的安装与卸载

在 Windows 7 操作系统中，用户可以根据工作、学习、娱乐等需要，安装不同的应用软件。在各类软件中，Office 系列软件提供了强大的无纸化办公功能，成为了用户工作、学习的必备软件之一。这一讲，以 Microsoft Office Professional Plus 2010 为例，讲解软件的安装与卸载。

2.1.1　学习视频

登录“网络教学平台”，打开“第 2 讲”中“Windows 7 的其他功能”目录下的“软件的安装与卸载”视频，在规定的时间内进行学习。

2.1.2　学习案例

1. Microsoft Office Professional Plus 2010 的安装

(1)进入安装程序所在的目录，双击“setup”应用程序(见图 2-1)。

(2)在弹出的窗口中输入产品密钥(当购买了 Microsoft Office Professional Plus 2010 产品时，安装光盘的包装盒上会提供该产品的密钥)(见图 2-2)。

(3)阅读软件条款，并勾选左下方的“我接受此协议的条款”，然后单击右下方的“继续”按钮(见图 2-3)。

(4)在“选择所需的安装”窗口中选择“自定义”(见图 2-4)。

(5)在“安装选项”选项卡中选择个人需要的组件，这里选择了 Microsoft Excel、Microsoft Word、Microsoft Outlook、Microsoft PowerPoint、Microsoft Visio Viewer、Office 共享功能、Office 工具(见图 2-5)。

(6)在“文件位置”选项卡中选择安装位置。这里选择“D:\Program Files\Microsoft Office”作为安装目录，并单击右下方的“立刻安装”按钮，然后等待安装完成(见图 2-6)。

图 2-1　Office 安装目录

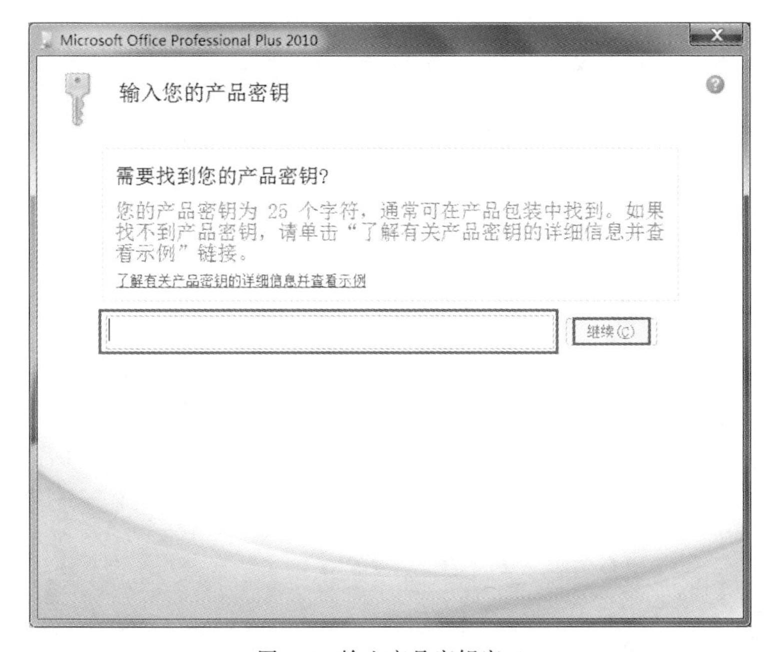

图 2-2　输入产品密钥窗口

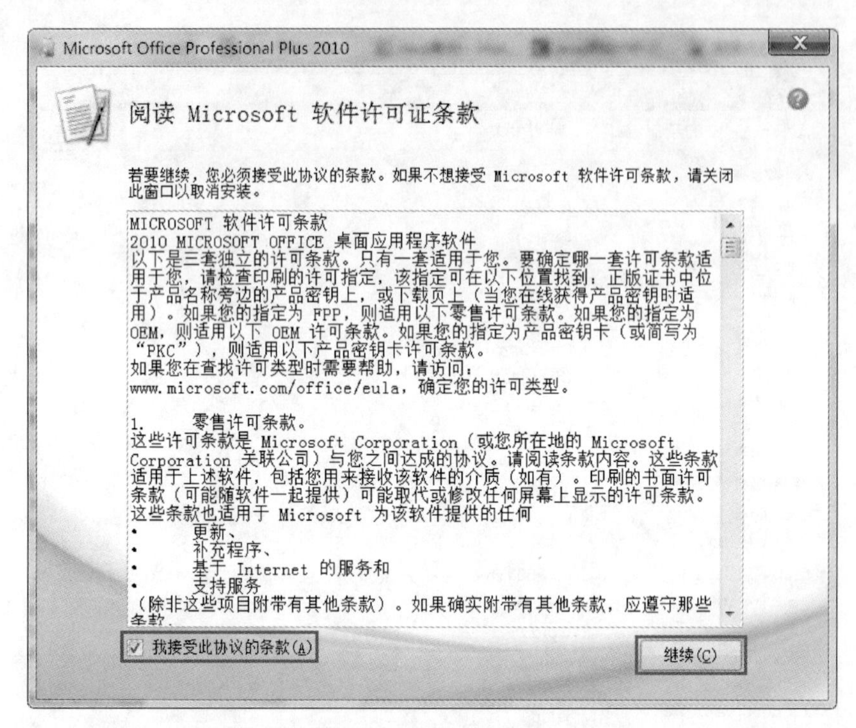

图 2-3　软件许可条款

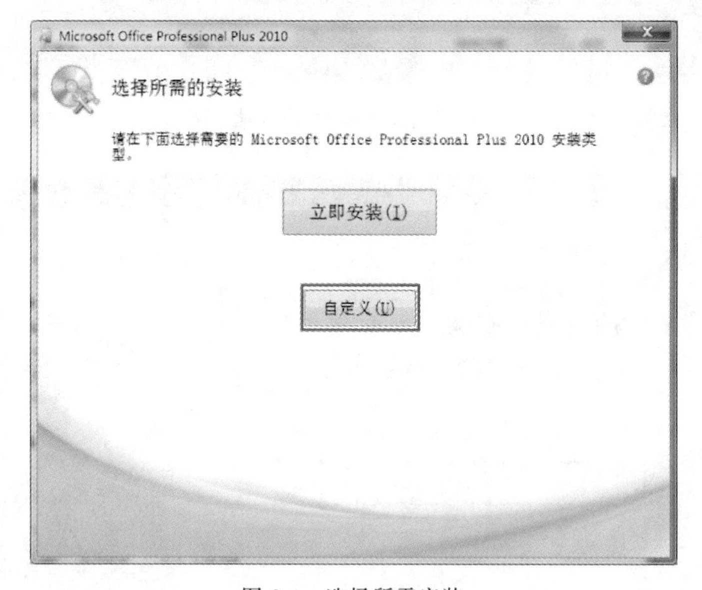

图 2-4　选择所需安装

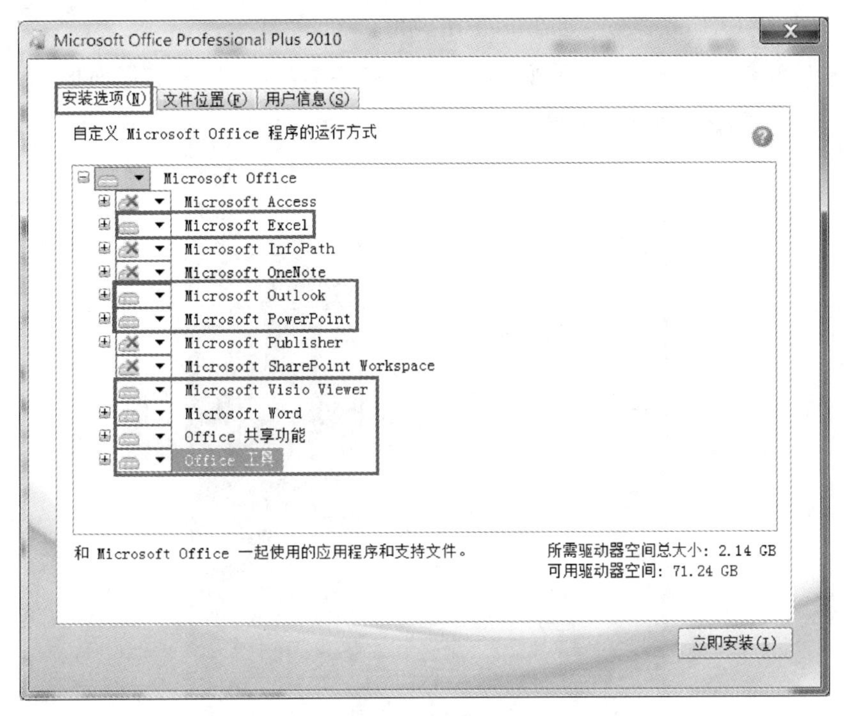

图 2-5　安装选项

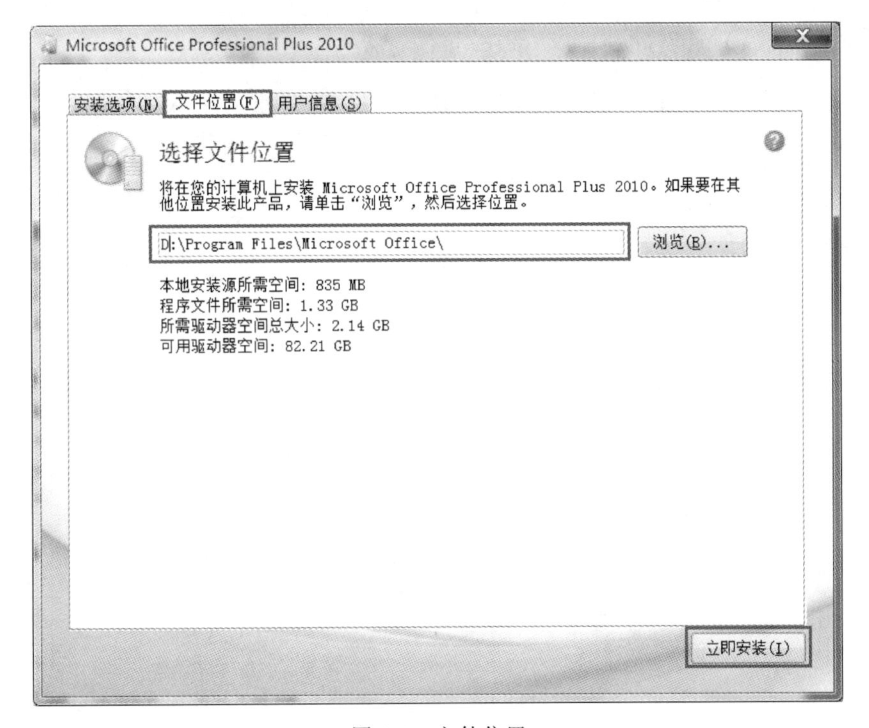

图 2-6　文件位置

2. Microsoft Office Professional Plus 2010 的卸载

(1)单击任务栏上的“开始”菜单按钮进入“开始”菜单,然后单击“控制面板”(见图 2-7)。

图 2-7 “开始”菜单按钮

(2)在控制面板中单击“卸载程序”链接(见图 2-8)。

图 2-8 控制面板

(3)在已安装的程序列表中双击“Microsoft Office Professional Plus 2010”(见图 2-9)。

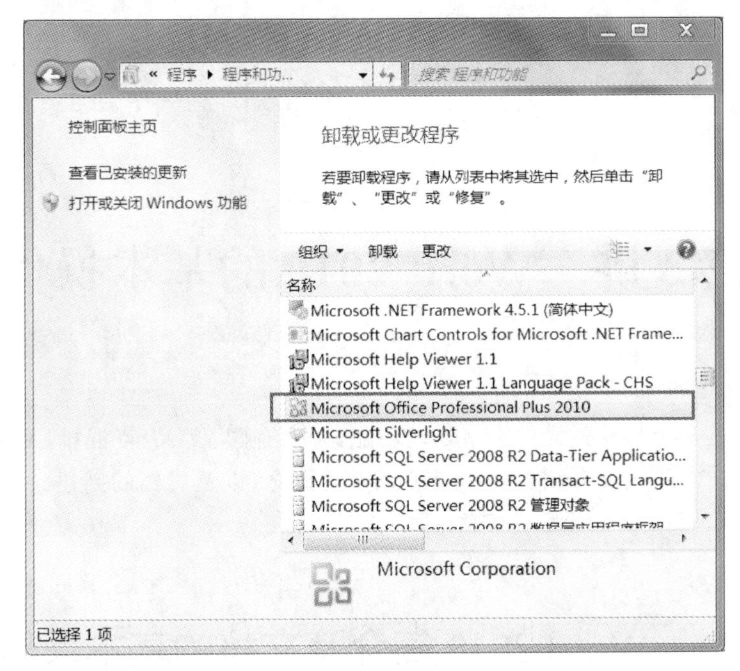

图 2-9　卸载或更改程序

(4)在弹出的对话框中单击“是”按钮,并等待卸载完成(见图 2-10)。

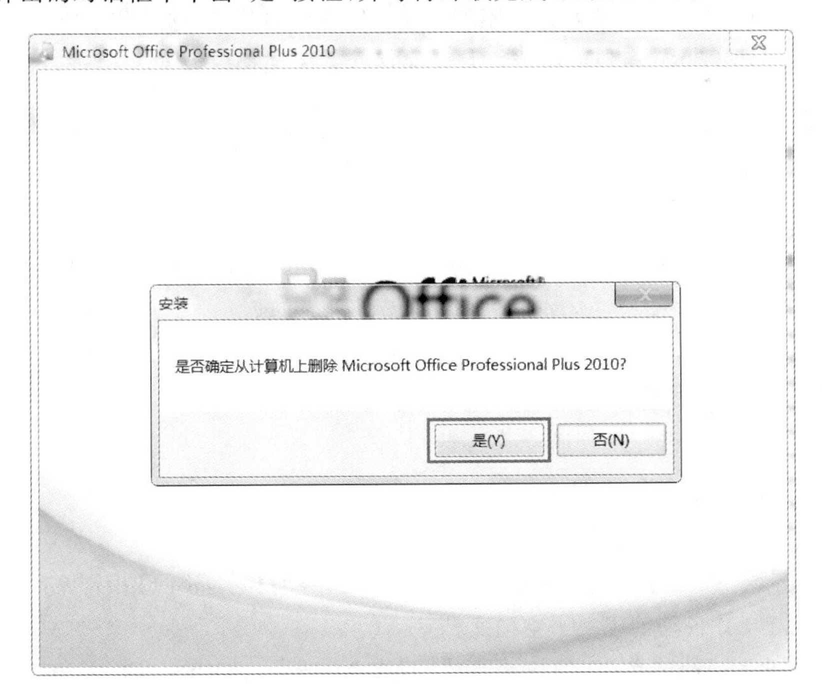

图 2-10　确认卸载对话框

第 2 篇　Word 2010

第 3 讲　Word 2010 的基本操作

Word 2010 是一个具有强大的文字处理功能，并拥有图、文、表格混排，易学、易用等特点的文字处理软件。本讲主要介绍 Word 2010 的基本概念，以及文档的创建、打开、输入、保存、保护，文本的输入、查找和替换等基本操作。

3.1　Word 2010 简介及文档的基本操作

Word 2010 的基本操作的学习是使用 Office 办公软件的基础，这一节主要介绍 Word 2010 的启动和退出，Word 2010 窗口的组成，创建、保存和关闭文档以及对文档进行加密保护等基本内容。

3.1.1　学习视频

登录“网络教学平台”，打开“第 3 讲”中“Word 2010 基本操作”目录下的视频，在规定的时间内进行学习。

3.1.2　学习案例

1. Word 2010 的启动和退出

启动 Word 2010 主要有以下几种方法：

(1)单击“开始”→“所有程序”→“Microsoft Office”→“Microsoft Office Word 2010”命令，将启动 Word 2010 并自动创建一个空白文档。

(2)若桌面上有 Word 2010 的快捷方式，双击 Microsoft Office Word 2010 的图标即可启动。

2. 退出 Word 2010

如果要退出 Word 2010，可以使用以下几种方式：

(1)单击标题栏最右边的“关闭”按钮。

(2)执行“文件”→“退出”命令。

(3)使用快捷键 Alt＋F4。

不管采用哪种方式退出 Word 2010,只要对文档进行了修改而未保存文档,关闭时都会弹出一个让用户确定是否保存文档的对话框。单击“保存”按钮则保存修改;单击“不保存”按钮则不保存修改;单击“取消”按钮则取消此次操作,返回 Word 2010 窗口。

3. Word 2010 窗口及其组成

Word 2010 窗口由标题栏、快速访问工具栏、“文件”选项卡、功能区、工作区、状态栏、文档视图工具栏、显示比例控制栏、滚动条、标尺等部分组成,如图 3-1 所示。在 Word 2010 窗口的工作区中,可以对创建或打开的文档进行各种编辑、排版操作。

图 3-1　Word 2010 窗口介绍

(1)标题栏。

标题栏位于 Word 2010 窗口的顶端,标题栏中含有 Word 控制菜单按钮、Word 文档名及“最小化”、“最大化”(“还原”)和“关闭”按钮。

(2)“文件”选项卡。

“文件”选项卡中提供了一组文件操作命令,例如,“新建”、“打开”、“关闭”、“另存为”、“打印”等。

“文件”选项卡的另一个功能是提供了关于文档、最近使用过的文档等相关信息,分别可以通过执行“文件”选项卡中的相关命令实现。

另外，“文件”选项卡还提供了Word帮助。

(3)快速访问工具栏。

快速访问工具栏默认位于Word 2010窗口的功能区上方，但用户可以根据需要来修改设置，使其位于功能区下方。

快速访问工具栏的作用是使用户能快速启动经常使用的命令。在默认情况下，快速访问工具栏中只有数量较少的命令，用户可以根据需要修改，使用“自定义快速访问工具栏”命令添加或定义自己的常用命令。

Word 2010默认的快速访问工具栏包含“保存”、“撤销”、“重复”和“自定义快速访问工具栏”命令按钮。

(4)功能区。

Word 2010默认包含了8个功能区，分别是“开始”、“插入”、“页面布局”、“引用”、“邮件”、“审阅”、“视图”和“加载项”功能区。

①“开始”功能区。

“开始”功能区包含“剪切板”、“字体”、“段落”、“样式”和“编辑”等几个命令组，它包含了有关文字编辑和排版格式设置的各种功能。

②“插入”功能区。

“插入”功能区包括“页”、“表格”、“插图”、“链接”、“页眉和页脚”、“文本”和“符号”等几个命令组，主要用于在文档中插入各种元素。

③“页面布局”功能区。

“页面布局”功能区包括“主题”、“页面设置”、“稿纸”、“页面背景”、“段落”、“排列”等几个命令组，用于帮助用户设置文档页面样式。

④“引用”功能区。

“引用”功能区包括“目录”、“脚注”、“引文与书目”、“题注”、“索引”和“引文目录”等几个命令组，用于实现在文档中插入目录、引文、题注等索引功能。

⑤“邮件”功能区。

“邮件”功能区包括“创建”、“开始邮件合并”、“编写和插入域”、“预览结果”和“完成”等几个命令组，该功能区的作用比较专一，专门用于在文档中进行邮件合并方面的修改。

⑥“审阅”功能区。

“审阅”功能区包括“校对”、“语言”、“中文简繁转换”、“批注”、“修订”、“更改”、“比较”和“保护”等几个命令组，主要用于对文档进行审阅、校对和修订等操作，适用于多人协作处理大文档。

⑦“视图”功能区。

“视图”功能区包括“文档视图”、“显示”、“显示比例”、“窗口”和“宏”等几个命令组，主要用于帮助用户设置Word 2010操作窗口的查看方式、操作对象的显示比例等，以便于用户获得较好的视觉效果。

⑧“加载项”功能区。

“加载项”功能区仅包括“菜单命令”一个命令组，加载项用于为Word配置附加属性，如自定义的工具栏或其他命令等。

(5)工作区。

工作区是水平标尺以下和状态栏以上的一个屏幕显示区域。在 Word 2010 窗口的工作区中可以打开一个文档,并对它进行文本输入、编辑或排版等操作。

(6)视图切换按钮。

所谓“视图”就是查看文档的方式。同一个文档可以在不同的视图下查看,虽然文档的显示方式不同,但是文档的内容是不变的。Word 2010 有 5 种视图,即页面视图、阅读版式视图、Web 版式视图、大纲视图和草稿视图,用户可以根据对文章操作要求的不同使用不同的视图。视图之间的切换可以使用“视图”功能区中的命令,还可以使用水平滚动条左端的视图切换按钮。

(7)滚动条。

滚动条分为水平滚动条和垂直滚动条。使用滚动条中的滑块或按钮可滚动工作区内的文档内容。

(8)显示比例控制栏。

显示比例控制栏由“缩放级别”和“缩放滑块”组成,用于更改正在编辑文档的显示比例。

(9)状态栏。

状态栏位于 Word 2010 窗口的底端左侧,它用来显示当前的某些状态,如当前页面面数、字数等。状态栏中有用于发现校对错误的图标及对应校对的语言图标,还有用于将键入的文字插入到插入点处的插入图标。

4. 创建新文档

可以通过以下方式创建一个新文档:

(1)当启动 Word 2010 时,它就自动打开了一个新的空白文档,并且暂时命名为“文档 1”。

(2)执行“文件”→“新建”命令,创建新文档。

(3)通过快捷键 Ctrl+N 创建新文档。

注意:*Word 2010 对“文档 1”以后新建的文档以创建顺序依次命名为“文档 2”、“文档 3”、……。*

5. 打开文档

对已存在的 Word 文档进行查看、修改、编辑或打印时,首先要打开该文档。以下为打开文档的方式:

(1)双击带有 Word 文档图标的文件名。

(2)选择文档,单击鼠标右键,在弹出的菜单中单击“打开”命令。

(3)执行“文件”→“最近所用文件”命令,在弹出的“最近所用文件”命令菜单中,分别单击“最近的位置”和“最近使用的文档”栏目中所需文件夹或 Word 文档名,即可打开最近使用过的某个文档。

6. 输入文本

新建一个新文档之后,就可以输入文本了。在窗口工作区左上角有一个闪烁着的黑色光标,称为插入点,它表示输入字符将出现的位置。输入文本时,插入点自动后移。

Word 2010 有自动换行的功能,当输入到每行的末尾时,不需要按 Enter 键,即可自动换行,只有在需要新设一个段落时才按 Enter 键。

输入时需要注意以下几个概念：

(1)空格。

空格在文档中占的宽度不仅与字体和字号大小有关，还与“半角”或“全角”输入方式有关。“半角”方式下的空格占一个字符位置，而“全角”方式下的空格占两个字符位置。

(2)回车符。

文字输入到行尾会自动折行显示。为了方便自动排版，不要在每行末尾输入 Enter 键，只要在每个自然段结束时按 Enter 键。

(3)换行符。

如果需要另起一行，但是不另起一个段落，可以输入换行符。可以通过使用组合键 Shift＋Enter 来进行换行。

注意：如果单击状态栏上的“插入”按钮或按 Insert 键，则当前输入状态转换为改写状态，输入的内容将会替换文档已有内容。单击状态栏上的“插入”/“改写”或按 Insert 键，将会在“插入”与“改写”状态间转换。

7. 插入符号

在输入文本时，可能要输入（或插入）一些键盘上没有的特殊符号（如俄、日、希腊文字和图形符号等），这时我们就可以利用 Word 2010 提供的“插入符号”功能来进行插入。具体操作步骤如下：

(1)将插入点置于要插入符号的位置。

(2)执行“插入”选项卡下“符号”命令组中的“符号”命令，在弹出的列表框中，上方列出了最近插入过的符号，下方是“其他符号”命令。如果需要插入的符号在列表框中，单击该符号即可插入；如果需要插入的符号不在列表框中，按下面操作(3)执行。

(3)单击“其他符号”命令，在弹出的“符号”对话框中，如图 3-2 所示，在“字体”下拉列表框中选定适当字体，在符号列表框中选定所需符号，双击该符号或选中该符号单击“插入”按钮即可插入。

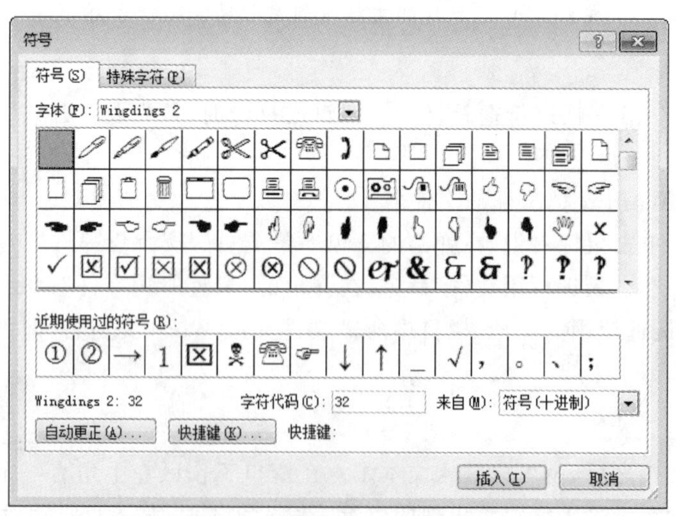

图 3-2 插入符号

(4)单击“关闭”按钮，关闭“符号”对话框。

8. 文档的保存和保护

(1)保存文档。

文档编辑完后,需要对文档进行保存。保存文档的方法有以下几种:

①单击快速访问工具栏中的"保存"命令按钮。

②执行"文件"→"保存"命令。

③使用快捷键 Ctrl+S。

注意:如果是第一次保存文档,会弹出一个"另存为"对话框,用户应在对话框中选定要保存文档的位置,在"文件名"栏目中输入新的文件名,单击"保存"按钮即可。

(2)文档的保护。

为文档设置密码的方式如下:

①执行"文件"→"另存为"命令,打开"另存为"对话框。

②在"另存为"对话框中,执行"工具"→"常规选项"命令,如图 3-3 所示,输入设定的密码。

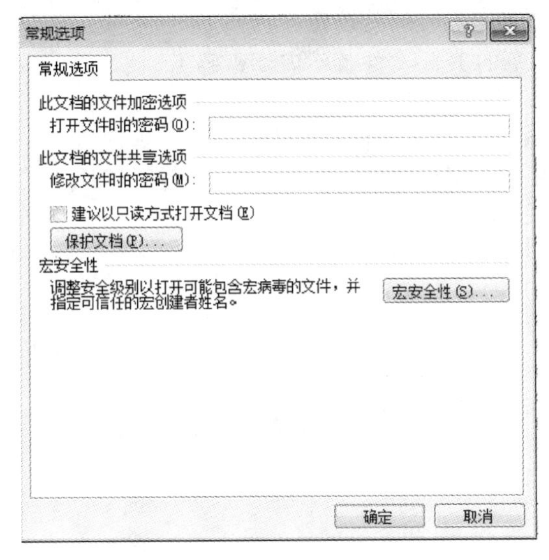

图 3-3　"常规选项"选项卡

注意:如果所编辑的文档是一份机密文件,不希望无关人员查看此文档,则可以给文档设置"打开权限密码",使得别人在没有密码的情况下无法打开此文档。

如果文档只允许别人查看,但禁止修改,那么可以给这种文档加一个"修改权限密码"。对设置了"修改权限密码"的文档,别人可以在不知道密码的情况下以"只读"方式查看,但无法进行修改。

③单击"确定"按钮,此时会出现一个如图 3-4 所示的"确认密码"对话框,要求用户再次输入所设置的密码。

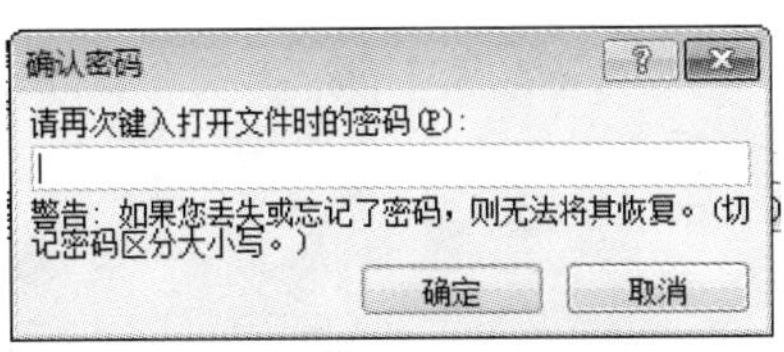

图 3-4　"确认密码"对话框

④在“确认密码”对话框的文本框中，再次键入所设置的密码并单击“确定”按钮。如果密码正确，则返回“另存为”对话框；否则出现“确认密码不符”的提示信息，此时，单击“确定”按钮重新设置密码。

⑤当返回到“另存为”对话框后，单击“保存”按钮即可。

此时，密码设置成功。当以后打开该文档时，会出现“密码”对话框，要求用户输入密码，如果密码正确，则能打开文档或对文档进行阅读，否则不行。

如果要取消已经设置的密码，可以按下面步骤来操作：

①用正确的密码打开该加密文档。

②执行“文件”→“另存为”命令，打开“另存为”对话框。

③在“另存为”对话框中，执行“工具”→“常规选项”命令，打开“常规选项”对话框。

④在“打开文件时的密码”或“修改文件时的密码”栏中，有一排“*”表示的密码，按Delete键删除密码，再单击“确定”按钮，返回“另存为”对话框。

⑤单击“另存为”对话框中的“保存”按钮。

此时，密码被删除，以后打开此文件就不需要密码了。

9.关闭文档

关闭文档指的是将文档从内存中清除，并关闭窗口。可以使用以下方法关闭文档：

(1)单击文档窗口右上角的“关闭”按钮。

(2)单击“文件”选项卡下的“关闭”命令。

(3)使用快捷键Alt+F4。

3.2 文档的编辑

在文档输入的过程中，如果对象多次重复出现或放置位置不合适，可以通过对象的复制与移动操作进行调整，但是在使用复制和移动功能之前需要先选定文本。另外，在文档的编辑过程中，当将文档中的某个字或单词替换为另外一个时，可以使用Word 2010提供的查找和替换功能。本节主要介绍文本的复制、粘贴、剪切及文本的查找与替换等操作。

3.2.1 学习视频

登录“网络教学平台”，打开“第3讲”中“文档的编辑”目录下的视频，在规定时间内进行学习。

3.2.2 学习案例

1.文本的选择

编辑文档时，一般先要选定文本，然后对其进行编辑操作。下面给出几种选定文本的方法：

(1)将光标置于需要进行编辑的文本第一个字符处，按住鼠标左键，拖动鼠标至要选中的文本的末尾，松开鼠标左键即可选中该段文本。在默认情况下，被选中的文本以蓝底黑字显示以示区别。

(2)先选中一段文本，按住 Ctrl 键，同时用鼠标选取其他文本，可以选择不连续区域的文本；另外，先选中一段文本，按住 Shift 键，同时用鼠标单击需要被选中的文本的末尾，即可选择连续的一段文本。

2. 复制、剪切、粘贴

(1)复制：选中需要复制的文本，单击鼠标右键，选择“复制”选项，或按快捷键 Ctrl+C，即可完成复制操作。

(2)剪切：选中需要复制的文本，单击鼠标右键，选择“剪切”选项，或按快捷键 Ctrl+X，即可完成剪切操作。

(3)粘贴：将光标定位到想要粘贴文本的位置，单击鼠标右键，选择“粘贴”选项，或按快捷键 Ctrl+V，即可将选定的文本粘贴到指定位置。

3. 文本的删除

通常使用 Backspace 键和 Delete 键删除文本。选定需要删除的文本，按 Backspace 键或 Delete 键即可删除该文本。

4. 查找和替换

在对文档进行编辑的过程中，如果要在当前文档中找到某个字符或要将某个字符替换为其他字符，可以使用 Word 2010 提供的查找和替换功能。Word 2010 不仅可以查找无格式文本，还可以方便地查找设定了字符格式、段落格式、图文框和样式等格式的文本。

(1)常规查找文本。

查找文本的操作如下：

①单击“开始”选项卡下“编辑”命令组中的“替换”按钮，打开“查找和替换”对话框。

②单击“查找”选项卡，在“查找内容”下拉列表框中输入要查找的文本，例如，输入“计算机”一词，如图 3-5 所示。

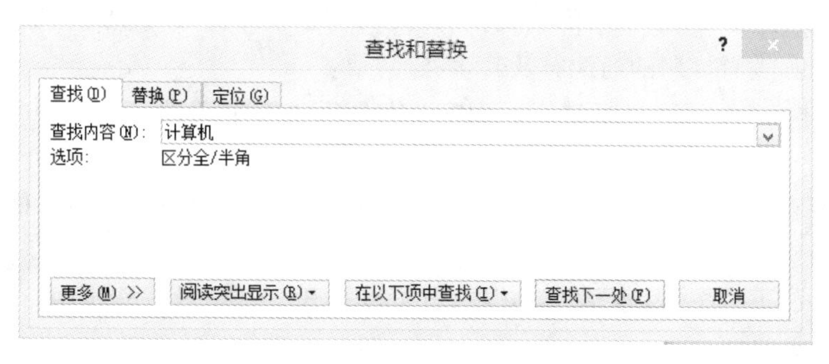

图 3-5 “查找和替换”对话框

③单击“阅读突出显示”→“全部突出显示”命令，文本中的“计算机”一词全部突出显示；若单击“查找下一处”按钮，则将“计算机”一词逐一查找出来。

④单击“关闭”按钮，则关闭“查找和替换”对话框。

(2)高级查找。

在如图 3-5 所示的“查找和替换”对话框中,单击“更多”选项按钮,就会出现如图 3-6 所示的高级“查找和替换”对话框,每个选项有各自特有的功能。

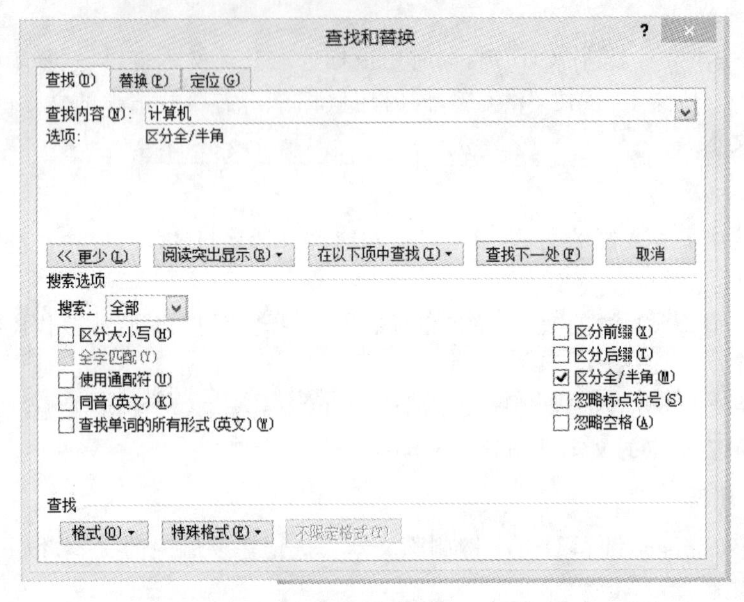

图 3-6 高级“查找和替换”对话框

①查找内容:在“查找内容”列表框中输入要查找的文本。

②搜索:在“搜索”下拉列表框中有“全部”、“向上”和“向下”3 个选项。

“全部”选项表示从插入点开始向文档末尾查找,到达文档末尾后再从文档开头查找到插入点处;

“向上”选项表示从插入点开始向文档开头处查找;

“向下”选项表示从插入点向文档末尾查找。

③“区分大小写”和“全字匹配”复选框主要用于查找英文单词。

④使用通配符:选择这个复选框表示可以在要查找的文本中输入通配符实现模糊匹配。例如,在查找内容中输入“燃?机”,那么查找时可以找到“燃气机”、“燃煤机”等。可以单击“特殊格式”下拉按钮,查看可用的通配符及其含义。

⑤区分全/半角:选择这个复选框,可以区分全角或者半角的英文字符和数字,否则不区分。

⑥如果需要查找特殊字符,则可以单击“特殊格式”下拉按钮,打开“特殊格式”列表,从中选择所需要的特殊字符。

⑦单击“格式”下拉按钮,选择“字体”项,就可以打开“字体”对话框,对要查找的文本进行格式设置。

(3)替换文本。

在编辑文本的过程中,有时候需要将文本中出现的某个字或词替换为另外一个字或词,例如,将“计算机”替换为“Computer”,这时,我们也可以利用 Word 的查找与替换功能实现。替换操作与查找操作类似,具体步骤如下:

①单击“开始”选项卡下“编辑”命令组中的“替换”按钮，打开“查找和替换”对话框。

②在“查找内容”下拉列表框中输入要查找的文本，例如，输入“计算机”一词。

③在“替换为”下拉列表框中输入要替换为的内容，例如，输入“Computer”。

④输入完查找和要替换为的内容后，根据情况单击以下按钮之一完成替换。

“替换”按钮：替换查找到的文本，继续查找下一处并定位。

“全部替换”按钮：替换所有找到的文本。

“查找下一处”按钮：不替换找到的文本，继续查找下一处并定位。

注意：通过替换操作，不仅可以对查找到的文本内容进行简单替换，也可以替换为指定的格式，操作方法和高级查找类似。

3.3　课后练习

按照以下题目要求，在规定的时间内完成练习，并提交作业。

第 1 题

【样文 1】

💻网络安全是指通过采用各种技术和管理措施，使网络系统正常运行，从而确保网络数据的可用性、完整性和保密性。网络安全的具体含义会随着“角度”的变化而变化。例如，从用户(个人、企业等)的角度来说，他们希望涉及个人隐私或商业利益的信息在网络上传输时受到机密性、完整性和真实性的保护；而从企业的角度来说，最重要的就是内部信息的安全加密以及保护。

网络安全包含网络设备安全、网络信息安全、网络软件安全。黑客通过入侵网络来达到窃取敏感信息的目的，也有人以基于网络的攻击见长，被人收买，通过网络来攻击商业竞争对手，造成企业网络无法正常运营，网络安全就是为了防范这种信息盗窃和商业竞争攻击所采取的措施。

【操作要求】

(1)新建一个文档，并命名为“D3-1. docx”。

(2)按样文内容输入文字、标点及特殊符号。

(3)将文档中所有的“网络安全”替换为“network security”。

第 2 题

【样文 2】

🖮云计算是一种基于互联网的计算方式，通过这种方式，共享的软、硬件资源和信息可以按需提供给计算机和其他设备。典型的云计算提供商往往提供通用的网络业务应用，可以通过浏览器等软件或者其他 Web 服务来访问，而软件和数据都存储在服务器上。云计算服务通常提供通用的通过浏览器访问的在线商业应用，软件和数据可存储在数据中心。

云计算是一个新名词，却不是一个新概念。云计算这个概念从互联网诞生以来就一直存在。很久以前，人们就开始购买服务器存储空间，然后把文件上传到服务器存储空间里保存，需要的时候再从服务器存储空间里把文件下载下来。这和 Dropbox 或百度云的模式没有本质上的区别，它们只是简化了这一系列操作而已。

【操作要求】

(1)新建一个文档，并命名为“D3-2. docx”。

(2)按样文内容输入文字、标点及特殊符号。

(3)将文档中所有的“云计算”替换为“Cloud Computing”。

第 3 题

【样文 3】

☎密码学是研究如何隐秘地传递信息的学科。在现代，特别指对信息以及其传输的数学性研究，常被认为是数学和计算机科学的分支，与信息论也密切相关。著名的密码学者 Ron Rivest 解释道：“密码学是关于如何在敌人存在的环境中通信”。以工程学的角度，这相当于密码学与纯数学的异同。

密码学是信息安全等相关议题，如认证、访问控制的核心。密码学的首要目的是隐藏信息的含义，并不是隐藏信息的存在。密码学也促进了计算机科学，特别是在于电脑与网络安全所使用的技术，如访问控制与信息的机密性。密码学已被应用在日常生活，包括自动柜员机的芯片卡、电脑使用者存取密码、电子商务等。

【操作要求】

(1)新建一个文档，并命名为“D3-3. docx”。

(2)按样文内容输入文字、标点及特殊符号。

(3)将文档中所有的“密码学”替换为“Cryptography”。

第 4 题

【样文 4】

⚐操作系统是管理和控制计算机硬件与软件资源的计算机程序，是直接运行在“裸机”上的最基本的系统软件，任何其他软件都必须在操作系统的支持下才能运行。操作系统是用户和计算机的接口，同时也是计算机硬件和其他软件的接口。操作系统的功能包括管理计算机系统的硬件、软件及数据资源，控制程序运行，改善人机界面，为其他应用软件提供支持等，使计算机系统所有资源最大限度地发挥作用，提供各种形式的用户界面，使用户有一个好的工作环境，为其他软件的开发提供必要的服务和相应的接口。

【操作要求】

(1)新建一个文档，并命名为“D3-4. docx”。

(2)按样文内容输入文字、标点及特殊符号。

(3)将文档中所有的“操作系统”替换为“OS”。

第 5 题

【样文 5】

🗁固态硬盘，俗称固态驱动器，是一种永久性存储器或非永久性存储器的电脑外部存储设备。固态硬盘用来在电脑中代替常规硬盘，其芯片的工作温度范围很宽，商规产品为 0℃～70℃，工规产品为－40℃～85℃。虽然成本较高，但也正在逐渐普及到 DIY 市场。在固态硬盘中已经没有可以旋转的盘状结构，但是依照人们的命名习惯，这类存储器仍然被称为“硬盘”。由于固态硬盘技术与传统硬盘技术不同，所以产生了不少新兴的存储器厂商。厂商只需购买 NAND 存储器，再配合适当的控制芯片，就可以制造固态硬盘了。新一代的固态硬盘普遍采用 SATA-2 接口、SATA-3 接口、SAS 接口、MSATA 接口、PCI-E 接口、NGFF 接口和 CFast 接口。它被广泛用于军事、车载、工控、视频监控、网络监控、网络终端、电力、医疗、航空、导航设备等领域。

【操作要求】

（1）新建一个文档，并命名为“D3-5. docx”。

（2）按样文内容输入文字、标点及特殊符号。

（3）将文档中所有的“固态硬盘”替换为“SSD”。

第 6 题

【样文 6】

☞防火墙是指一个由软件和硬件设备组合而成、在内部网和外部网之间、专用网与公共网之间的界面上构造的保护屏障，是一种获取安全性方法的形象说法，它是一种计算机硬件和软件的结合，使 Internet 与 Intranet 之间建立起一个安全网关（Security Gateway），从而保护内部网免受非法用户的侵入。防火墙主要由服务访问规则、验证工具、包过滤和应用网关 4 个部分组成，防火墙就是一个位于计算机和它所连接的网络之间的软件或硬件。该计算机流入、流出的所有网络通信和数据包均要经过此防火墙。

在网络中，所谓“防火墙”，是指一种将内部网和公众访问网（如 Internet）分开的方法，它实际上是一种隔离技术。防火墙是在两个网络通信时执行的一种访问控制尺度，它能允许用户“同意”的人和数据进入用户的网络，同时将用户“不同意”的人和数据拒之门外，最大限度地阻止网络中的黑客来访问用户的网络。换句话说，如果不通过防火墙，公司内部的人就无法访问 Internet，Internet 上的人也无法和公司内部的人进行通信。

【操作要求】

（1）新建一个文档，并命名为“D3-6. docx”。

（2）按照样文内容输入文字，标点符号、特殊符号。

（3）将文档中所有的“防火墙”替换为“Firewall”。

第 7 题

【样文 7】

☏木马，也称木马病毒，是指通过特定的程序（木马程序）来控制另一台计算机。木马通常有两个可执行程序：一个是控制端，另一个是被控制端。木马这个名字来源于古希腊传说（荷马史诗中木马计的故事，Trojan 一词的特洛伊木马本意是特洛伊的，代指特洛伊木马，也就是木马计的故事）。“木马”程序是目前比较流行的病毒文件，与一般的病毒不同，它不会自我繁殖，也并不“刻意”地去感染其他文件，它通过将自身伪装，吸引用户下载执行，向施种木马者提供打开被种主机的门户，使施种者可以任意毁坏、窃取被种者的文件，甚至远程操控被种主机。木马病毒的产生严重危害着现代网络的安全运行。

【操作要求】

(1)新建一个文档，并命名为“D3-7. docx”。

(2)按照样文内容输入文字、标点符号及特殊符号。

(3)将文档中所有的“木马”替换为“木马”(红色、隶书、加着重号)。

第 8 题

【样文 8】

☠⊠蠕虫病毒是一种结合了蠕虫和病毒机理(技术特点)的产物。蠕虫病毒也集成了蠕虫和病毒的优点，使其更加强大，传播能力更强(注意与 DOS 操作系统下的“蠕虫”病毒的区别)。

计算机蠕虫与计算机病毒相似，是一种能够自我复制的计算机程序。与计算机病毒不同的是，计算机蠕虫不需要附在别的程序内，可能不用使用者介入操作也能自我复制或执行。它是直接在主机之间的内存中进行传播的。计算机蠕虫未必会直接破坏被感染的系统，却几乎都对网络有害。计算机蠕虫可能会执行垃圾代码以发动分散式阻断服务攻击，令计算机的执行效率极大程度降低，从而影响计算机的正常使用；可能会损毁或修改目标计算机的档案；也可能只是浪费带宽。

【操作要求】

(1)新建一个文档，并命名为“D3-8. docx”。

(2)按照样文内容输入文字、标点符号及特殊符号。

(3)将文档中所有的“蠕虫”(加粗、微软雅黑、小四)去掉格式，替换为“蠕虫”(宋体、小四、不加粗)。

第4讲　Word 2010文档的排版

在我们的日常工作和学习中，文档内容输入完成之后，就会遇到排版问题。根据需要对文档进行排版之后，可以使文档看起来更加规范、清晰和美观。文档的排版主要包括字符格式化、段落的排版和页面的设置。

4.1　字符格式化

在Word 2010文档中，字符格式设置包括字体、字号、字体颜色、大小写格式、粗体、斜体、上标、下标、字符间距调整等。

4.1.1　学习视频

登录“网络教学平台”，打开第4讲中“Word 2010文档的排版”目录下的“字符格式化”视频，在规定的时间内进行学习。

4.1.2　学习案例

新疆北新诚起集团管理部经常要写各种分析报告，文字功底深厚的小王写东西自然不在话下，然而困扰他的却是排版问题，每次都要花大量的时间修改格式。最头疼的是上司看完报告后让他修改，整篇文档的排版弄不好就要重来一遍。所以，熟练掌握排版技巧，可以让小王享受无数个闲暇的傍晚和周末。请帮助小王为写好的“数据分析报告”(D4.docx)文档进行排版设置：

将标题段文字(“数据分析报告”)设置为“三号”、“红色(标准色)”、“黑体”、“居中”，字符间距为“加宽5磅”，并添加“着重号”。

下面结合本案例具体讲解排版的主要操作方法：

1.设置字体、字形、字号和颜色

(1)通过“字体”命令组中的按钮设置。

操作步骤如下：

第一步：选定要设置格式的文本。

第二步：在“开始”选项卡的“字体”命令组中，使用工具栏中的“字体”、“字号”下拉列表框以及字体“颜色”下拉按钮进行设置。

(2)通过“字体”对话框进行设置。

操作步骤如下：

第一步：选定要设置格式的文本。

第二步：在“开始”选项卡的“字体”命令组中，单击“字体”右下角对话框启动器。

第三步：弹出“字体”对话框，通过“中文字体”、“西文字体”、“字体颜色”、“字形”和“字号”下拉列表框进行设置。

本案例通过“字体”对话框进行设置，具体操作步骤如下：

第一步：打开“D4.docx”文档，选中标题段文字。

第二步：通过“字体”对话框进行如图 4-1 所示设置。

图 4-1　字体格式设置

2. 改变字符间距、字宽度和水平位置

操作步骤如下：

第一步：选定要设置格式的文本，在“开始”选项卡的“字体”命令组中，单击“字体”右下角对话框启动器。

第二步：弹出“字体”对话框，选择“高级”选项卡，在“缩放”下拉列表框中选择缩放百分比，在“间距”下拉列表框中有“标准”、“加宽”和“紧缩”3 种间距设置，在“位置”下拉列表框中有“标准”、“提升”和“降低”3 种位置。对标题段文字进行字符间距的设置如图 4-2 所示。

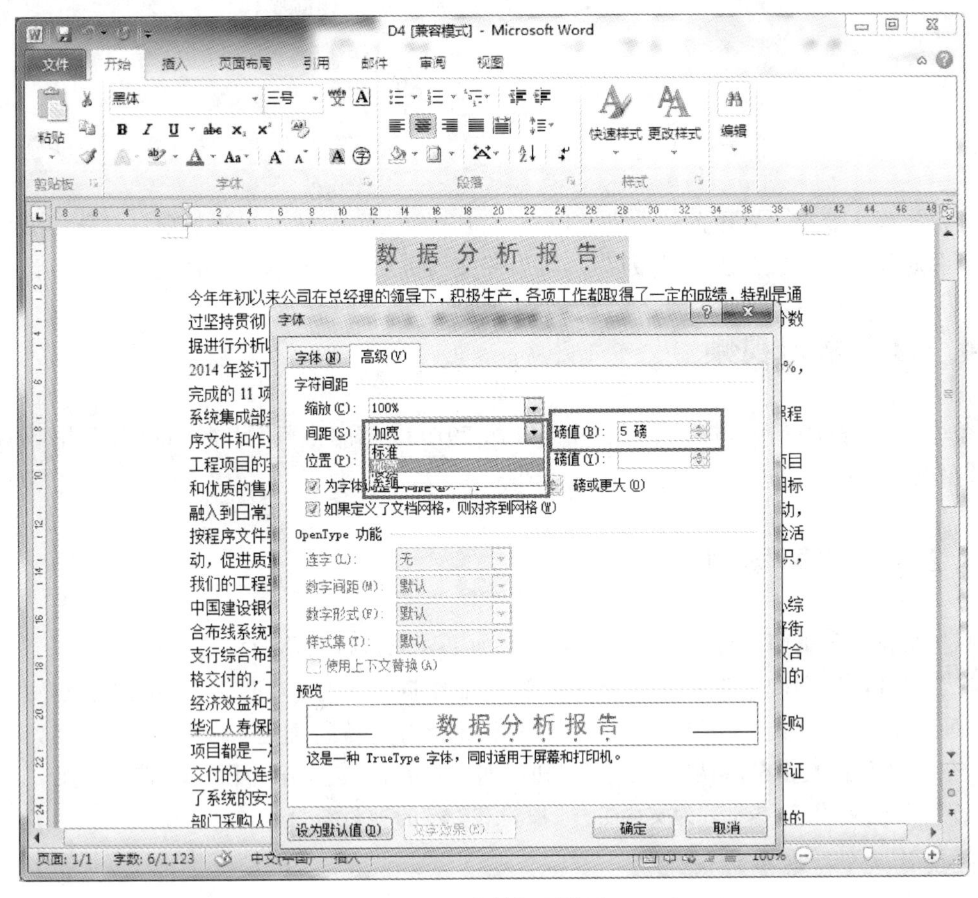

图 4-2　字符间距设置

3. 下划线、着重号等效果

（1）选定要设置格式的文本，在“开始”选项卡的“字体”命令组中，使用工具栏的“加粗”、“倾斜”、“下划线线型”按钮以及“文本效果”的下拉按钮进行设置。

（2）选定要设置格式的文本，在“开始”选项卡的“字体”分组中，单击“字体”右下角对话框启动器，弹出“字体”对话框，通过其中的“下划线线型”、“着重号”列表框，以及“删除线”、“双删除线”、“上标”、“下标”、“阴影”、“空心”等复选框进行设置。本案例“着重号”的添加如图 4-1 所示。

4. 边框和底纹

（1）选定要设置格式的文本，在“开始”选项卡的“字体”命令组中，使用工具栏的“字符边框”和“字符底纹”按钮进行设置。

（2）选定要设置格式的文本，在“开始”选项卡的“字体”命令组中，单击“字体”右下角对话框启动器，弹出“字体”对话框，单击“文字效果”，弹出“设置文本效果格式”对话框，选择“文本边框”等选项卡进行设置。

4.2 段落排版

段落排版主要是设置段落的缩进、对齐、行和段落间距等，还可以添加项目符号和编号、段落边框和底纹等。对段落进行排版以后，可以使文档更加具有条理性，结构也更加清晰。

4.2.1 学习视频

登录“网络教学平台”，打开第4讲中“Word 2010 文档的排版”目录下的“段落排版”相关视频，在规定的时间内进行学习。

4.2.2 学习案例

新疆北新诚起集团管理部的小王需要按照如下要求进行段落的相关排版：

将正文各段文字(“今年年初以来……管理工作搞得更好。”)设置为“小四号”、“中文宋体”、“西文 Times New Roman”；各段落左缩进“2 字符”、首行缩进“2 字符”、段前“0.5 行”、“1.25 倍”行距；将文中最后两行“管理部”和日期右对齐；将正文第一段“今”首字下沉，下沉行数“2 行”、距正文“0.5 厘米”；为文中 2～4 段设置“◆”的项目符号。

1.段落左、右边界的设定

(1)选定要设置格式的段落，在“开始”选项卡的“段落”命令组中，使用工具栏中的“减少缩进量”或“增加缩进量”按钮可缩进或增加段落的左边界。由于缩进量是固定不变的，因此这种方法操作时灵活性较差。

(2)通过对话框进行设置。

具体操作步骤如下：

第一步：选定要设置格式的段落，在“开始”选项卡的“段落”命令组中，单击“段落”右下角对话框启动器按钮。

第二步：弹出“段落”对话框，选择“缩进和间距”选项卡，在“缩进”的“左侧”文本框中输入左边界值。可采用类似的方法设置右边界。

本案例中对正文部分的设置首先需要选中正文各段文字，启动“字体”和“段落”对话框进行如图 4-3 所示的设置。

2.设置段落对齐方式

段落对齐方式有“两端对齐”、“文本左对齐”、“居中”、“文本右对齐”和“分散对齐”5 种方式。

(1)选定要设置格式的段落，在“开始”选项卡的“段落”命令组中，使用工具栏中的“文本左对齐”、“居中对齐”、“文本右对齐”和“分散对齐”按钮进行设置。默认情况是“两端对齐”。

(2)选定要设置格式的段落，在“开始”选项卡的“段落”命令组中，单击“段落”右下角对话框启动器按钮，选择“缩进和间距”选项卡，单击“对齐方式”下拉列表框的下拉按钮，在对齐方式列表中选择相应的对齐方式。

图 4-3　字体、段落格式设置

(3)使用快捷键设置。

本案例中段落对齐方式的设置首先需要选中最后两行，可以在段落组中选择相应按钮进行设置，如图 4-4 所示。

3. 设置段间距与行间距

(1)设置段间距。

选定要设置格式的段落，在“开始”选项卡的“段落”命令组中，单击“段落”右下角对话框启动器按钮，弹出“段落”对话框，选择“缩进和间距”选项卡，在“间距”和“段后”文本框中分别输入数值。

(2)设置行间距。

选定要设置格式的段落，在“开始”选项卡的“段落”命令组中，单击“段落”右下角对话框启动器按钮，弹出“段落”对话框，选择“缩进和间距”选项卡，单击“行距”列表框下拉按钮，选择所需的行距选项。

本案例中设置段落间距和行间距的操作如图 4-3 所示。

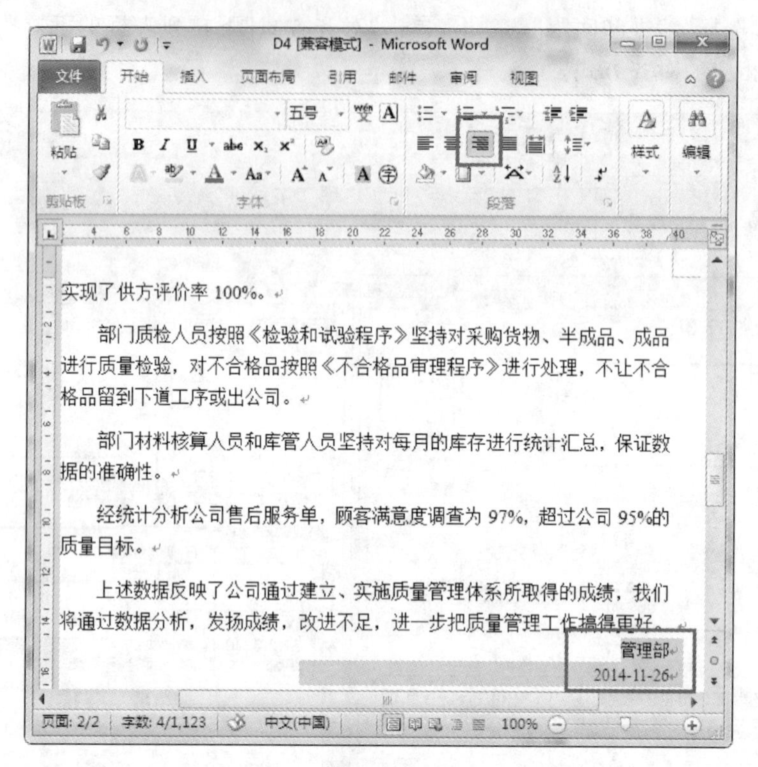

图 4-4 段落对齐方式设置

4. 设置段落边框和底纹

(1)设置边框。

第一步:选定要设置格式的段落。

第二步:在“开始”选项卡的“段落”命令组中,使用工具栏的“下框线”下拉按钮进行设置。

(2)设置底纹。

第一步:选定要设置格式的段落。

第二步:在“开始”选项卡的“段落”命令组中,单击“段落”右下角对话框启动器按钮。

第三步:弹出“段落”对话框。选择“缩进和间距”选项卡,单击“对齐方式”下拉列表框的下拉按钮,在对齐方式列表中选择相应对齐方式。

5. 首字下沉

第一步:将插入点移到要设置或取消首字下沉的段落的任意处。

第二步:在“插入”选项卡的“文本”命令组中,单击“首字下沉”下拉按钮,选择“无”、“下沉”或“悬挂”选项进行设置。

第三步:选择“首字下沉选项”命令,弹出“首字下沉”对话框,在“位置”的“无”、“下沉”和“悬挂”3 种格式选项中选择一种,在“选项”组中选定首字下沉的字体,填入下沉行数和距离其后面正文的距离。

本案例中设置首字下沉的操作方法如图 4-5 所示。

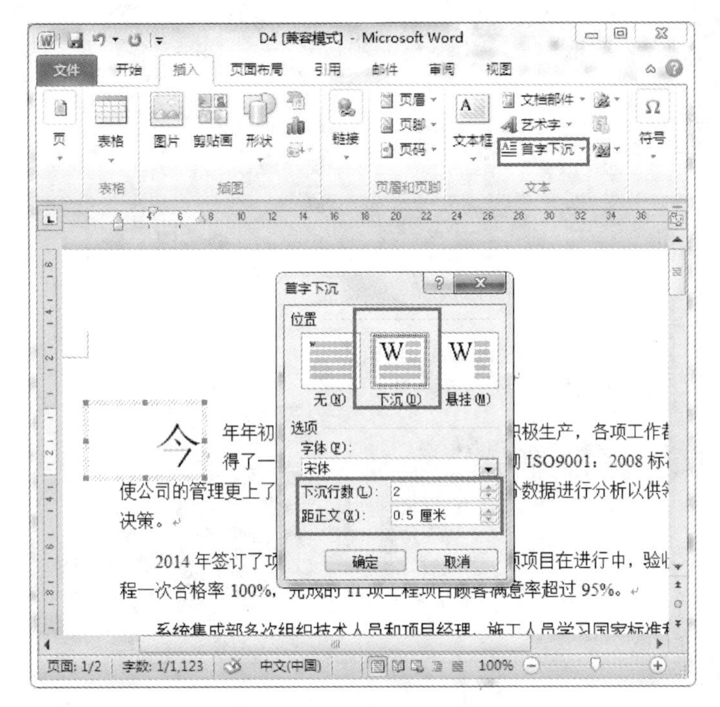

图 4-5　首字下沉格式设置

6. 项目符号和段落编号

(1)自动创建编号或项目符号。

在输入文本时,自动创建项目符号的方法:

第一步:在输入文本时,先输入一个“ * ”,后面跟一个空格,然后输入文本。

第二步:当输出完一段后按 Enter 键。“ * ”会自动变成黑色圆点的项目符号,并在新一段的开始处自动添加同样的项目符号。

第三步:如果要结束自动添加项目符号功能,按 Backspace 键删除插入点前的项目符号即可(或再按一次 Enter 键)。

自动创建段落编号的方法:

第一步:在输入文本时,先输入如“1.”、“一.”、“A”等格式的起始编号,然后输入文本,当按 Enter 键时,在新一段的开头处就会根据上一段的编号格式自动创建编号。

第二步:重复上述步骤,可以对键入的各段创建一系列的段落编号。如果要结束自动创建编号功能,可按 Backspace 键删除插入点前的编号(或再按一次 Enter 键)。

(2)对已键入的段落添加编号或项目符号。

在“开始”选项卡的“段落”命令组中,使用“项目符号”、“编号”或“多级列表”下拉按钮添加编号或项目符号。本案例中对项目符号的添加如图 4-6 所示。

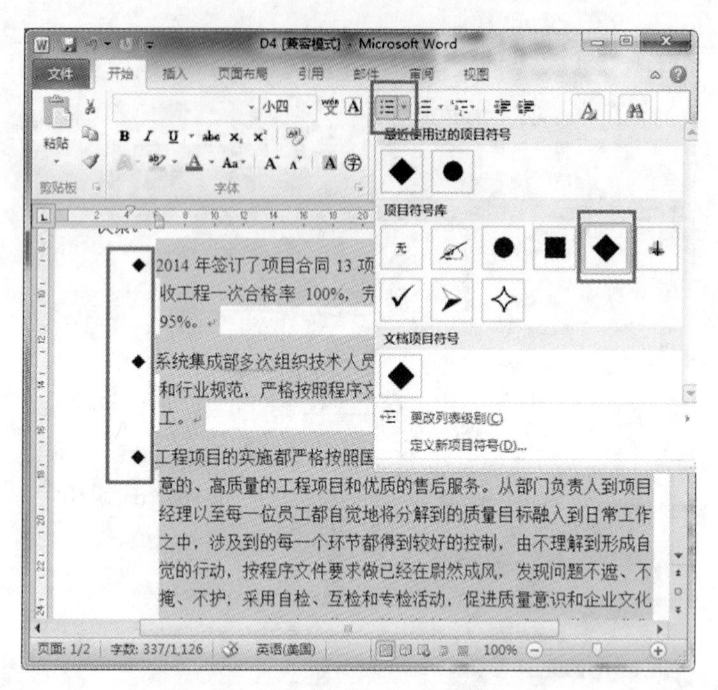

图 4-6　添加项目符号

4.3　页面设置

页面排版的好、坏直接影响文档的打印效果和人们阅读文档时的感受，因此在打印之前一般要进行页面设置。页面设置一般包括纸张大小的设置、页面的方向设置、页边距的设置、页眉、页脚及文档分栏等。

4.3.1　学习视频

登录“网络教学平台”，打开第 4 讲中“Word 2010 文档的排版”目录下的“页面设置”相关视频，在规定的时间内进行学习。

4.3.2　学习案例

新疆北新诚起集团管理部的小王需要按照如下要求进行页面的相关排版：

将第 5 段分为左、右相等的两栏；设置页面纸张大小为“A4”、页面左、右边距各“2.5 厘米”；为文档添加边线型“内部资料、北新诚起集团”的页眉、“底部居中”的页码。

1. 文档的分栏

(1)在“页面布局”选项卡的“页面设置”命令组中，单击“分栏”下拉按钮进行栏数设置。

(2)使用“更多分栏”。

第一步：单击“分栏”下拉按钮下的“更多分栏”命令，可打开“分栏”对话框。

第二步：在“预设”框中，设置分栏格式，或在“栏数”文本框中输入分栏数，在“宽度和间距”框中设置栏宽和间距。

第三步：勾选“栏宽相等”复选框，则各栏宽相等，否则可以逐栏设置宽度。

第四步：勾选“分割线”复选框，可以在各栏之间加一条分割线。

第五步：在“应用范围”框中可选择“整篇文档”、“插入点之后”选项中的一种。本案例中对第五段的分栏设置如图 4-7 所示。

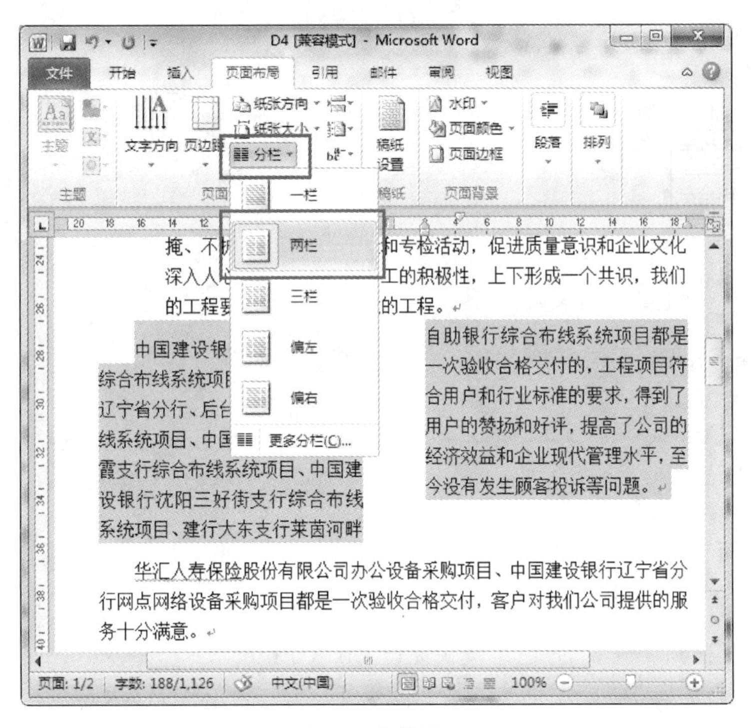

图 4-7　分栏设置

2. 页面的设置

(1)在“页面布局”选项卡的“页面设置”命令组中，单击“页边距”、“纸张方向”、“纸张大小”等下拉按钮进行设置，纸张的大小以及页边距决定可用的文本区域。文本区域的宽度是纸张的宽度减去左、右页边距，文本区域的高度是纸张的高度减去上、下页边距。

(2)在“页面布局”选项卡的“页面设置”命令组中，单击“页面设置”按钮，弹出“页面设置”对话框，通过“页边距”、“纸张”、“版式”或“文档网格”选项卡，设置上、下、左、右边距以及纸张大小和方向等。本案例的页面设置操作方法如图 4-8 所示。

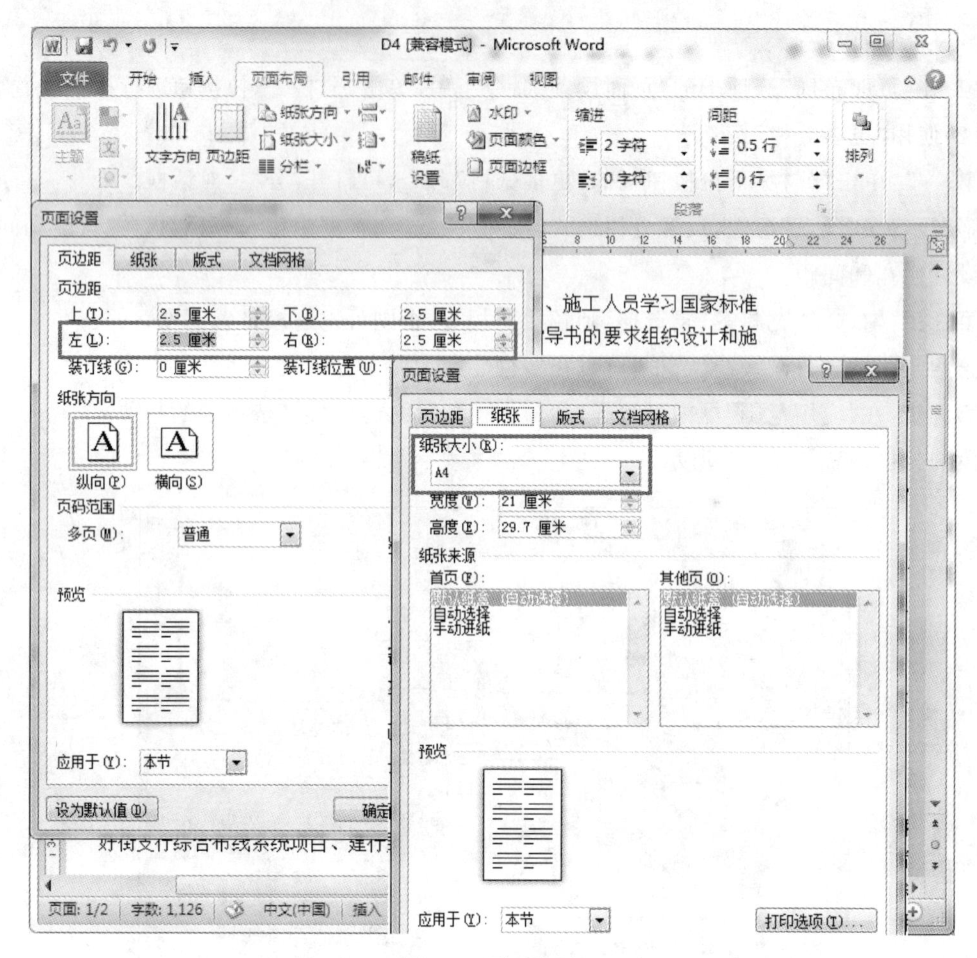

图 4-8 页面设置

3. 插入分页符

插入分页符有以下两种方法：

(1)将插入点移到要分页的位置，按快捷键 Ctrl＋Enter。

(2)在“页面布局”选项卡的“页面设置”命令组中，单击“分隔符”下拉按钮，选择“分页符”选项。

4. 插入页码

第一步：在“插入”选项卡“页眉和页脚”命令组中，单击“页码”下拉按钮。

第二步：选择“当前位置”、“页边距”以及“设置页码格式”等命令进行设置。本案例中插入页码的操作如图 4-9 所示。

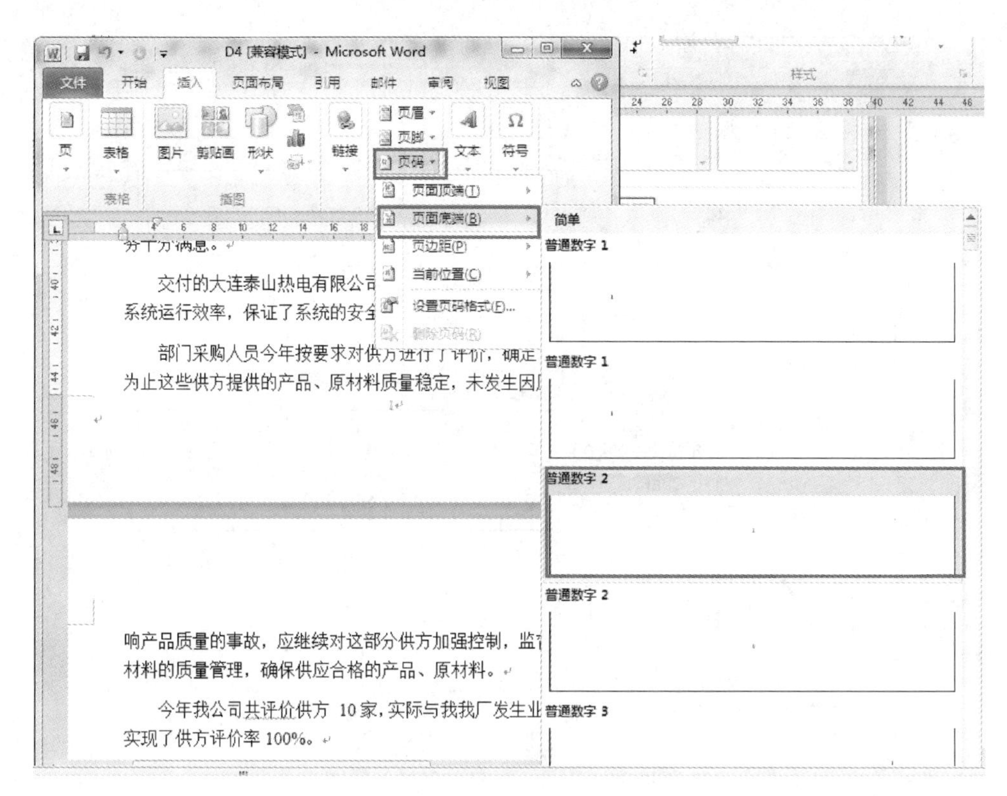

图 4-9　插入页码

5. 页眉和页脚

(1)建立页眉(页脚)。

第一步:通过在“插入”选项卡的“页眉和页脚”命令组中,单击“页眉(页脚)”下拉按钮,选择“编辑页眉(页脚)”选项,打开“页眉(页脚)”编辑区。

第二步:在“页眉(页脚)”编辑窗口中键入页眉文本。

第三步:在“页眉和页脚工具”选项卡“导航”命令组中,单击“转至页脚(页眉)”按钮切换到“页脚(页眉)”编辑区并键入文字。

(2)建立奇偶页不同的页眉(页脚)。

第一步:通过在“插入”选项卡的“页眉和页脚”命令组中,单击“页眉(页脚)”下拉按钮,选择“编辑页眉(页脚)”选项,打开“页眉(页脚)”编辑区。

第二步:在“页眉和页脚工具”选项卡“选项”命令组中,勾选“奇偶页不同”复选框。

第三步:返回页眉(页脚)编辑区,在“奇数页页眉(页脚)”编辑区中键入奇数页页眉(页脚)内容,同理设置偶数页页眉(页脚)。

(3)删除页眉和页脚。

在“插入”选项卡的“页眉和页脚”命令组中,单击“页眉(页脚)”下拉按钮,选择“删除页眉(页脚)”选项,即可删除页眉(页脚)。本案例中添加页眉的操作方法如图 4-10 所示,然后分别在相应位置键入对应文字如图 4-11 所示。

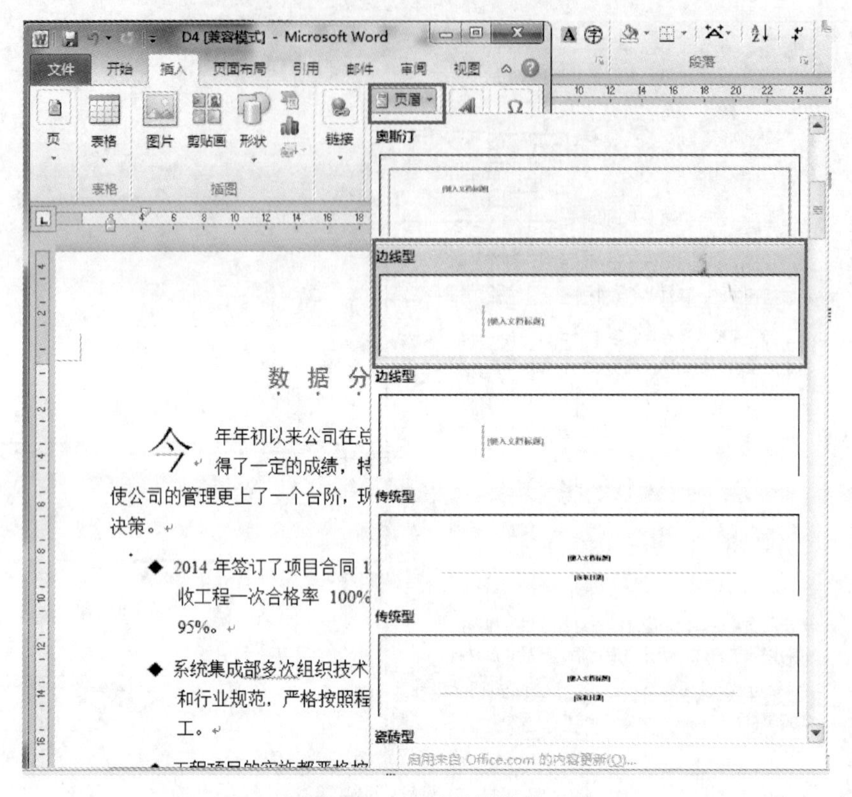

图 4-10　选择页眉类型

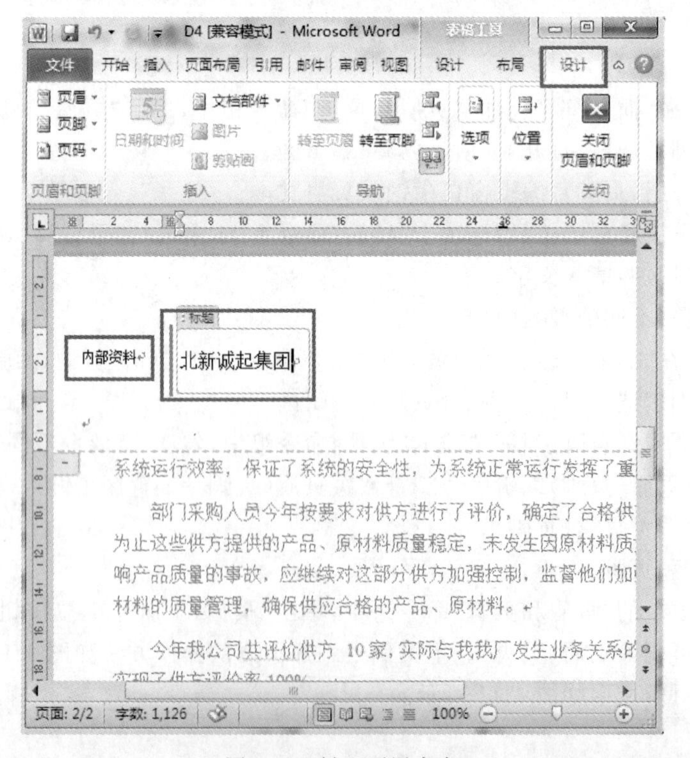

图 4-11　键入页眉内容

最后，综合以上排版设置，本案例排版后的效果如图 4-12 所示。

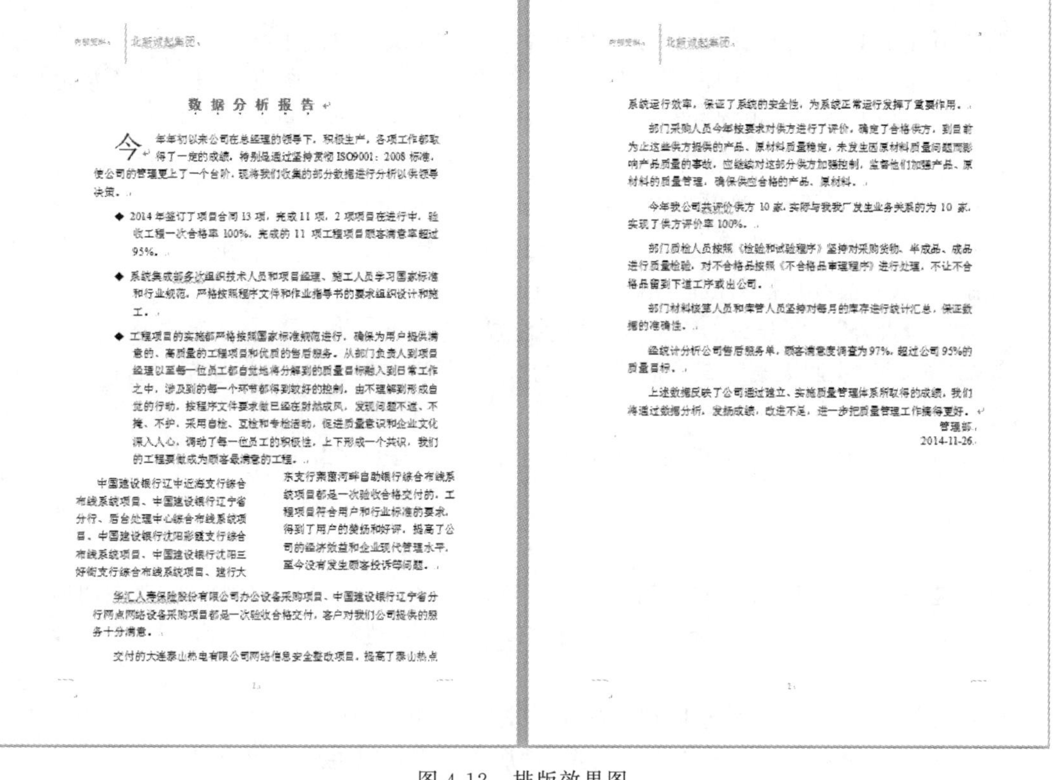

数 据 分 析 报 告

今年年初以来公司在总经理的领导下，积极生产，各项工作都取得了一定的成绩，特别是通过坚持贯彻 ISO9001：2008 标准，使公司的管理更上了一个台阶，现将我们收集的部分数据进行分析以供领导决策。

- 2014 年签订了项目合同 13 项，完成 11 项，2 项项目在进行中，验收工程一次合格率 100%，完成的 11 项工程项目顾客满意率超过 95%。
- 系统集成部多次组织技术人员和项目经理、施工人员学习国家标准和行业规范，严格按照程序文件和作业指导书的要求组织设计和施工。
- 工程项目的实施都严格按照国家标准规范进行，确保为用户提供满意的、高质量的工程项目和优质的售后服务。从部门负责人到项目经理以至每一位员工都自觉地将分解到的质量目标融入到日常工作之中，涉及到的每一个环节都得到较好的控制，由不理解到形成自觉的行动，按程序文件要求做已经在前然成风，发现问题不遮、不掩、不护，采用自检、互检和专检活动，促进质量意识和企业文化深入人心，调动了每一位员工的积极性，上下形成一个共识，我们的工程要做成为顾客最满意的工程。

中国建设银行辽中近海支行综合布线系统项目、中国建设银行辽宁省分行、后台处理中心综合布线系统项目、中国建设银行沈阳彩霞支行综合布线系统项目、中国建设银行沈阳三好街支行综合布线系统项目、建行大东支行蒲莲河畔自助银行综合布线系统项目都是一次验收合格交付的，工程项目符合用户和行业标准的要求，得到了用户的赞扬和好评，提高了公司的经济效益和企业现代管理水平，至今没有发生顾客投诉等问题。

华汇人寿保险股份有限公司办公设备采购项目、中国建设银行辽宁省分行网点网络设备采购项目都是一次验收合格交付，客户对我们公司提供的服务十分满意。

交付的大连泰山热电有限公司网络信息安全整改项目，提高了泰山热点系统运行效率，保证了系统的安全性，为系统正常运行发挥了重要作用。

部门采购人员今年按要求对供方进行了评价，确定了合格供方，到目前为止这些供方提供的产品、原材料质量稳定，未发生因原材料质量问题而影响产品质量的事故，应继续对这部分供方加强控制，监督他们加强产品、原材料的质量管理，确保供应合格的产品、原材料。

今年我公司共评价供方 10 家，实际与我我厂发生业务关系的为 10 家，实现了供方评价率 100%。

部门质检人员按照《检验和试验程序》坚持对采购货物、半成品、成品进行质量检验，对不合格品按照《不合格品审理程序》进行处理，不让不合格品留到下道工序或出公司。

部门材料核算人员和库管人员坚持对每月的库存进行统计汇总，保证数据的准确性。

经统计分析公司售后服务单，顾客满意度调查为 97%，超过公司 95%的质量目标。

上述数据反映了公司通过建立、实施质量管理体系所取得的成绩，我们将通过数据分析，发扬成绩，改进不足，进一步把质量管理工作搞得更好。

管理部

2014-11-26

图 4-12　排版效果图

4.4 课后练习

登录“网络教学平台”，下载本讲素材进行操作练习，在规定时间内提交作业。

第 1 题

王兵同学假期到编辑部实习，成为编辑小助理，主要负责简单的文字排版工作，现有一篇简讯（见文档“D4-1. docx”）需要发布，责任编辑给王兵提出了文字排版的要求。假设你是王兵，请按照如下具体要求进行排版，并以原文件名保存至学生文件夹。

(1)将标题段文字（“双星系统适宜孕育宇宙高级生命体”）设置为“三号”、“蓝色（标准色）”、“黑体”、“居中”，并添加“黄色底纹”。

(2)将正文各段文字（“5 月 20 日消息，……至关重要的水分。”）设置为“小四号”、“楷体”；各段落左右各缩进“2.2 字符”，首行缩进“2 字符”，行距为“1.2 倍”。

(3)设置页面纸张大小为“16 开 184×260 毫米”，页面左、右边距各“2.7 厘米”；为页面添加“红色”、“1 磅”、“阴影边框”。

第 2 题

为了引导学生树立正确的人生观和价值观，为同学们未来四年的大学生活指明方向，石河子大学学工部将于 2015 年 9 月 3 日（星期六）10:00—12:00 在校图书馆报告厅举办题为“幸福生活——我的大学生涯规划”的讲座，特别邀请资深教授高金平先生担任演讲嘉宾。

根据上述活动的描述，利用 Word 2010 制作一份宣传海报，海报内容见文档“D4-2. docx”，请根据如下要求进行设计，并以原文件名保存至学生文件夹。

(1)将标题段文字（“‘幸福生活’讲座”）设置为“初号”、“红色”（标准色）、“微软雅黑”、“居中”，并添加“双波浪线边框”，段后间距为“1 行”。

(2)将以“报告”二字开头的正文各段文字设置为“二号”、“黑体”；各段落左缩进“6 字符”，行距为“3 倍”；将“欢迎大家踊跃参加！”设置为“华文行楷”、“50 号”、“深蓝”，字符间距加宽“3 磅”；将“主办：校学工部”右对齐。

(3)设置页面纸张方向为“横向”，页面上、下、左、右边距各“2.5 厘米”。

第 3 题

欣欣是一个文字编辑工作者，她最头疼的事情是一篇文章中既有中文又有西文内容，你会编辑这样的文章吗？请按照如下要求对文档“D4-3. docx”进行字处理操作，并以原文件名保存至学生文件夹。

(1)将标题段文字（“EI 检索期刊与 SCI 期刊”）的中文设置为“四号”、“红色”、“宋体”，英文设置为“四号”、“红色”、“Arial”字体；标题段“居中”，字符间距加宽“2 磅”。

(2)将正文各段文字（“EI（工程索引）是……都可以称作被 SCI 收录。”）的中文设置为“五号”、“仿宋”，英文设置为“五号”、“Arial”字体；各段落首行缩进“2 字符”，段前间距为“0.5 行”。

(3)为文中所有“收录”一词加粗并添加“着重号”；将正文第三段（“它收录全世界出版……都可以称作被 SCI 收录。”）分为等宽的“两栏”，栏宽为“18 字符”，栏间加“分割线”。

第 4 题

请帮助鼎星公司的行政秘书小王为文档“D4-4. docx”进行排版，并以原文件名保存至学生文件夹。具体要求如下：

(1)将标题段文字（“中财办主任刘鹤论文获孙冶方经济科学奖”）设置为“三号”、“楷体”、“蓝色”、“倾斜”，并添加“底纹”；将正文的第一段文字（“根据……欢迎社会各界监督。”）设置为“小四号”、“宋体”、“加粗”，字符间距加宽“0.5 磅”。

(2)为正文中 3～5 段文字（“谈敏：……2014 年 7 月。”）添加项目编号“1.”、“2.”、“3.”；设置最后两段的行距为“1.5 倍”。

(3)将文档页面的纸张大小设置为“16 开（18.4×26 厘米）”，左、右页边距各为“3 厘米”；在页面顶端插入“罗马 3”型页码。

第 5 题

负责百度百科文档排版工作的李明需要为文档“D4-5. docx”进行排版格式化，请帮他完成工作，并以原文件名保存至学生文件夹。具体要求如下：

(1)将标题段文字（“防晒衣原理和标准”）设置为“三号”、“红色（红色 255，绿色 0，蓝色 0）”、“仿宋”、“加粗”、“居中”，段后间距设置为“0.5 行”。

(2)给全文中所有“防晒”一词添加“双波浪”下划线；将正文各段文字（“防晒服装于 2007 年……防护系数。”）设置为“小四号”、“宋体”（正文）；各段落左右各缩进“0.5 字符”，首行缩进“2 字符”。

(3)将正文第一段（“防晒服装于 2007 年……汗湿的困扰。”）分为等宽的“两栏”，栏宽为“20 字符”，栏间加“分割线”。

第 6 题

天业集团的行政秘书张三需要为文档“D4-6.docx”进行排版，请帮他完成，并以原文件名保存至学生文件夹。具体要求如下：

(1)将标题段文字（“中国网民规模达 5.64 亿”）设置为“三号”、“黑体”、“居中”，字符间距加宽“3 磅”，加“绿色（标准色）底纹”。

(2)将正文前三段文字（“中国经济网……智能化和易操作化。”）设置为“五号”、“楷体”；正文第一段（“中国经济网……发展状况统计报告》。”）首字下沉“2 行”，距正文“0.1 厘米”；各段落左右缩进“2 字符”，行距固定值为“18 磅”，段前间距为“0.5 行”。

(3)将正文第四段（“《报告》表示……互联网的持续创新。”）分为等宽的“两栏”、栏间距为“0.5 字符”、栏间加“分割线”。

第 7 题

请帮助李红同学为文档“D4-7.docx”进行排版，并以原文件名保存至学生文件夹。具体要求如下：

(1)将标题段文字（“Visual Basic 数据库连接技术”）设置为“三号”、“发光（红色，18 pt 发光，强调文字颜色 2）、“黑体”、“居中”，字符间距加宽“2 磅”。

(2)将正文各段文字（“VB 在开发数据库方面……打开这个超链接。”）设置为“小四号”、“仿宋”；各段落悬挂缩进“2 字符”，段前间距为“0.5 行”，行距为“1.25 倍”。

(3)将文档页面的纸张大小设置为“16 开（18.4×26 厘米）”、左右页边距各为“3 厘米”；在页面顶端（页眉）右侧插入“罗马 3”型页码。

第 8 题

政府行政部门的张力助理需要为文档“D4-8.docx”进行排版，请替他完成工作，并以原文件名保存至学生文件夹。具体要求如下：

(1)将标题段文字（“目前 Internet 网络的基础是脆弱的”）设置为“小二号”、“蓝色（红色 0，绿色 0，蓝色 255）”、“宋体（正文）”、“居中”，并添加“双波浪”下划线。

(2)将正文各段文字（“Internet 的基础……经受不住历史的考验。”）设置为“小四号”、“楷体”；各段落首行缩进“2 字符”，行距设置为“16 磅”，段前间距为“0.5 行”。

(3)设置页面左右边距各为“3.1 厘米”；在页面底端以“普通数字 3”格式插入页码。

第5讲　Word 2010 的表格处理

表格是一种简明、扼要的表达方式，能够清晰地显示和管理文字和数据，如课程表、学生成绩表、职工工资表等。表格由行与列组成，行与列交叉产生的方框区成为单元格。在单元格中可以输入文档或插入图片。Word 2010 提供了强大的制表功能，不仅可以快速创建表格，对表格进行编辑、修改，也可以进行表格与文本间的相互转换和表格格式的自动套用等，还可以直接插入电子表格，表格中的数据可以自动计算。这些功能大大地方便了用户，使得表格的制作和排版变得比较容易、简单。

本讲介绍表格的创建和文字的输入、表格的选定与修改，表格样式的自动套用以及表格内数据的排序和计算等基本操作。

5.1　表格的创建

利用“插入”选项卡的“表格”命令组可以创建空白表格，表格生成后，可以用制表键（Tab键）在各单元格之间输入文本。

本节介绍表格的创建和文字的输入。

5.1.1　学习视频

登录“网络教学平台”，打开“第 5 讲”中 “表格的基本概念和创建”目录下的相关视频，在规定的时间内进行学习。

5.1.2　学习案例

2014 年某产品各地区销售金额如下：东部地区，第一季度为 20.4，第二季度为 27.5，第三季度为 24.3，第四季度为 90；西部地区，第一季度为 30.2，第二季度为 38.6，第三季度为 31.8，第四季度为 36.4；北部地区，第一季度为 45.9，第二季度为 46.7，第三季度为 49.3，第四季度为 45。

在 Word 2010 中，将上面的销售金额情况列成表格，如图 5-1 所示，使得 2014 年某产品各地区销售金额看起来直观、方便。

时间 地区	第一季度	第二季度	第三季度	第四季度
东部	20.4	27.5	24.3	90
西部	30.2	38.6	31.8	36.4
北部	45.9	46.7	49.3	45

图 5-1　2014 年某产品各地区销售金额表

1. 自动创建简单表格

简单表格是指由多行和多列构成的表格，即表格中只有横线和竖线，不出现斜线。Word 2010 提供了 3 种创建简单表格的方法。

(1)用“插入”选项卡“表格”组中的“插入表格”按钮创建表格。

在 Word 2010 文档中，将插入点置于要插入表格的位置，单击“插入”选项卡中的“表格”命令组中的“表格”按钮，出现如图 5-2 所示的“插入表格”菜单，在出现的网格中按住鼠标左键进行拖曳，此时，在文档当前的插入点位置会同步显示一个用户所选定行数与列数的表格。沿网格向右拖曳鼠标可定义表格的列数，沿网格向下拖曳鼠标可定义表格的行数。松开鼠标后，当前插入点位置创建出一个用户所选定行数与列数的表格，如表 5-1 所示，自动创建出一个 4 行 5 列的空表格。

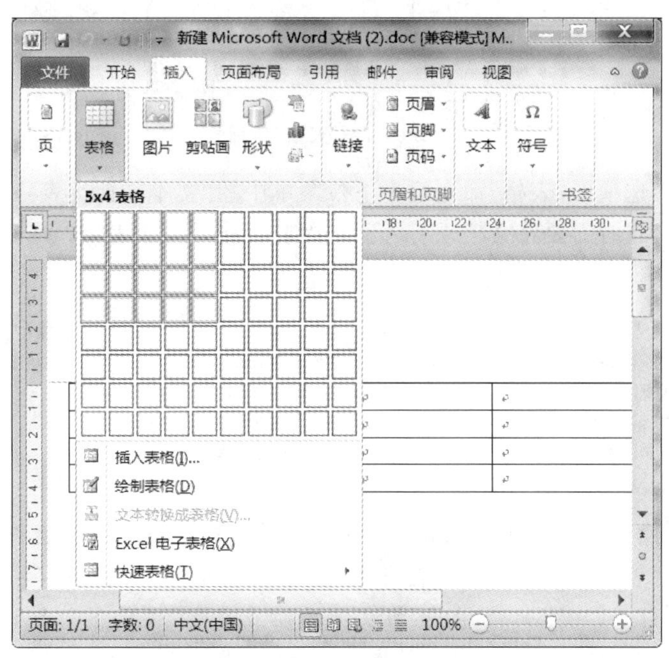

图 5-2　“插入表格”菜单

表 5-1　2014 年某产品各地区销售金额空表

(2)使用“插入”选项卡“表格”命令组中下拉菜单中的“插入表格”创建表格。

在 Word 2010 文档中,将插入点置于要插入表格的位置,单击“插入”选项卡下“表格”命令组中的“表格”按钮,在出现的菜单中选择“插入表格”命令,打开“插入表格”对话框,如图 5-3 所示。在“表格尺寸”区域分别设置表格的行数和列数,在“行数”和“列数”框中分别输入所需表格的行数和列数。在“自动调整”操作区域,如果选择“固定列宽”单选框,则可以设置表格的固定列宽尺寸;如果选择“根据内容调整表格”单选框,则单元格宽度会根据输入的内容自动调整;如果选中“根据窗口调整表格”单选框,则所插入的表格将充满当前页面的宽度;如果选中“为新表格记忆此尺寸”复选框,则再次创建表格时将使用当前尺寸。本例中,“行数”为 4,“列数”为 5,“自动调整”操作中默认为“固定列宽”单选项。设置完毕后单击“确定”按钮,即可在 Word 文档中插入一张 4 行 5 列的空表格,如表 5-1 所示。

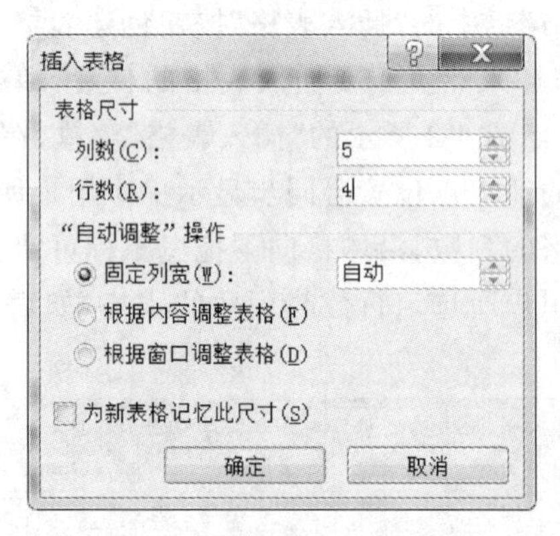

图 5-3 “插入表格”对话框

(3)使用“插入”选项卡“表格”命令组中下拉菜单中的“文本转换为表格”创建表格。

在创建表格时,有时需要将文档现有的文本内容直接转换成表格,Word 2010 提供了这一功能。

公司人员	规模(人)	公司人员	规模(人)
荷兰银行(ABN Amro)	>300	美国运通(Amex)	>1000
金盛保险(Axa)	380	花旗集团(Citigroup)	3000
德意志银行(Deutsche Bank)	500	通用公司(GE)	11000
汇丰集团(HSBC)	2000	JP摩根大通(JP Morgan Chase)	480
渣打(Standard Chartered)	3000	美林集团(Merrill Lynch)	350

将上述文本转换为 6 行 4 列的表格。选择需要转换成表格的用制表符分隔的文本内容,单击“插入”选项卡“表格”命令组中的“表格”按钮,在打开的“插入表格”下拉菜单中单击“文本转换为表格”命令,打开如图 5-4 所示的“将文字转换成表格”对话框。在“表格尺寸”区域中,分别设置表格的行数和列数;在“自动调整操作”区域可进行相关设置,具体与(2)方法中相同;在“文字分隔位置”区域中选择文本中使用的分隔符,Word 2010 默认使用英文逗号作为分隔符,可以选择段落标记、制表符、空格或其他字符作为分隔符,这一功能需要首先为选择的文本添加分隔符。本例中,在对话框中的“列数”文本框键入表格的列数为 4,“自动调整”操作中默认为“固定列宽”单选项,在“文字分割位置”区域中选定“制表符”单选项,单击“确定”按钮,就实现了文本到表格的转换,转换后的表格图示效果如图 5-5 所示。

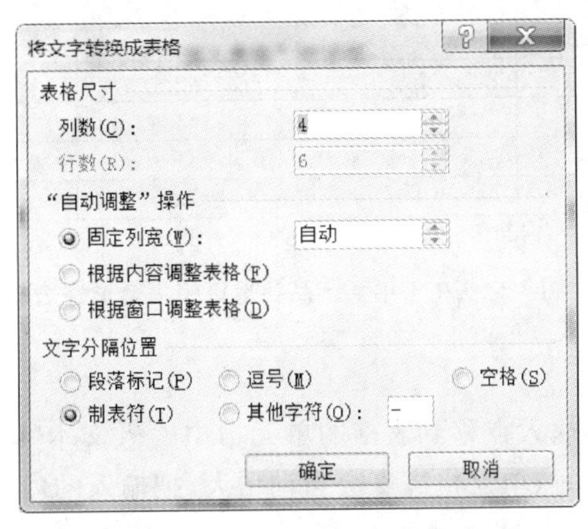

图 5-4　"将文字转换成表格"对话框

公司人员	规模(人)	公司人员	规模(人)
荷兰银行(ABN Amro)	>300	美国运通(Amex)	>1000
金盛保险(Axa)	380	花旗集团(Citigroup)	3000
德意志银行(Deutsche Bank)	500	通用公司(GE)	11000
汇丰集团(HSBC)	2000	JP摩根大通(JP Morgan Chase)	480
渣打(Standard Chartered)	3000	美林集团(Merrill Lynch)	350

图 5-5　转换后的表格图示效果

文本转换成表格需要注意两点：一是从"将文字转换成表格"对话框中可以看出，Word 2010 已将所转换的表格的行、列作了测定，一般情况下，其测定是符合要求的；如果不符合要求，可以修改行数和列数。二是将表格转换为文本，选定需要转换的表格，执行"表格工具"下"布局"中"数据"组中的"转换为文本"命令，可以将表格转换成文字，分隔符可由用户确定。

2. 手动绘制复杂表格

有的表格除了横线、竖线外还包含了斜线，如图 5-1 所示的 2014 年某产品各地区销售金额表，Word 2010 提供了绘制这种不规则表格的功能，可以用"插入"选项卡"表格"中下拉菜单中"绘制表格"功能来实现。

单击"插入"选项卡"表格"命令组中的"表格"按钮，在打开的"插入表格"下拉菜单中单击"绘制表格"命令，将鼠标移到文档页面上时，此时鼠标变成铅笔形状，表明鼠标处在"手动制表"状态。将铅笔形状的鼠标移动到要绘制表格的位置，按住鼠标左键不放，拖动鼠标绘出表格的框线虚线，放开鼠标后，得到实线的框线。当绘制了第一个表格框线后，屏幕上会增加一个"表格工具"，并处于激活状态，分为"设计"和"布局"，拖动铅笔形状的鼠标，在表格中绘制水平线或垂直线，也可以将鼠标移到单元格的一角向其对角画斜线，如图 5-6 所示。同时，可以用"设计"中的"擦除"按钮，使鼠标变成橡皮形，把橡皮形鼠标要擦除线条的一端，拖动鼠标到另一端，放开鼠标就可擦除选定的线段，如此可以绘制复杂的表格。还可以用"表格工具"下"设计"中"绘制表格"按钮来绘制复杂表格，用"线型"和"粗细"列表框选定线型和粗细，利用"边框"、"底纹"和"笔颜色"等设置表格外框线或单元格线的颜色和类型，给单元格填充颜色，使表格变得丰富多彩。

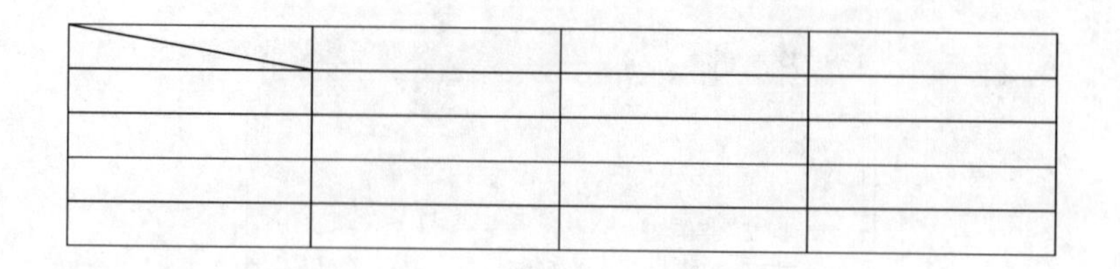

图 5-6 2014 年某产品各地区销售金额空表

3. 表格内输入文本

建立空表格后，可以将插入点移到表格的单元格中输入文本。由于单元格是一个编辑单元，当输入到单元格右边线时，单元格高度会自动增大，把输入的内容转到下一行，如果要另起一段，按 Enter 键。

可以用鼠标在表格中移动插入点，也可以按 Tab 键将插入点移动到下一个单元格中，按组合键 Shift＋Tab 可将插入点移动到上一个单元格，按上、下箭头键可将插入点移动到上、下一行。这样可以将要输入的表格文本一一键入到相应的单元格中，如键入文本后的 2014 年某产品各地区销售金额表（见图 5-1）。

表格中的文本像文档中其他文本一样，可以用选定、插入、删除、剪切和复制等基本编辑技术来编辑。

4. 插入电子表格

在 Word 2010 中，可以通过直接插入 Excel 电子表格创建表格。将插入点置于文档中要插入表格的位置，单击“插入”选项卡“表格”命令组中的“表格”按钮，在打开的“插入表格”下拉菜单中单击“Excel 电子表格”命令，如图 5-7 所示。在出现的 Excel 电子表格编辑区域中可以输入数据并进行计算排序等操作。编辑 Excel 电子表格以及在 Word 2010 中插入的 Excel 电子表格分别如图 5-8 和图 5-9 所示。

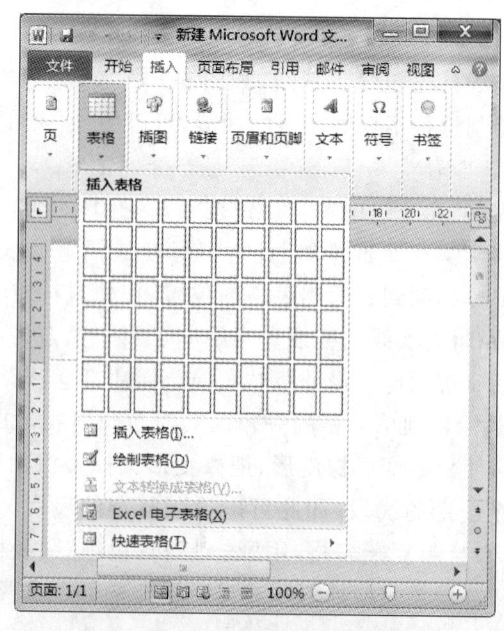

图 5-7 “插入电子表格”菜单

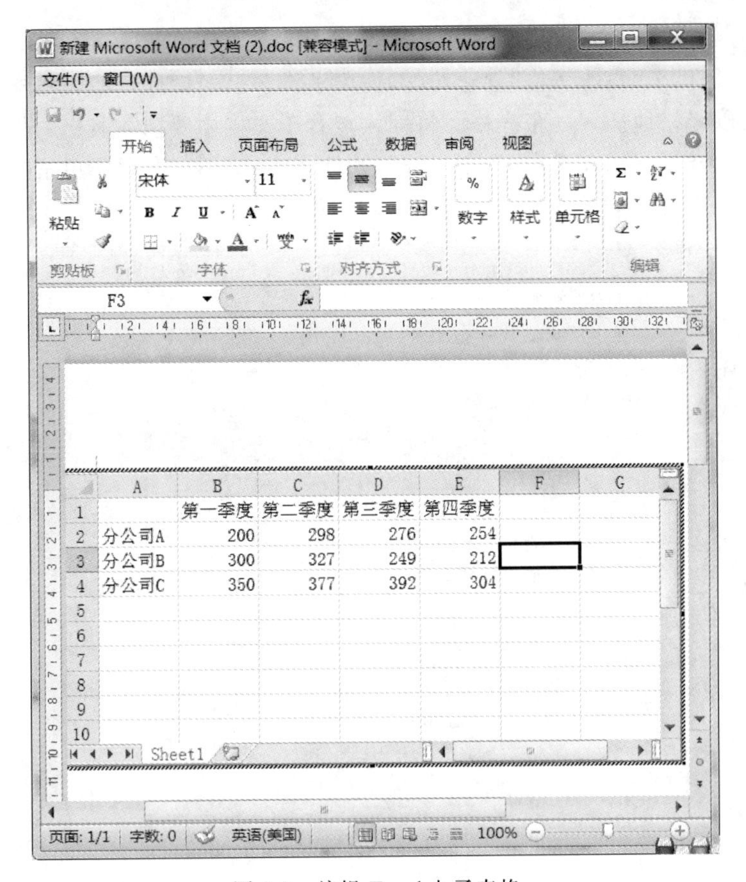

图 5-8 编辑 Excel 电子表格

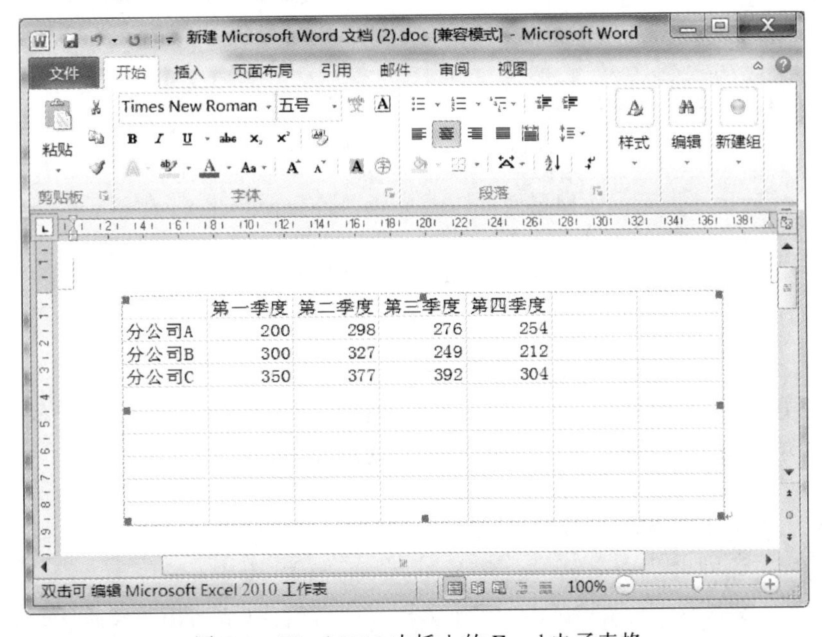

图 5-9 Word 2010 中插入的 Excel 电子表格

5. 快速创建表格

Word 2010 提供了“快速表格”创建功能，提供了许多已经设计好的表格样式，只需选择所需的样式，就可以轻松地插入一张表格。将插入点置于文档中要插入表格的位置，单击“插入”选项卡“表格”命令组中的“表格”按钮，在打开的“插入表格”下拉菜单中单击“快速表格”命令，在下拉菜单中选择需要的样式，出现“快速表格”菜单，如图 5-10 所示，即可插入样式固定的表格。

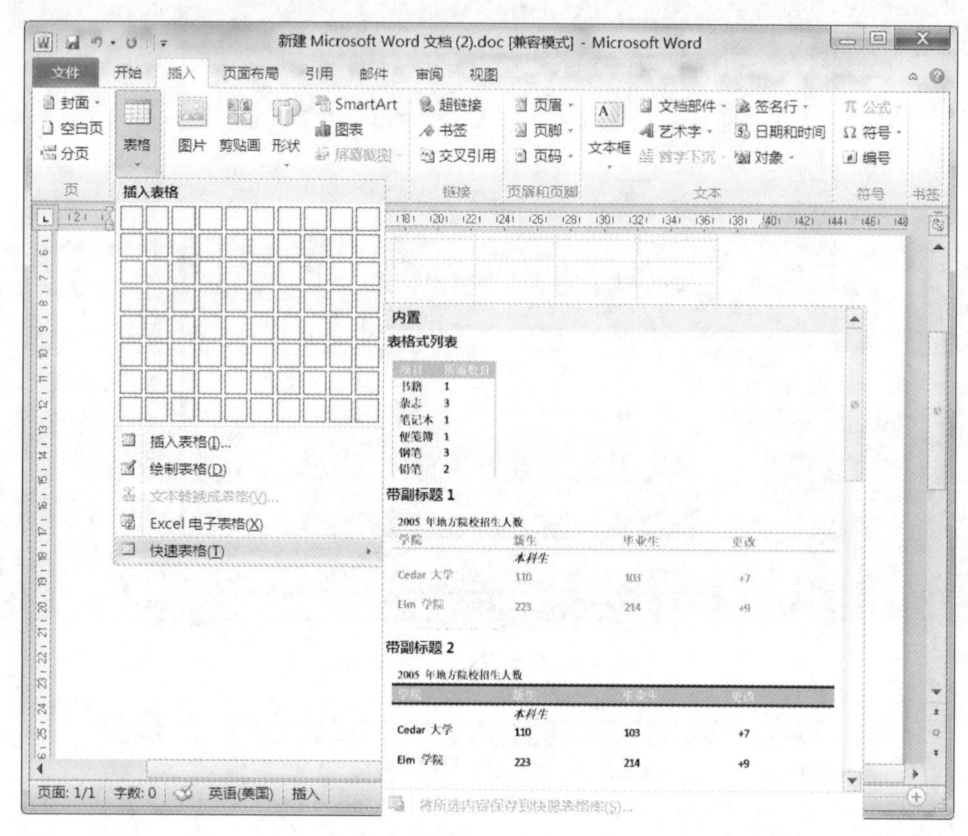

图 5-10 “快速表格”菜单

5.2 表格的编辑

表格创建好后，通常要对它进行编辑。本节主要介绍表格的选定、调整行高和列宽、插入或删除行列和单元格，单元格的合并与拆分、表格的拆分等。

5.2.1 学习视频

登录“网络教学平台”，打开“第 5 讲”中“表格的编辑”目录下的相关视频，在规定的时间内进行学习。

5.2.2　学习案例

1. 单元格、行、列和表格的选定

为了对表格进行修改，必须先选定要修改的表格，选定表格的方法有3种：鼠标选定、键盘选定和“选择”下拉菜单选定。

(1)用鼠标选定单元格、行、列和表格。

选定单元格或单元格区域：将鼠标指针移动到单元格左边框，当鼠标指针变成↗时，单击选定单元格，向上、下、左、右拖动鼠标选定相邻多个单元格即单元格区域。

选定表格的行：将鼠标指针移至该行的左侧，当鼠标指针变成↗时，单击选定一行，向下或向上拖动鼠标可以选定表中相邻的多行。

选定表格的列：将鼠标指针移至该列的顶端，当鼠标指针变成↓时，单击选定一列，向左或向右拖动鼠标可以选定表中相邻的多列。

选定不连续的单元格：按住Ctrl键，依次选中多个不连续的区域。

选定整个表格：单击表格左上角的移动控制点 ⊞，可以迅速选定整个表格。

(2)用键盘选定单元格、行、列和表格。

按快捷键Shift+End，可以选定插入点所在的单元格，按快捷键Shift+↑/↓/←/→，可以选定包括插入点所在的单元格在内的相邻的单元格，按任意箭头键可以取消选定；按住快捷键Ctrl+A可以选定插入点所在的整个表格；按住Tab键可以选定插入点下一单元格中的文本，按住快捷键Shift+Tab可以选定插入点上一单元格中的文本。

(3)用“表格工具”中“布局”下“表”命令组中的“选择”下拉菜单选定单元格、行、列和表格。

选定行：将插入点置于所选行的任一单元格中，单击“表格工具”下“布局”中“表”命令组中的“选择”下拉菜单下的“选择行”命令，可选定插入点所在行。

选定列：将插入点置于所选列的任一单元格中，单击“表格工具”下“布局”中“表”命令组中的“选择”下拉菜单下的“选择列”命令，可选定插入点所在列。

选择整个表格：将插入点置于所选表格的任一单元格中，单击“表格工具”下“布局”中“表”命令组中的“选择”下拉菜单下的“选择表格”命令，可选定整个表格。

选定单元格：将插入点置于所选单元格中，单击“表格工具”下“布局”中“表”命令组中的“选择”下拉菜单下的“选择单元格”命令，可选定插入点所在的单元格。

2. 修改行高和列宽

Word 2010文档中的表格可以根据需要进行调整。调整表格的行高和列宽主要有3种方法，分别为拖动法、精确调整法、自动调整法。

(1)拖动法。

修改行高：要想修改表格中某行的高度，可以将光标停留在要更改其高度的行的边框线上，直到光标变为双向箭头时，按住鼠标左键上下拖动，将出现一条虚线表示新边界的位置，拖动到合适的位置松开左键即可。

修改列宽：要想修改表格中某列的宽度，可以将光标停留在要更改其宽度的列的边框线上，直到光标变为双向箭头时，按住鼠标左键上下拖动，将出现一条虚线表示新边界的位置，拖动到合适的位置松开左键即可。

注意:拖动表格右下角处的表格大小控制点可以改变表格大小。

(2)精确调整法。

在表格中选择需要设置高度的行或者需要设置宽度的列，在“布局”下设置精确数值,也可以使用“表格属性”对话框可以设置包括行高和列宽在内的许多表格的属性。

在“布局”下设置精确数值:在“表格工具”下“布局”中“单元格大小”命令组中,在 高度和 宽度中调整具体数值,以精确设置表格的行高和列宽。

使用“表格属性”对话框设置精确数值:选择要修改行高的一行或数行,或者选择要修改列宽的一列或数列,单击“表格工具”下“布局”中“表”命令组中的“属性”命令,打开“表格属性”对话框,如图 5-11 所示。单击“行”或“列”,单击“指定高度”或“指定宽度”前的复选框,并在文本框中输入行高或列宽的数值及单位。其中,在“列”下“度量单位”中“百分比”是指本列占全表中的百分比,单击“确定”按钮即可完成行高或列宽的精确设置。此处,单击“前一列”、“后一列”、“上一行”、“下一行”按钮,可在不关闭对话框的情况下设置相邻列的宽度或相邻行的高度。

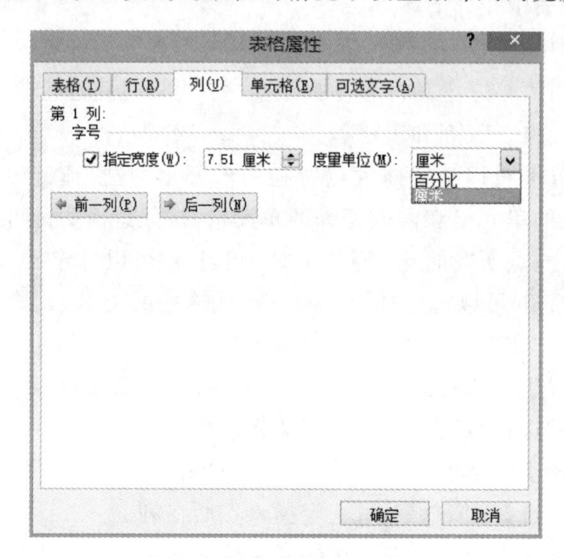

图 5-11 “表格属性”对话框

(3)自动调整法。

在 Word 2010 中可以借助自动调整法一次性调整多行或多列的尺寸。在表格中选择要统一其尺寸的多行或多列,单击“表格工具”下“布局”中“单元格大小”命令组中的“分布行”或“分布列”按钮即可。要想对整张表格尺寸进行统一,可以选择“自动调整”按钮下拉菜单中的“根据内容自动调整”、“根据窗口自动调整”或“固定列宽”对表格进行调整。

3. 插入或删除行、列、单元格

在已有的表格中,有时需要增加一些空白行或空白列,也可能需要删除某些行或列。

(1)插入行或列。

在需要插入行的位置选择单元格或整行,单击“表格工具”下“布局”中“行和列”命令组中的“在上方插入”按钮和“在下方插入”按钮,也可以单击鼠标右键,选择“插入”下的“在上方插入行”和“在下方插入行”,即可在选定单元格或行的上方和下方插入与选定单元格或行所在行相同的新行。选择“在左侧插入列”按钮或“在右侧插入列”按钮，可在选定的列或单元格的左侧或右侧插入与选定单元格或列所在列相同的新列。

(2)插入单元格。

在需要插入单元格的位置选定单元格，在选定的单元格中单击鼠标右键，选择“插入”下的“插入单元格”，弹出如图 5-12 所示的“插入单元格”对话框，从中选择一种插入方式，单击“确定”按钮即可。其中，“活动单元格右移”是指在选定的单元格的左侧插入新的单元格，新插入单元格的个数与选定的单元格个数相同。“活动单元格下移”是指在选定的单元格的上方插入新的单元格，新插入单元格的个数与选定的单元格个数相同。

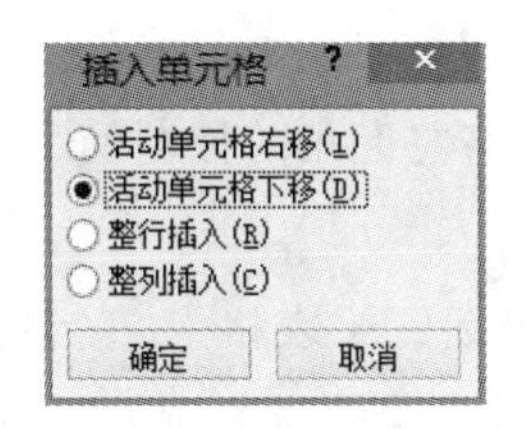

图 5-12　“插入单元格”对话框

(3)删除行、列、单元格。

如果想删除表格中的某些行、列或单元格，只要选定要删除的行或列，单击“表格工具”下“布局”中“行和列”命令组中的“删除”按钮，选择“删除单元格”、“删除行”、“删除列”、“删除表格”按钮即可。

4. 合并或拆分单元格

单元格的合并是指多个相邻的单元格合并成一个单元格；单元格的拆分是指将单元格拆分成多行多列的多个单元格。在简单表格的基础上，通过对单元格的合并或拆分可以构成复杂的表格。合并和拆分单元格一般有两种方法：手动法和自动法。

(1)手动法。

单击“表格工具”下“设计”中“绘制边框”命令组中的“擦除”按钮，鼠标变成橡皮形时，拖动鼠标，把相邻单元格之间的边线擦除，即可将两个单元格合并成一个大单元格。单击“绘制表格”按钮，鼠标变成铅笔形时，在一个单元格中添加一条边线，则可以将一个单元格拆分成两个小单元格。

(2)自动法。

选择两个或两个以上连续的单元格，单击“表格工具”下“布局”中“合并”命令组中的“合并单元格”按钮，可以将选定的多个单元格合并成一个单元格。选择要拆分的一个或多个单元格，单击“拆分单元格”按钮，弹出如图 5-13 所示的“拆分单元格”对话框，调整“行数”和“列数”的数值，单击“确定”按钮，即可将每一个单元格拆分成指定行数和列数的多个单元格。

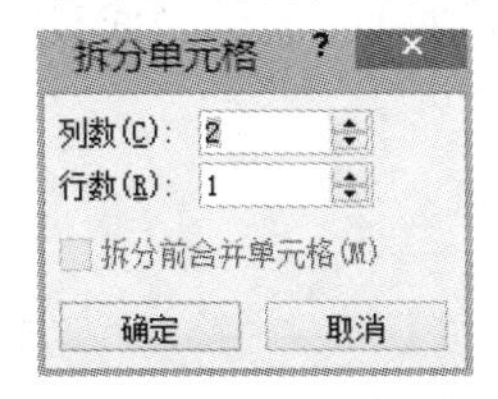

图 5-13　“拆分单元格”对话框

5. 合并或拆分表格

如果要合并两个表格,那么只要删除两表格之间的换行符即可。

如果要拆分一个表格,那么,先将插入点置于拆分后变成新表格的第一行的任意单元格中,然后单击“表格工具”下“布局”中“合并”命令组中的“拆分表格”按钮,这样就在插入点所在行上方插入一空白段,把表格拆分成两张表格。

由上述方法可见,如果把插入点放在表格的第一行的任意单元格中,用“拆分表格”按钮可以在表格头部前面加一空白段。

6. 表格的整体移动和缩放

如果要移动表格,将鼠标移到表格左上角的控制柄⊞上,鼠标变为十字形箭头时,按住鼠标左键移动鼠标,即可整体移动表格。

如果要调整整个表格尺寸,将鼠标置于表格上,直到表格缩放控点□出现在表格的右下角,将鼠标停留在表格缩放控点上,出现双向箭头时,按住鼠标左键并将表格的边框拖动到所需尺寸。

7. 表格标题行的重复

一个表格会占用几页,有的要求每一页的表格都具有同样的标题行(表头)。选定第一页表格中的一行或多行标题行,单击“表格工具”下“布局”中“数据”命令组中的“重复标题行”按钮即可。

5.3 表格样式设计

表格编辑后,可以使用“设计”下“表格样式”中内置的表格样式对表格进行排版。该功能还提供了修改表格样式,预定义了许多表格的格式、字体、边框、底纹、颜色选择等,使表格的排版变得轻松、容易。Word 2010 提供了 98 种预定义的表格样式,用户可以通过对表格自动套用样式快速编排表格。无论是新建的空表,还是已经输入数据的表格,都可以使用表格自动套用格式。

5.3.1 学习视频

登录“网络教学平台”,打开“第 5 讲”中“表格样式设计”目录下的相关视频,在规定的时间内进行学习。

5.3.2 学习案例

以学生成绩表为例,对图 5-14 所示的原始学生信息表进行表格样式设计。具体要求如下：

表格内容“水平居中”，外框线为“双实线”、“蓝色”、“3 磅”，内框线为“单实线”、“红色”、“0.5 磅”，表格的第 1 行设置为“绿色底纹”，其他行设置为“黄色底纹”，指定表格宽度为“20 厘米”，表格在页面中“居中”对齐，无“文字环绕”。

班级	学号	姓名	性别	籍贯
文艺 2014-1 班	10001	刘洼洼	女	河南洛阳
	10002	王新杰	男	新疆昌吉
	10003	张翠丽	女	河北保定
	10004	吴涛	男	安徽阜阳

图 5-14　原始学生信息表

1. 表格内容水平居中

为了使表格变得美观，还需要对表格内容格式进行设置。表格文字的修饰方式与 Word 文档中普通文字的修饰方法相同，首先要选择修饰的文字，然后根据需要来设置文字或段落格式即可。下面介绍将单元格中的文字设置为“水平居中”的方法。

具体操作方法为：选中所有单元格，然后单击“表格工具”下“布局”中“对齐方式”命令组中的“水平居中”按钮。“对齐方式”命令组中有 9 种表格文字对齐方式，本例中我们选择“水平居中”，如图 5-15 所示。也可以选中表格单元格之后，单击鼠标右键，在弹出的快捷菜单中选择“单元格对齐方式”下的“水平居中”按钮，如图 5-16 所示，单击鼠标右键，设置单元格文字为“水平居中”。如果需要设置其他的对齐方式，只需要选择相应的对齐方式按钮即可，水平居中后的效果如图 5-17 所示。

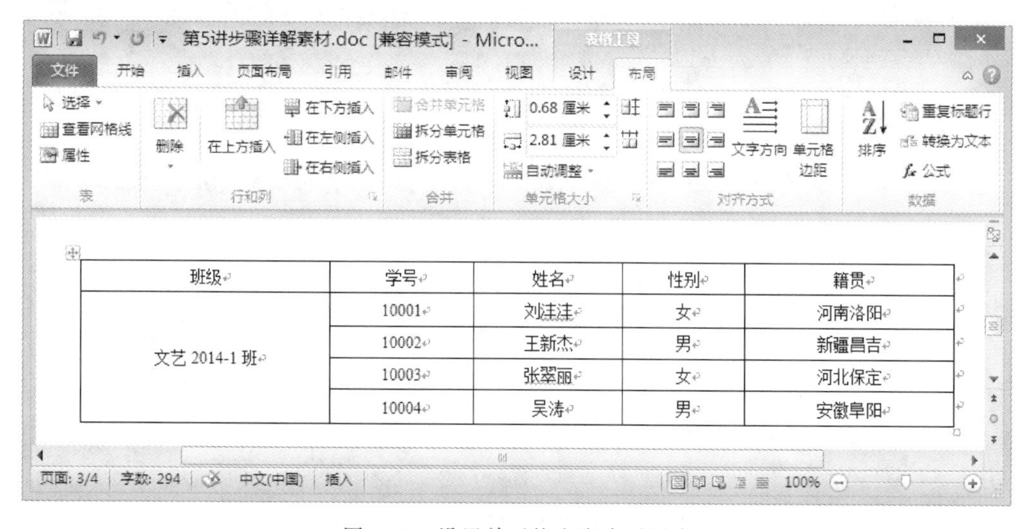

图 5-15　设置单元格文字水平居中

2. 修饰边框和底纹

通过设置表格的边框、填充等属性可以使表格更美观。表格边框可以通过线型、粗细、颜色来调整，还可以选择是否显示边框。

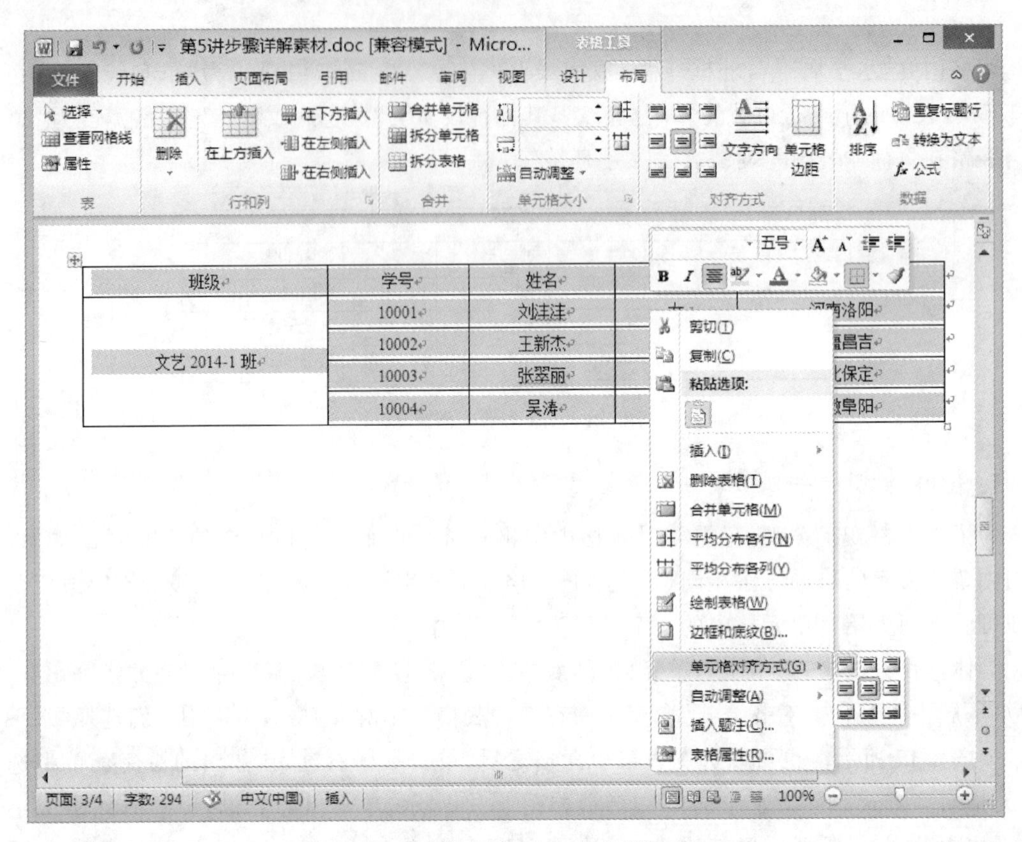

图 5-16　设置单元格文字水平居中

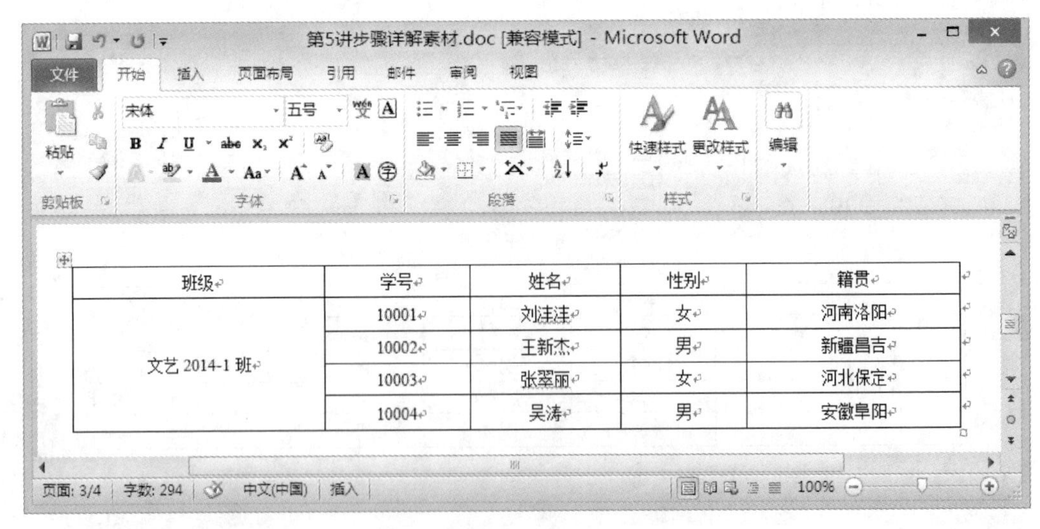

图 5-17　设置水平居中后的效果图

(1)设置表格边框线。

选中全部表格,单击“表格工具”下“设计”中“表格样式”命令组中的“边框”按钮旁边的下拉按钮,选择“边框和底纹”按钮,如图 5-18 所示,设置表格内外边框线,打开“边框和底纹”对话框,如图 5-19 所示。

图 5-18　设置表格内外边框线

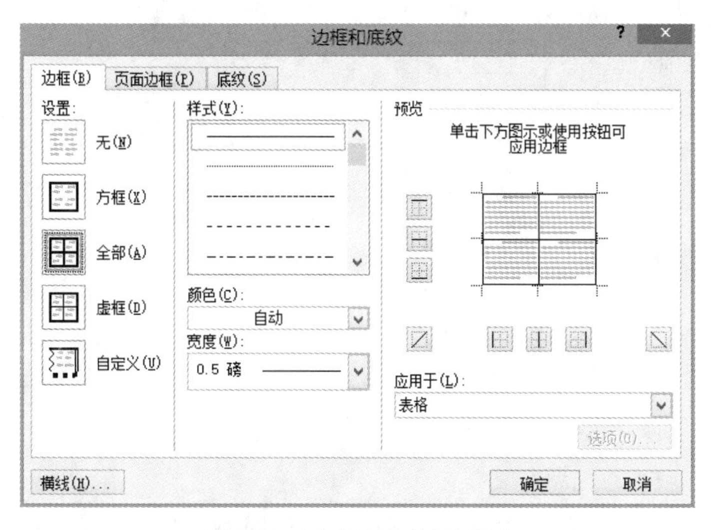

图 5-19　"边框和底纹"对话框

打开"边框和底纹"对话框,在"样式"下拉列表框中选择"单实线",在"颜色"下拉列表框中选择"红色",在"宽度"下拉列表框中选择"0.5 磅",如图 5-20 所示。

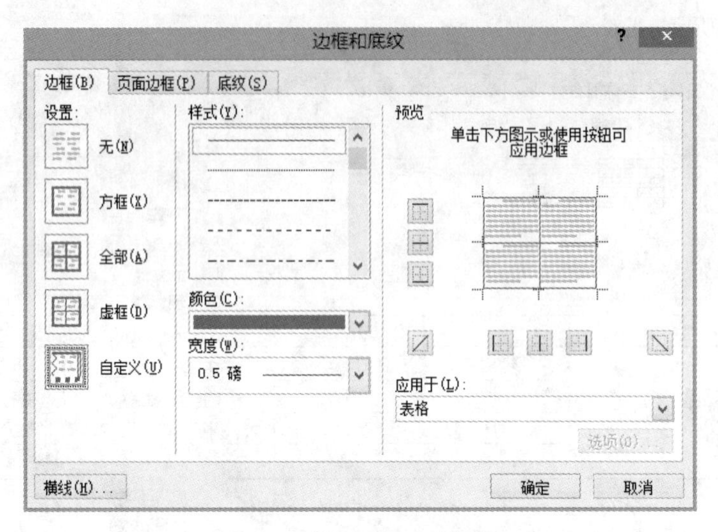

图 5-20　设置表格内边框线

观察“边框和底纹”对话框中的“预览区”，表格所有的框线都设置成了“单实线”、“红色”、“0.5 磅”，这显然与我们的设置要求不符。这时，需要单击“设置”区域中的“自定义”按钮，然后在“样式”下拉列表框中选择“双实线”，在“颜色”下拉列表框中选择“蓝色”，在“宽度”下拉列表框中选择“3.0 磅”。设置后用鼠标逐个单击“预览区”中的表格外框线。在“边框和底纹”对话框右下角的“应用于”下拉列表框中选择“表格”命令，如图 5-21 所示，单击“确定”按钮，完成内外框线的设置，效果如图 5-22 所示。

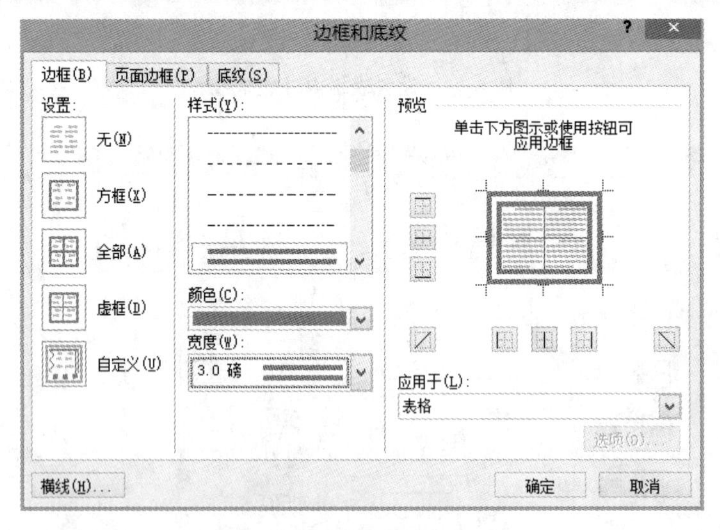

图 5-21　设置表格外边框线

(2)设置底纹。

选中表格第 1 行，打开“边框和底纹”对话框，单击“底纹”选项卡，在“填充”下拉列表框中单击“绿色”按钮，在“应用于”下拉列表框中选择“单元格”命令，如图 5-23 所示，单击“确定”按钮，完成第 1 行底纹的设置。用相同的方法完成其他行黄色底纹的设置，设置完成后，底纹设置效果如图 5-24 所示。

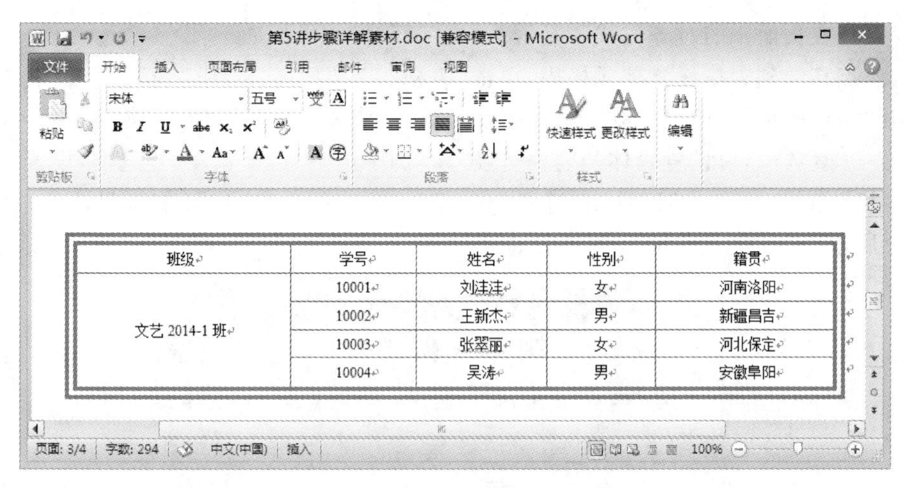

图 5-22　设置表格边框线效果图

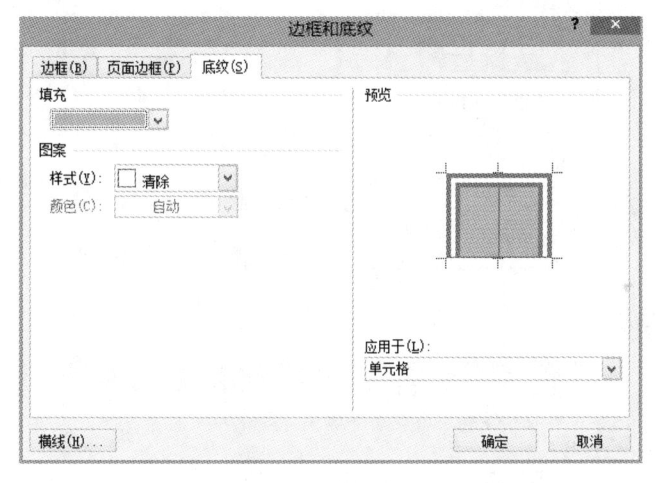

图 5-23　“边框和底纹”对话框中设置表格底纹

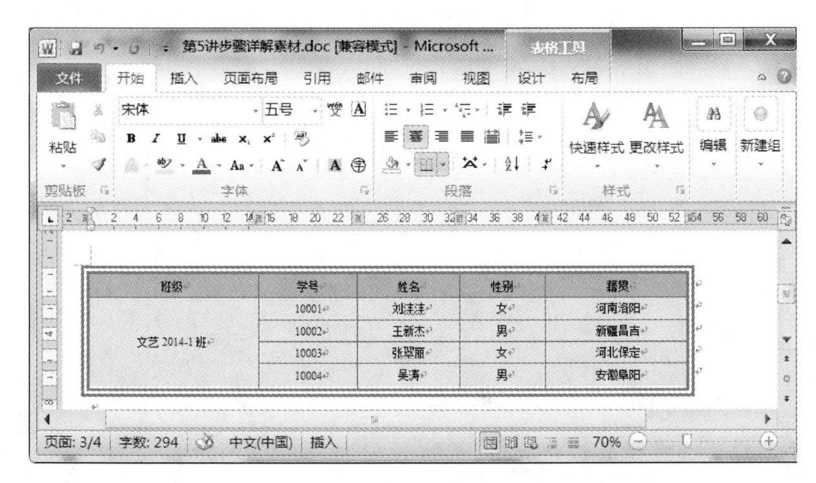

图 5-24　底纹设置效果图

3.表格在页面中的位置

设置表格在页面中的对齐方式和是否为“文字环绕”的操作如下：

将插入点移动到表格任意单元格内，单击“表格工具”下“布局”中“表”命令组中的“属性”命令，打开“表格属性”对话框，如图 5-25 所示。单击“表格”选项卡窗口，在“尺寸”区域中，选中“指定宽度”复选框，可设置具体的表格宽度。本例中选中“指定宽度”复选框，设置表格宽度为“20 厘米”。在“对齐方式”区域中，选择“居中”对齐方式，在“文字环绕”区域中，选择“无”，如图 5-26 所示，单击“确定”按钮，完成设置。

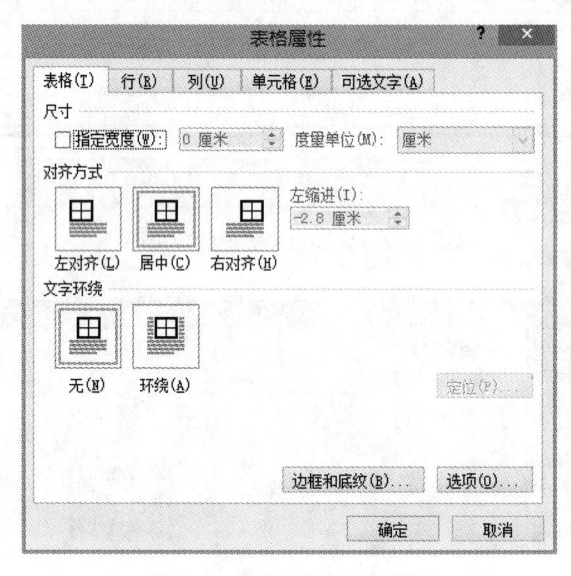

图 5-25 “表格属性”对话框

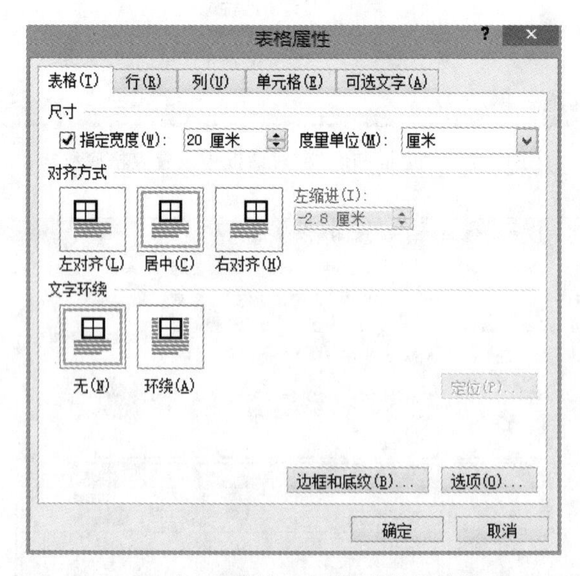

图 5-26 “表格属性”对话框中的相关设置

至此，学生信息表表格样式设置完成，最终效果如图 5-27 所示。

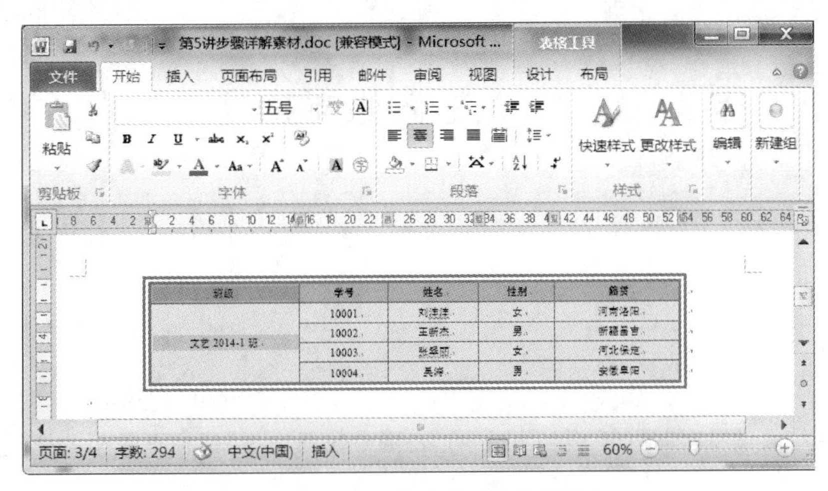

图 5-27　学生信息表最终效果图

4. 表格自动套用格式

表格创建后，可以使用“表格工具”下“设计”中“表格样式”命令组中内置的表格样式对表格进行排版。该功能还提供修改表格样式，Word 2010 预定义了 98 种表格样式供选择，使表格的排版变得轻松、容易。

将插入点移动到要排版的表格内，单击“表格工具”下“设计”中“表格样式”命令组中的下拉按钮，打开如图 5-28 所示的表格样式列表，在样式列表框中选择所需的样式即可。

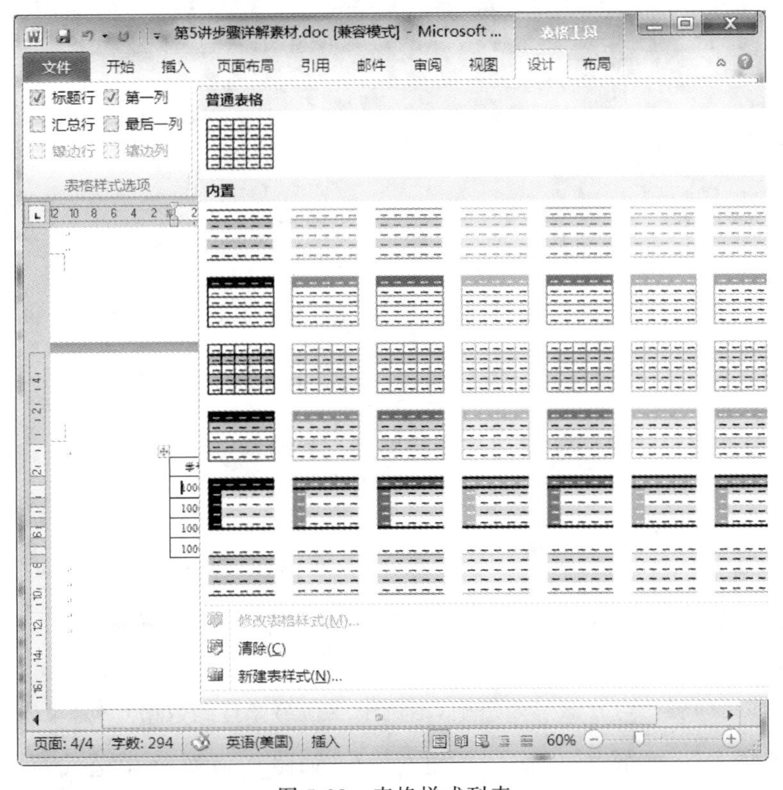

图 5-28　表格样式列表

5.4 表格内数据操作

Word 2010 提供了对表格数据一些诸如求和、求平均值等常用的统计计算功能，可以对表格中的数据进行简单计算和排序。

5.4.1 学习视频

登录“网络教学平台”，打开“第 5 讲”中 “表格内数据操作”目录下的相关视频，在规定的时间内进行学习。

5.4.2 学习案例

以学生成绩表为例，对学生成绩表（见图 5-29）进行平均分计算，并且将表格中的数据以“平均分”为主要关键字进行“升序”排列，以“体育”为次要关键字进行“降序”排列。

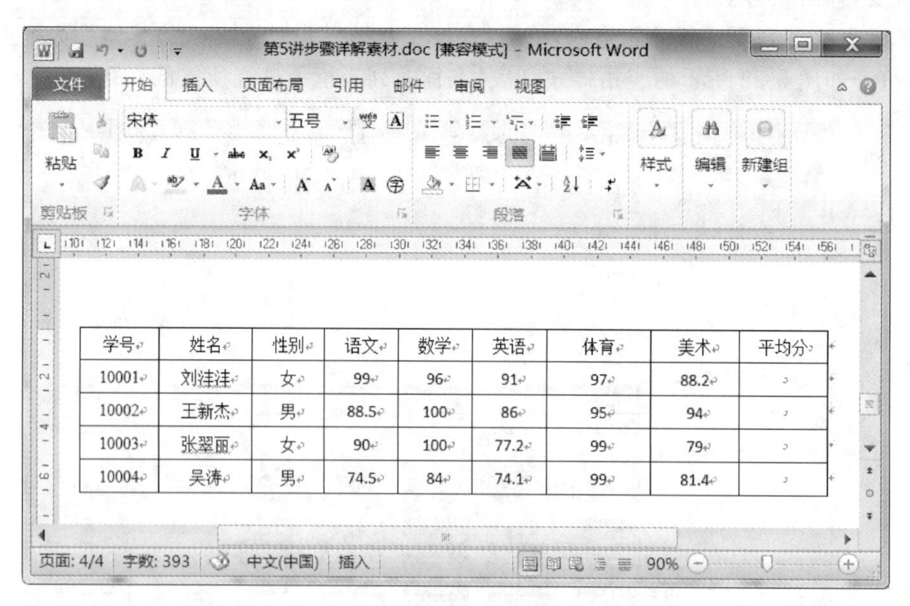

学号	姓名	性别	语文	数学	英语	体育	美术	平均分
10001	刘洼洼	女	99	96	91	97	88.2	
10002	王新杰	男	88.5	100	86	95	94	
10003	张翠丽	女	90	100	77.2	99	79	
10004	吴涛	男	74.5	84	74.1	99	81.4	

图 5-29 学生成绩表

1. 表格内数据计算

用户可以用 Word 2010 的表格计算功能完成一些简单的表格数据计算。计算如图 5-29 所示的学生成绩表的平均分，具体操作如下：

将插入点移到存放平均分的单元格中，本例中放在第 2 行倒数第 1 列，单击“表格工具”下“布局”中“表格样式”命令组中的“公式”按钮 f_x 公式，打开如图 5-30 所示的“公式”对话框。

图 5-30　“公式”对话框

在“公式”列表框中显示“＝SUM(LEFT)”，表明要计算左边各列数据的总和，而本例中要计算求平均值，所以将其修改为“＝AVERAGE(LEFT)”，公式名也可以在“粘贴函数”列表框中选定，在“编号格式”列表框中选定“0.00”格式，表示结果保留小数点后两位，如图 5-31 所示，单击“确定”按钮，在第 2 行倒数第 1 列得到学生刘沣沣的平均分。用相同的操作方法求出其他 3 位同学的平均分，并放在相应的单元格中，计算后的学生成绩表如图 5-32 所示。

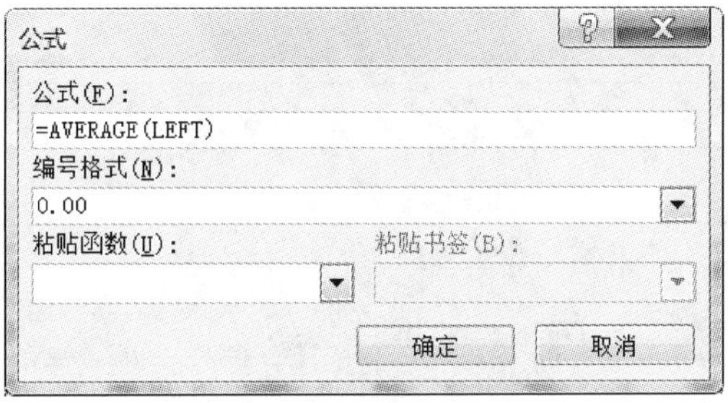

图 5-31　计算平均分“公式”对话框

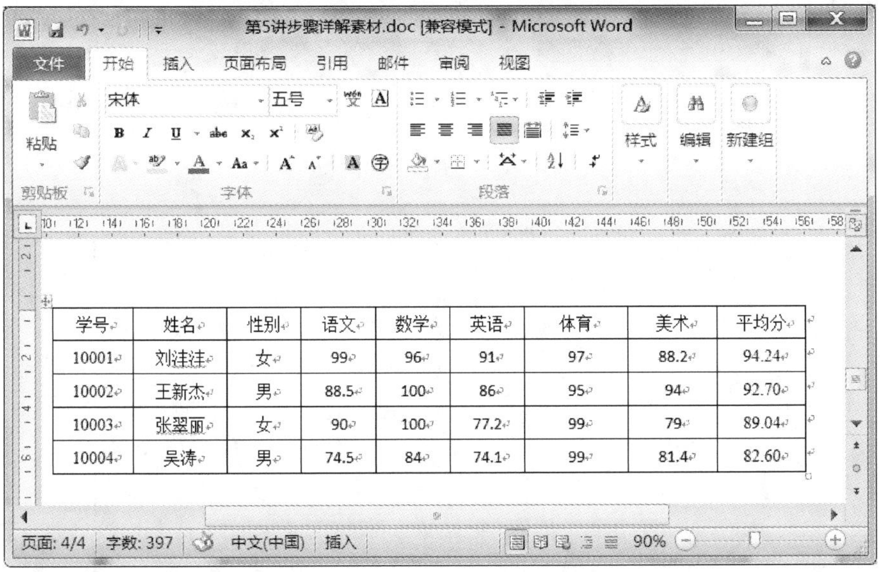

学号	姓名	性别	语文	数学	英语	体育	美术	平均分
10001	刘沣沣	女	99	96	91	97	88.2	94.24
10002	王新杰	男	88.5	100	86	95	94	92.70
10003	张翠丽	女	90	100	77.2	99	79	89.04
10004	吴涛	男	74.5	84	74.1	99	81.4	82.60

图 5-32　计算后的学生成绩表

注意：求单元格左侧数据平均值的公式为“AVERAGE(LEFT)”，求单元格右侧数据平均值的公式为“AVERAGE(RIGHT)”，求单元格上方数据平均值的公式为“AVERAGE(ABOVE)”，求单元格下方数据平均值的公式为“AVERAGE(BELOW)”，且 Word 2010 中“公式”对话框可以使用多种函数，不仅可以求平均值，还可以求和、最大值、最小值等。

2. 对表格内数据排序

制作表格的目的是为了合理、有序地存放数据，便于对这些数据进行查询和计算，经常需要对表格内数据按某种方式排序。

将图 5-32 计算后的学生成绩表以“平均分”为主要关键字进行“升序”排列，以“体育”为次要关键字进行“降序”排列。

将插入点置于要排序的学生成绩表中，单击“表格工具”下“布局”中“表格样式”命令组中的“排序”按钮，打开如图 5-33 所示的“排序”对话框。在左下角的“列表”选项中单击“有标题行”单选框，在“主要关键字”下拉列表框中选定“平均分”项，在“类型”下拉列表框中选定“数字”，在右边选定“升序”；在“次要关键字”下拉列表框中选定“体育”项，在“类型”下拉列表框中选定“数字”，在右边选定“降序”，如图 5-34 所示，单击“确定”按钮。完成排序，排序后的学生成绩表如图 5-35 所示。

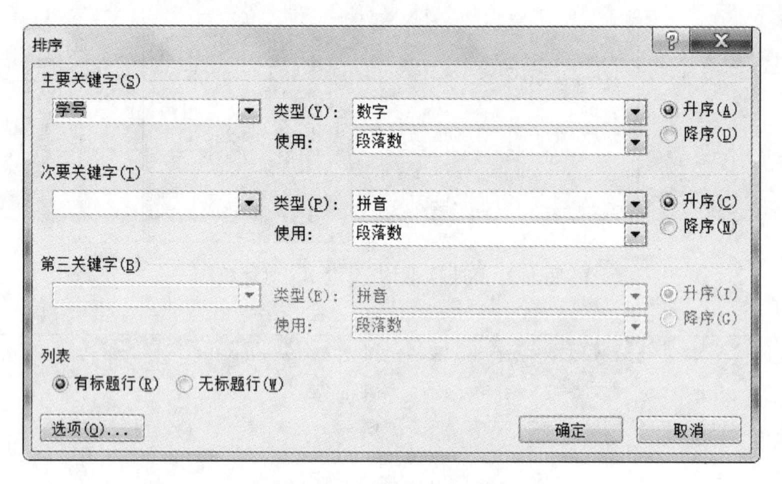

图 5-33 “排序”对话框

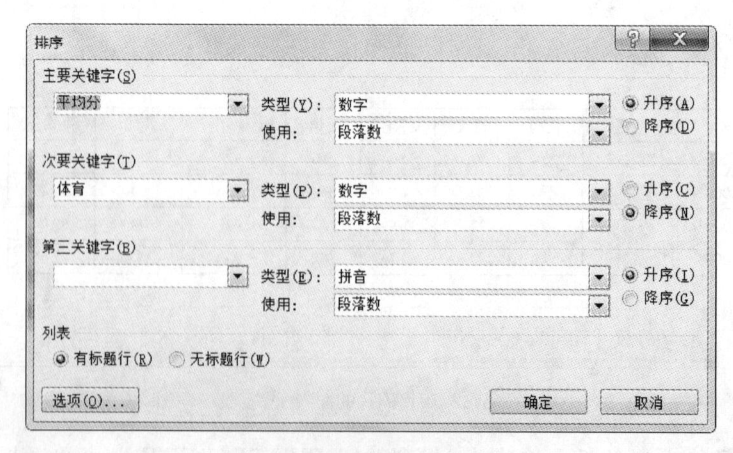

图 5-34 设置“排序”对话框

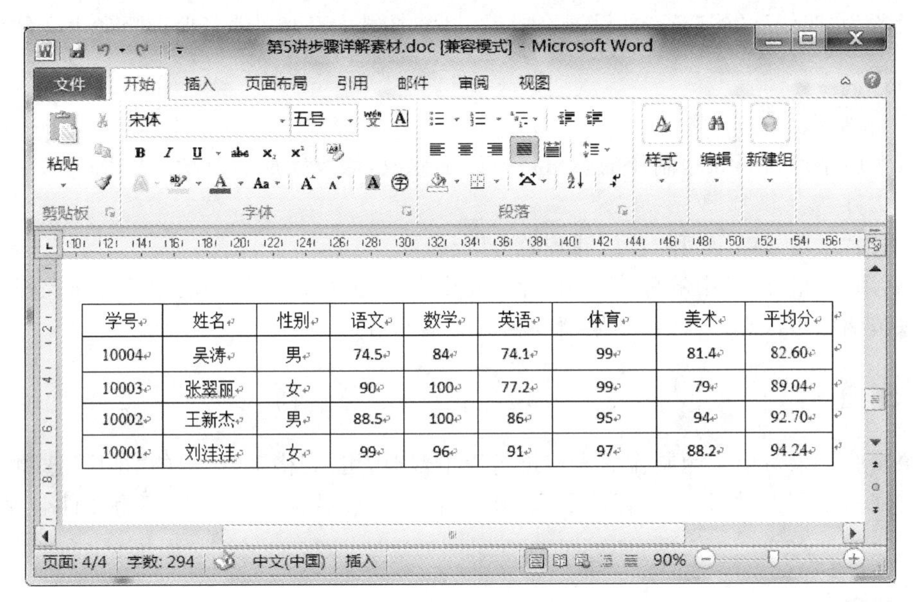

学号	姓名	性别	语文	数学	英语	体育	美术	平均分
10004	吴涛	男	74.5	84	74.1	99	81.4	82.60
10003	张翠丽	女	90	100	77.2	99	79	89.04
10002	王新杰	男	88.5	100	86	95	94	92.70
10001	刘洼洼	女	99	96	91	97	88.2	94.24

图 5-35　排序后的学生成绩表

5.5　课后练习

登录“网络教学平台”，下载本讲素材进行操作练习，在规定的时间内提交作业。

第 1 题

按照实验结果制作表格，表格中文字“水平居中”，设置完成后以“5-1. docx”为文件名保存至考生文件夹中。

第 2 题

打开素材文件，按照实验结果，根据以下操作要求完成相关设置，并以“5-2. docx”为文件名保存至考生文件夹。

(1)设置表格各单元格的列宽为“2.5 厘米”，行高为“25 磅”，单元格的字体设置成“宋体”、“五号”，对齐格式为“水平居中”。

(2)设置表格标题为“课程表”，字体设置为“蓝色”、“隶书”、“二号”，并设置“双下划线”，表格第 1 行文字和第 1 列文字设置为“倾斜”、“加粗”。

(3)设置外框线为“双线”、“1.5 磅”、“橙色，强调文字颜色 6”，设置内框线样式为“双波浪线”、“紫色”、“0.75 磅”，按照实验结果设置“黄色”和“绿色”底纹。

第 3 题

打开素材文件，按照实验结果，制作一个学生成绩表，设置表格标题为“学生成绩表”，表格外框线设置为“双线”、“0.5 磅”。设置完成后，以“5-3. docx”为文件名保存至考生文件夹。

第 4 题

按照实验结果对第 3 题制作的表格进行以下修改，修改完成后，以“5-4. docx”为文件名保存至考生文件夹中。

(1)增加“平均成绩”列和“各门课程总分”行。

(2)利用“表格工具”中的公式选项，计算每个学生的总成绩、平均成绩及各门课程总分，计算结果保留两位小数点，将计算结果填入相应的单元格。

第 5 题

按照实验结果对第 4 题制作的表格进行以下修改，用“表格工具”中的“排序”选项，将表格按数学成绩从小到大对第 2～4 行的数据排序。修改完成后，以“5-5. docx”为文件名保存至考生文件夹。

第 6 题

打开素材文件，按照实验结果，根据以下操作要求完成相关设置，并以“5-6. docx”为文件名保存至考生文件夹。

(1)按照实验结果，将“姓名…”之后的文字转换成一个 6 行 5 列的表格。

(2)设置表格居中，列宽为“3 厘米”，表格中的文字设置为“小四号”、“仿宋”，所有内容对齐方式为“水平居中”。

(3)设置表格样式为“浅色列表-强调文字颜色 6”。

第 7 题

打开素材文件，按照实验结果，根据以下操作要求完成相关设置，并以“5-7. docx”为文件名保存至考生文件夹。

(1)设置表格单元格中字符为“水平居中”，颜色为“红色”。

(2)设置表格第 1 行底纹为“图案样式 15%”、“颜色自动”，表格外框线为“3 磅”、“绿色”、“双线”，内框线为“1 磅”、“黑色”、“单实线”。

(3)设置表格标题文字为“小一”、“微软雅黑”、“居中对齐”，文本效果为“填充-橙色，强调文字颜色 6，轮廓强调文字颜色 6，发光强调文字颜色 6”。

第 8 题

打开素材文件，根据实验结果，按以下要求进行设置，并以“5-8. docx” 为文件名保存至考生文件夹。

(1)按实验结果合并或拆分单元格，单元格文字对齐为“水平居中”；

(2)设置表格外框线为“3 磅”、“橙色”、“单实线”，内框线设置为“0.5 磅”、“浅绿色”、“双线”，前两行底纹设置为“茶色，背景 2，深色 50%”。

(3)设置表格标题文字为“楷体”、“小二”、“加粗”、“居中对齐”、“紫色”。

第 6 讲　Word 2010 的图文混排

图文混排是 Word 2010 的特色功能之一，可以在文档中插入由其他软件制作的图片，也可以插入用 Word 2010 提供的绘图工具绘制的图形，使一篇文章达到图文并茂的效果。

本讲主要介绍艺术字的插入、文本框的插入、脚注尾注及水印的添加。

6.1　插入艺术字

在文档排版过程中，若想使文档的标题生动、活泼，可以使用 Word 2010 提供的“艺术字”功能来生成具有特殊视觉效果的标题或文档。

6.1.1　学习视频

登录“网络教学平台”，打开“第 6 讲”中“插入艺术字”目录下的视频，在规定的时间内进行学习。

6.1.2　学习案例

为了培养和激发同学们对古诗词的热爱，某大学诗歌爱好者协会计划举办一次“乐府诗”展，欲将乐府诗中的经典作品以海报的形式展现出来。但是，要想海报能够吸引同学们的关注，必须做到图文并茂的效果，这让负责海报制作的小王很头疼。现在，请帮助小王对乐府诗“陌上桑”（见文档“D6. docx”）文档进行如下设置：

将标题“陌上桑”设置成艺术字。艺术字样式为“第 4 行第 2 列”；字体为“隶书”；文本填充为“红色，淡色 40%”；文本效果为“转换”、“倒 V 形”；位置为“顶端居左”、“紧密型文字环绕”。

下面结合本案例具体讲解设置艺术字的主要操作方法。

1. 插入艺术字

Office 中的艺术字（WordArt）结合了文本和图形的特点，能够使文本具有图形的某些属性，如设置旋转、三维、映像等效果，在 Word 2010、Excel 2010、PowerPoint 2010 等 Office 组件中都可以使用艺术字功能。用户可以在 Word 2010 文档中插入艺术字，插入艺术字的操作步骤如下所述：

第一步：打开 Word 2010 文档窗口，将插入点光标移动到准备插入艺术字的位置。在“插入”选项卡下，单击“文本”分组中的“艺术字”按钮，并在打开的艺术字预设样式面板中选择合适的艺术字样式,如图 6-1 所示。

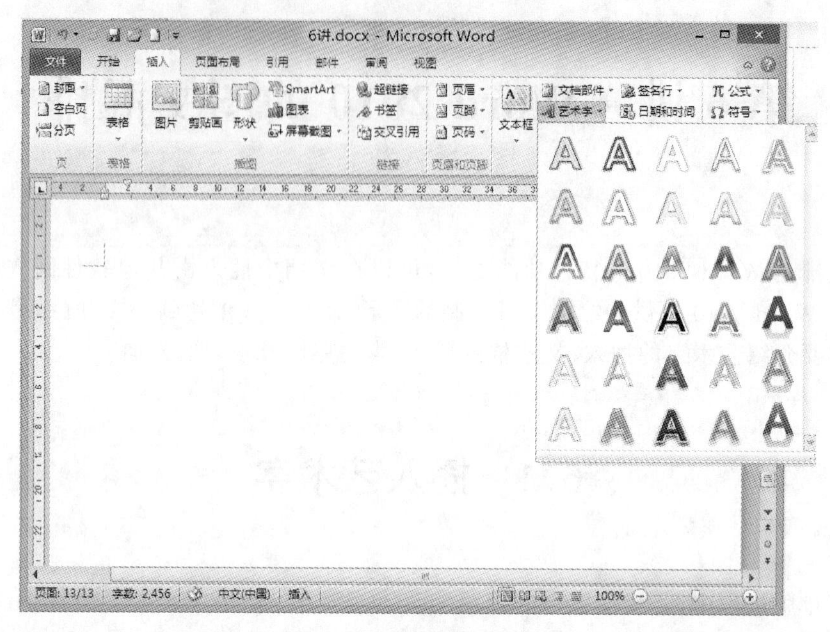

图 6-1　选择艺术字样式

第二步:打开艺术字文字编辑框,直接输入艺术字文本即可,如图 6-2 所示。

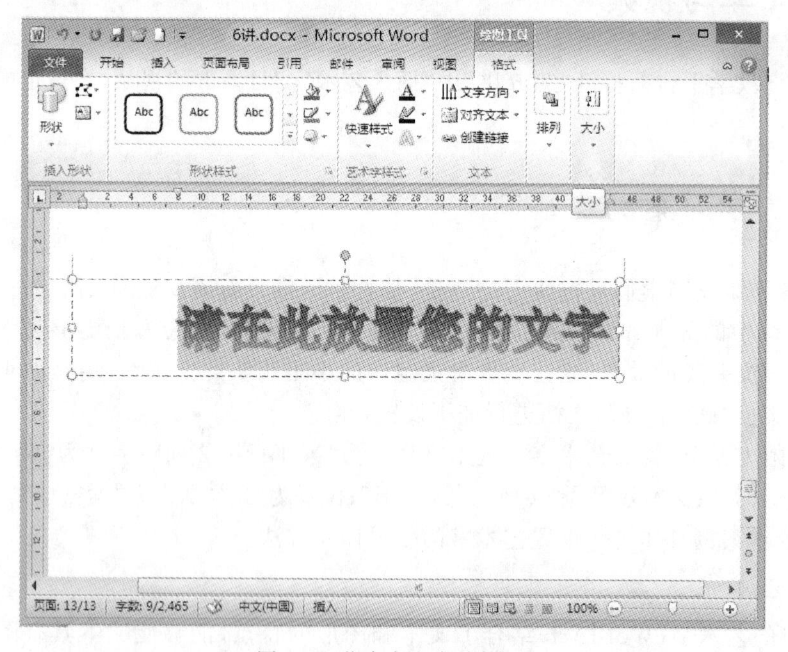

图 6-2　艺术字文字编辑框

注意:如果要将文档中的某个已有文字设置为艺术字,首先选中该文字,然后按上述操作步骤进行设置,但是不再出现艺术字文字编辑框。

按照上述插入艺术字的操作步骤,打开“D6. docx”文档,将标题“陌上桑”设置成艺术字。艺术字样式为“第 4 行第 2 列”,如图 6-3 所示。

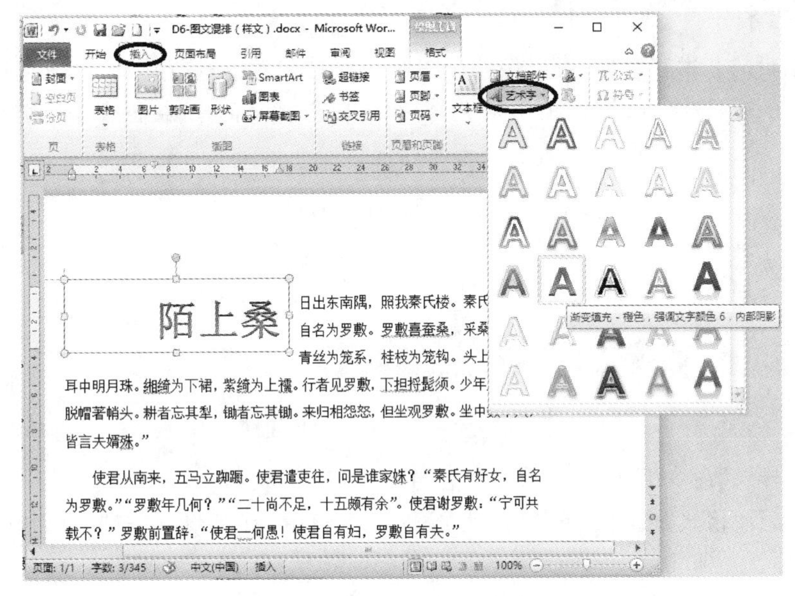

图 6-3　插入“艺术字”案例

2. 设置艺术字字体、字形、字号和颜色

插入艺术字之后，可以对艺术字的字体、字形等进行设置。字体、字形的设置在“开始”选项卡下的“字体”命令组中完成。具体操作如下：

选中该艺术字，单击“开始”选项卡，在“开始”选项卡下的“字体”命令组中，使用“字体”、“字号”以及“颜色”等命令进行设置。

按照上述操作步骤，设置艺术字“陌上桑”的字体为“隶书”，如图 6-4 所示。

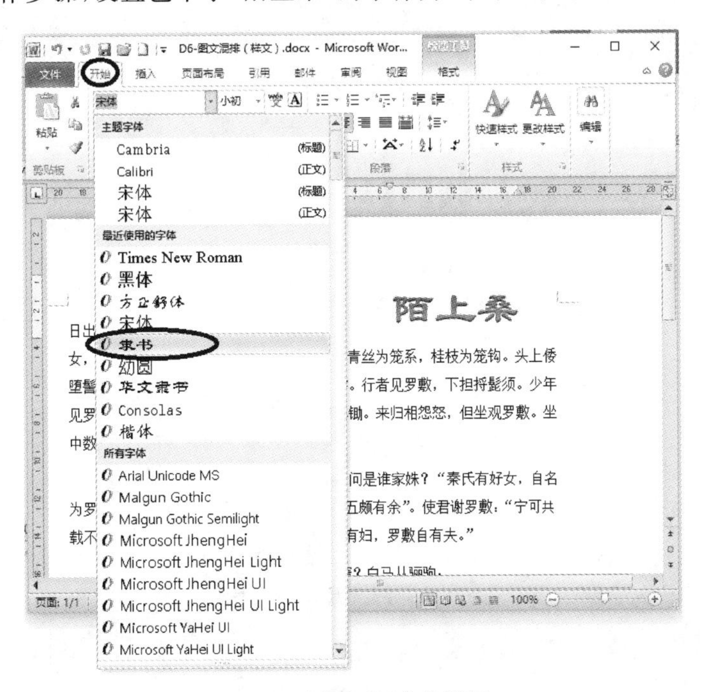

图 6-4　“艺术字”字体设置

3. 编辑艺术字

单击要编辑的艺术字对象,可以像处理图形一样对艺术字进行移动、缩放或删除等操作。还可以利用“绘图工具/格式”选项卡对艺术字对象进行编辑。“绘图工具/格式”选项卡如图 6-5 所示。

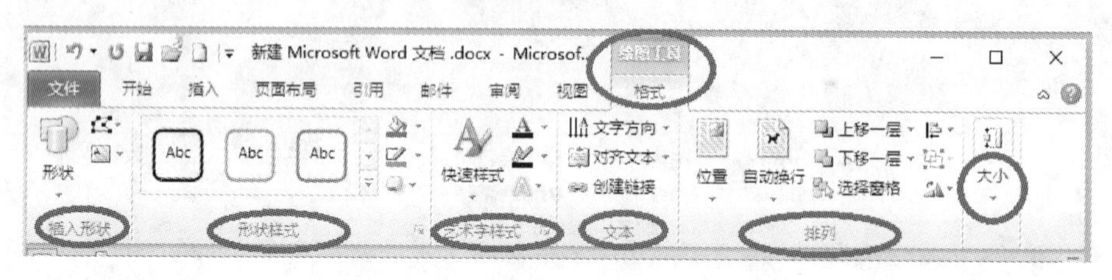

图 6-5 “绘图工具/格式”选项卡

(1)“形状样式”命令组。

在“绘图工具/格式”选项卡下的“形状样式”命令组中,有“形状填充”、“形状轮廓”、“形状效果”几个选项。

①形状填充:使用纯色、渐变、图片或纹理等填充选中形状。

用户在文档中插入艺术字以后,可以根据需要设置或修改背景填充。背景填充可以是纯色背景填充,也可以是渐变颜色背景填充,还可以用图片、纹理填充。此处以设置艺术字纯色背景填充的方法为例,操作步骤如下:

第一步:打开 Word 2010 文档窗口,单击艺术字任意位置使其处于编辑状态。

第二步:在“绘图工具/格式”选项卡下,单击“形状样式”命令组中的“形状填充”按钮。在打开的形状填充列表中,选择“主题颜色”或“标准色”命令组中的颜色即可,如图 6-6 所示。

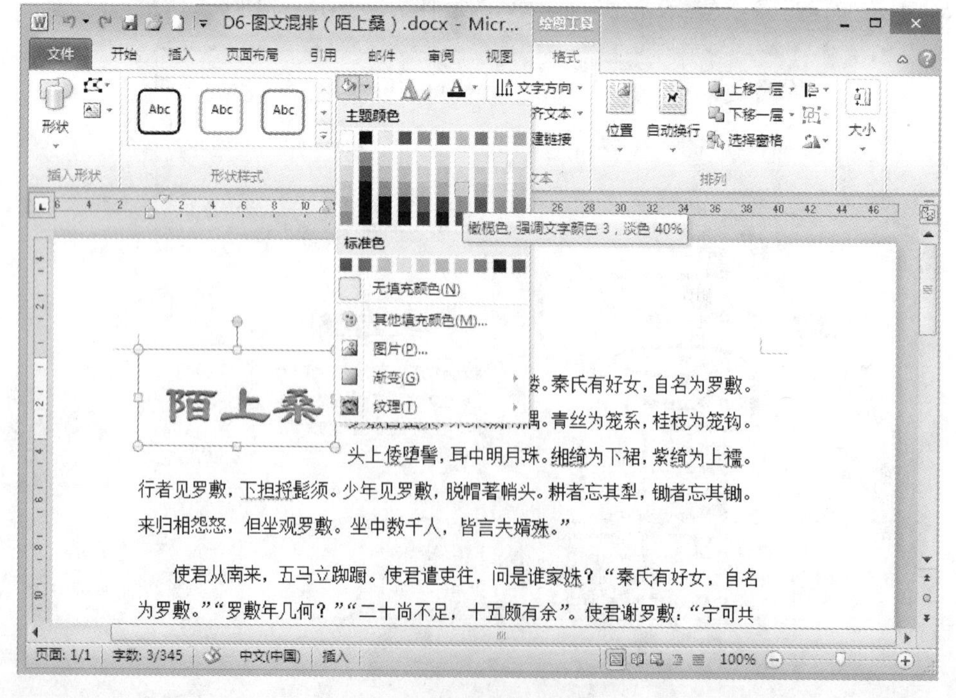

图 6-6 “形状填充”设置

如果用户想要设置不同形式艺术字背景填充，可以在“形状填充”列表中选择“其他填充颜色”、“图片”、“渐变”或“纹理”，在打开的相应对话框中进行样式选择。

②形状轮廓：设定选定形状轮廓的颜色、线型及宽度。

用户在文档中插入艺术字以后，可以根据需要设置或修改艺术字形状轮廓。此处以设置艺术字轮廓颜色的方法为例，操作步骤如下：

第一步：打开 Word 2010 文档窗口，单击艺术字任意位置使其处于编辑状态。

第二步：在“绘图工具/格式”功能区中，单击“形状样式”命令组中的“形状轮廓”按钮。在打开的形状填充列表中，选择“主题颜色”或“标准色”中的颜色即可，如图 6-7 所示。

用户还可以在“形状轮廓”列表中选择“粗细”、“虚线”等，对线型进行设置。

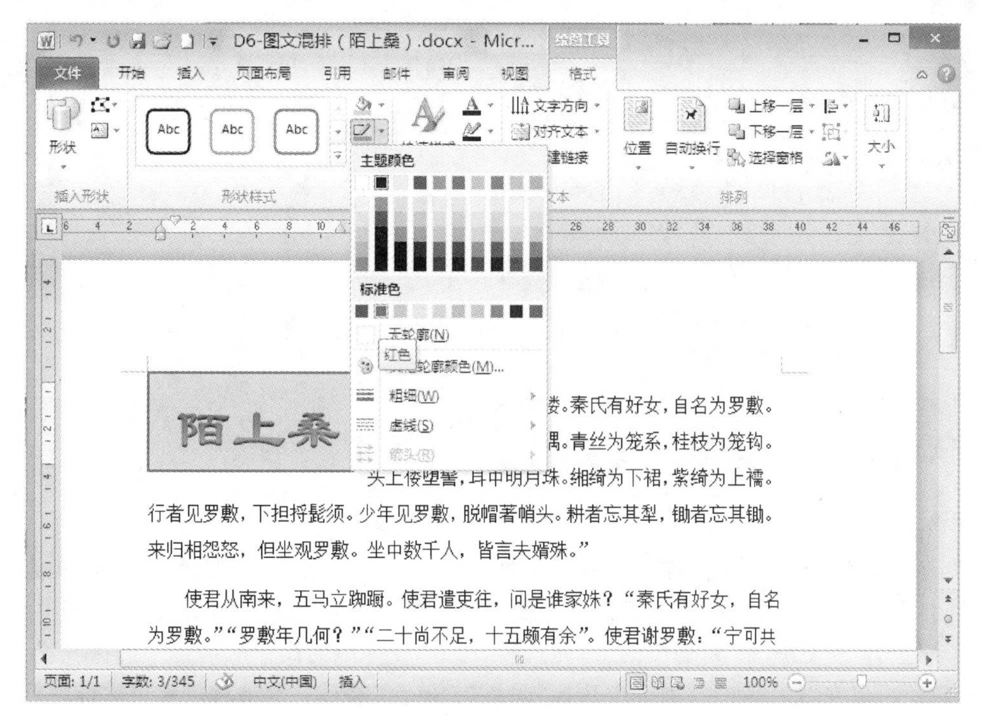

图 6-7　“形状轮廓”设置

③形状效果：设定选定形状的效果，如阴影、发光、映像及三维旋转等。

此处以设置艺术字对象的发光效果为例。在 Word 2010 文档中，发光效果可以应用于艺术字文字和艺术字对象两个层次。通过应用发光效果，可以使艺术字文字或艺术字对象周围出现彩色光晕。不过对于艺术字对象而言，只有具有背景填充的艺术字，其发光效果才能表现出来。此处所指的是为艺术字对象设置发光效果，艺术字文字的发光效果将在后面讲述。

操作步骤如下：

第一步：打开 Word 2010 文档窗口，单击准备设置发光效果的艺术字，使其处于编辑状态。

第二步：在“绘图工具/格式”功能区中，单击“形状样式”命令组中的“形状效果”按钮。

第三步：打开形状效果菜单，指向“发光”选项。在发光效果列表中将鼠标指向“发光变体”命令组中的任意一种发光效果，则 Word 2010 文档中的艺术字将实时显示最终效果。确认选用某一种发光效果后单击该效果即可，如图 6-8 所示。

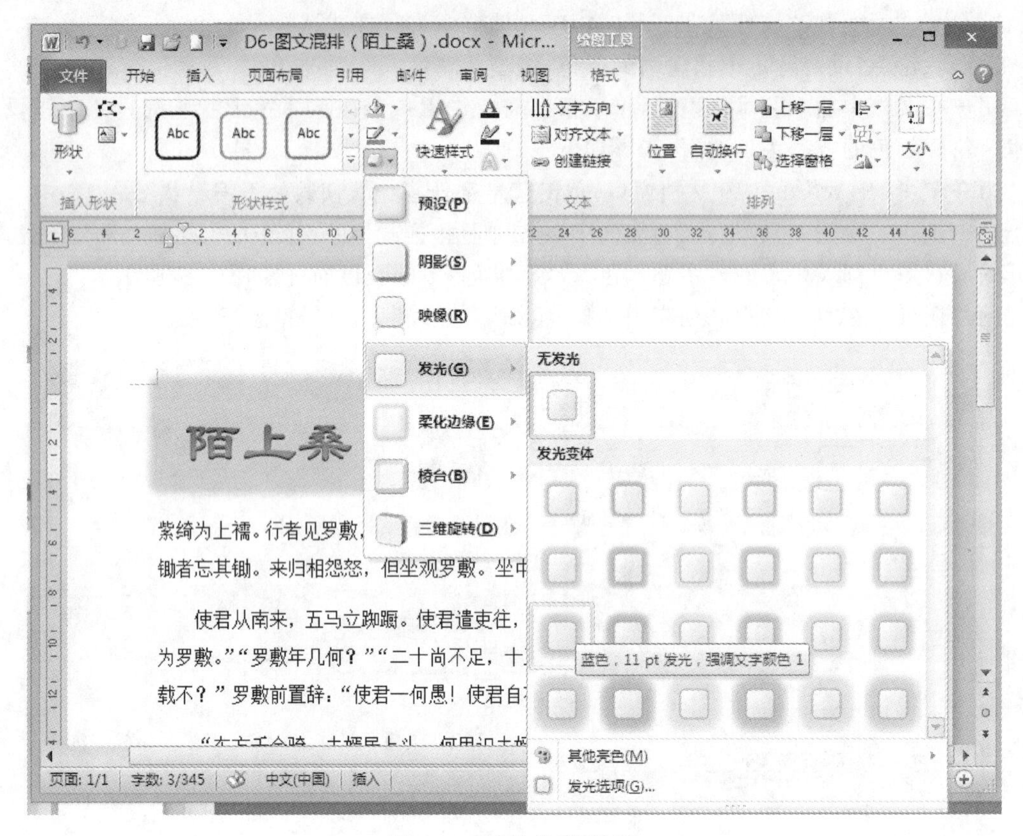

图 6-8 “形状效果”设置

“发光效果”列表中的发光颜色比较有限，用户可以在“发光效果”列表中指向“其他亮色”选项，在打开的颜色面板选择更丰富的光线颜色。如果用户需要对发光效果进行更详细地设置，则可以选择“发光效果”列表中的“发光选项”命令，在弹出的命令对话框中进行设置。

用户还可以在“形状效果”列表中选择“阴影”、“棱台”等对艺术字对象效果进行设置。

(2)“艺术字样式”命令组：在“绘图工具/格式”选项卡下的“艺术字样式”命令组中，有“文本填充”、“文本轮廓”、“文本效果”几个选项。

①文本填充：可以使用纯色、渐变、图片或纹理等填充文本。

插入艺术字以后，可以根据需要设置或修改艺术字文本填充。文本填充可以是纯色填充，也可以是渐变颜色填充。此处以设置艺术字纯色文本填充的方法为例，操作步骤如下：

第一步：打开 Word 2010 文档窗口，单击艺术字任意位置使其处于编辑状态。

第二步：在“绘图工具/格式”选项卡中，单击“艺术字样式”命令组中的“文字”按钮。在打开的“文本填充”列表中，选择“主题颜色”或“标准色”分组中的颜色即可，如图 6-9 所示。

②文本轮廓：可以设定文本轮廓的颜色、线型及宽度。

用户在文档中插入艺术字以后，可以根据需要设置或修改艺术字文本的形状轮廓。此处以设置艺术字文本轮廓颜色的方法为例，操作步骤如下：

第一步：打开 Word 2010 文档窗口，单击艺术字任意位置使其处于编辑状态。

第二步：在“绘图工具/格式”选项卡中，单击“艺术字样式”命令组中的“文本轮廓”按钮。

在打开的"形状填充"列表中,选择"主题颜色"或"标准色"命令组中的颜色即可,如图 6-10 所示。

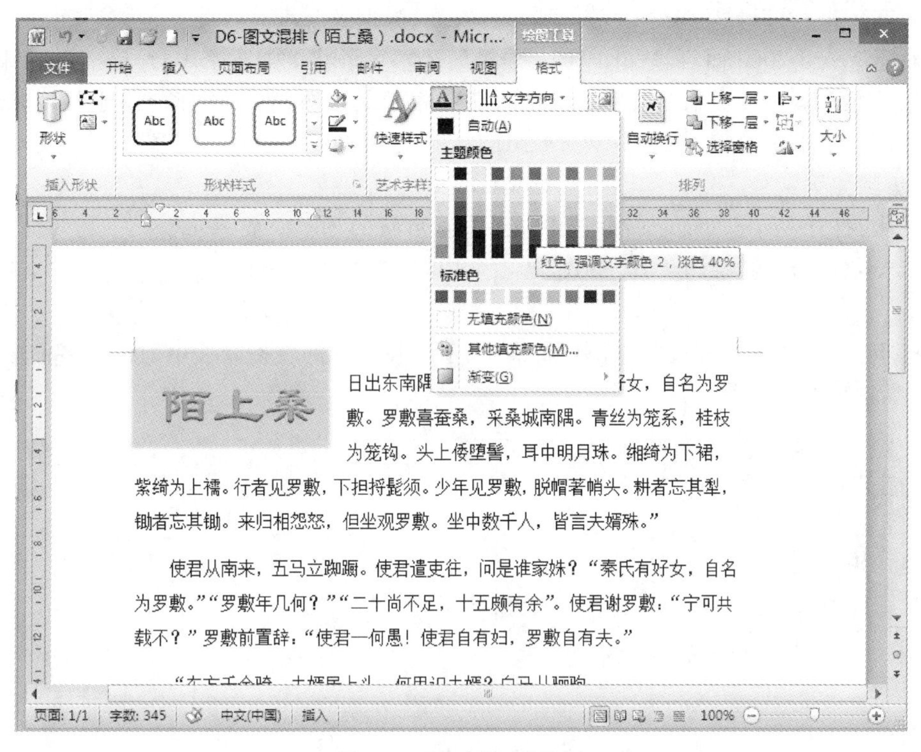

图 6-9　"文本填充"设置

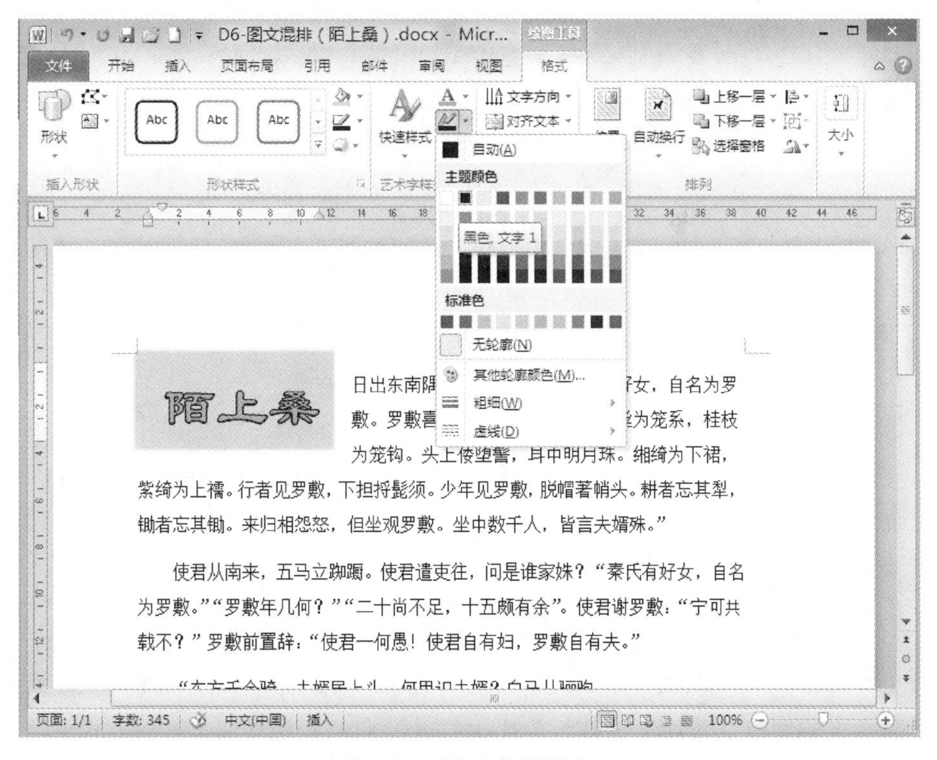

图 6-10　"文本轮廓"设置

用户还可以在“文本轮廓”列表中选择“粗细”、“虚线”等，对线型进行相应的设置。

③文本效果：可以设定文字效果，如阴影、发光、映像及三维旋转等。

相对于 Word 2003 而言，Word 2010 提供的艺术字形状更加丰富多彩，包括弧形、圆形、V 形、波形、陀螺形等多种形状。艺术字形状只能应用于文字级别，而不能应用于整体艺术字对象。通过设置艺术字形状，能够使 Word 2010 文档更加美观。此处以设置艺术字文本效果为例，操作步骤如下：

第一步：打开 Word 2010 文档，选中需要设置形状的艺术字文字。

第二步：在打开的“绘图工具/格式”选项卡中，单击“艺术字样式”命令组中的“文本效果”按钮。

第三步：打开文本效果菜单，指向“转换”选项。在打开的转换列表中列出了多种形状可供选择，如图 6-11 所示。

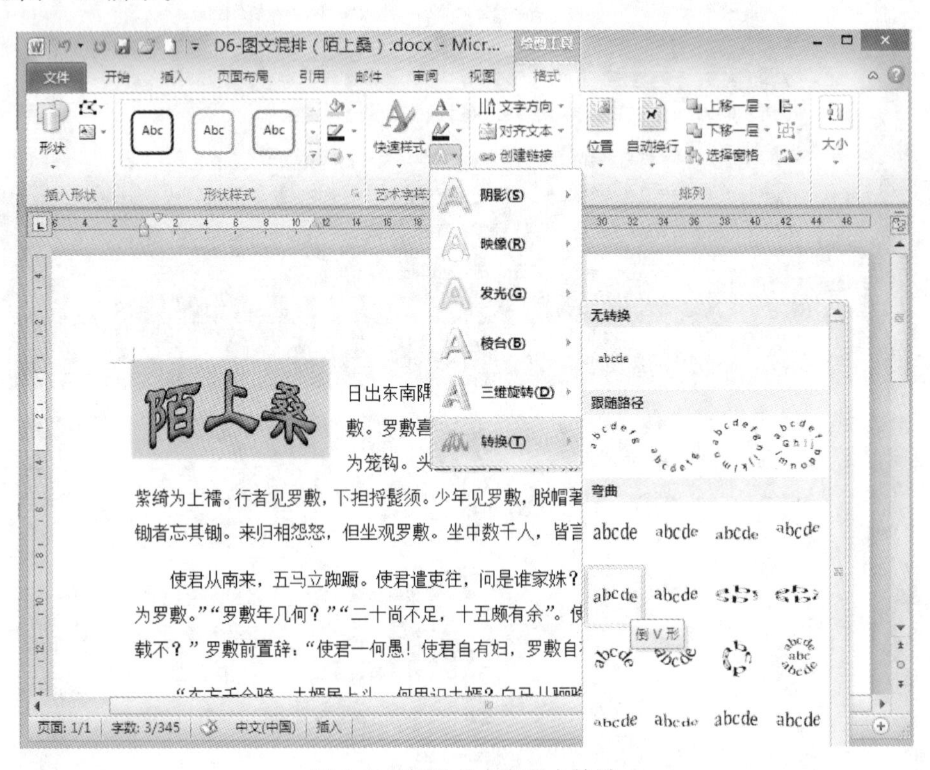

图 6-11　设置艺术字文本效果

(3)“文本”命令组。

Word 2010 中的艺术字具有文本框的特点，用户可以根据排版需要为艺术字设置“垂直”或“水平”文字方向，该操作在“绘图工具/格式”选项卡中的“文本”分组中，操作步骤如下：

第一步：打开 Word 2010 文档窗口，选中需要设置文字方向的艺术字。

第二步：在“文本”分组中单击“文字方向”按钮，用户可以选择“水平”、“垂直”、“将所有文字旋转 90°”、“将所有文字旋转 270°”和“将中文字符旋转 270°”5 种文字方向，如图 6-12 所示。

可以发现，这种文字方向设置仅仅应用于文字级别，因此只能旋转 90°、180°和 270°，而不能实现任意角度的旋转。并且改变文字方向后，每个字符将按照普通文本的方式重新排列，而不能实现原样旋转。

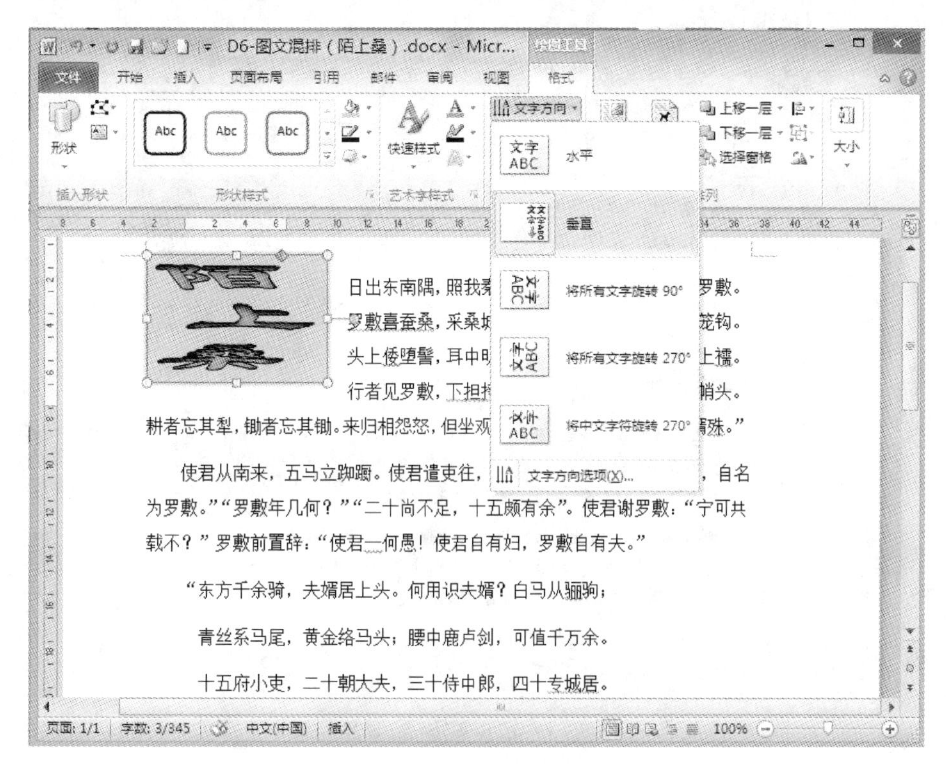

图 6-12　设置艺术字文字方向

（4）“排列”命令组。

在“绘图工具/格式”选项卡下的“排列”命令组中，最常用的是“位置”和“自动换行”两个选项。

①位置：可以设置所选对象在文本中的位置。

因为艺术字具有图片和图形的很多属性，因此用户可以为艺术字设置文字环绕方式。默认情况下，Word 2010 中的艺术字文字环绕为“浮于文字上方”方式，用户可以重新设置其文字环绕方式，操作步骤如下：

第一步：打开 Word 2010 文档窗口，选中需要设置文字环绕方式的艺术字。

第二步：在“绘图工具/格式”选项卡中，单击“排列”分组中的“位置”按钮，如图 6-13 所示。

第三步：在打开的位置列表中，用户可以选择“嵌入文本行中”命令，使艺术字作为 Word 文档文本的一部分参与排版，也可以选择“文字环绕”分组中的一种环绕方式，使其作为一个独立的对象参与排版。

②自动换行：可以更改所选对象周围的文字环绕方式。

在位置列表中显示的文字环绕只有“嵌入型”和“四周型”两种方式，如果用户还有更高的版式要求，则可以在“自动换行”列表中进行设置，如图 6-14 所示。或单击“位置”或“自动换行”按钮下的“其他布局选项”命令，以进行更高级的设置，如图 6-15 所示。

打开“布局”对话框，切换到“文字环绕”选项卡。在“环绕方式”区域显示出“嵌入型”、“四周型”、“紧密性”、“穿越型”、“上下型”、“衬于文字下方”和“衬于文字上方”Word 2010 文档支持的几种环绕方式。其中，“四周型”、“紧密性”、“穿越型”、“上下型”这 4 种环绕方式可以分别设置自动换行方式、与正文之间的距离。用户根据需要选择合适的文字环绕方式，单击“确定”

按钮即可。

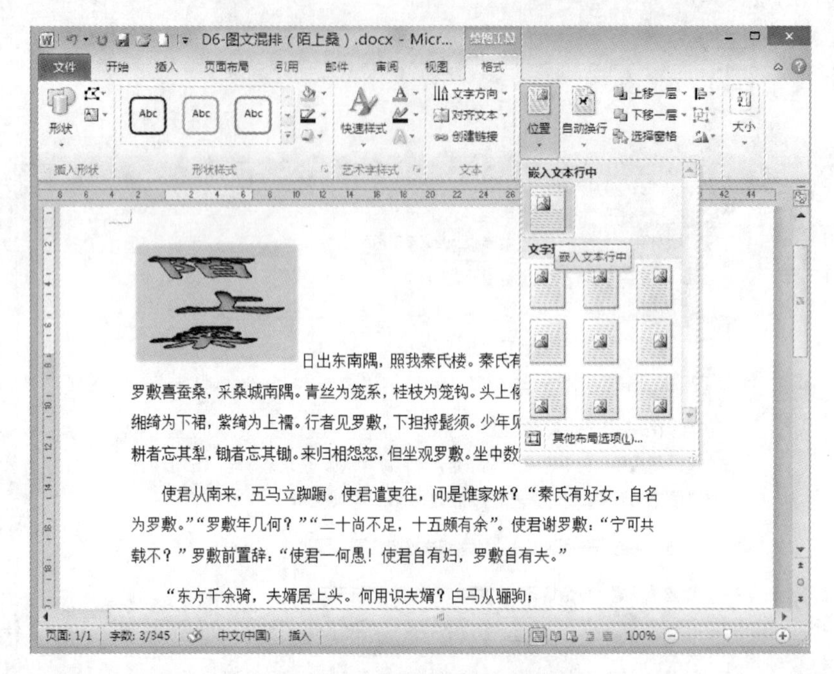

图 6-13　艺术字“位置”设置

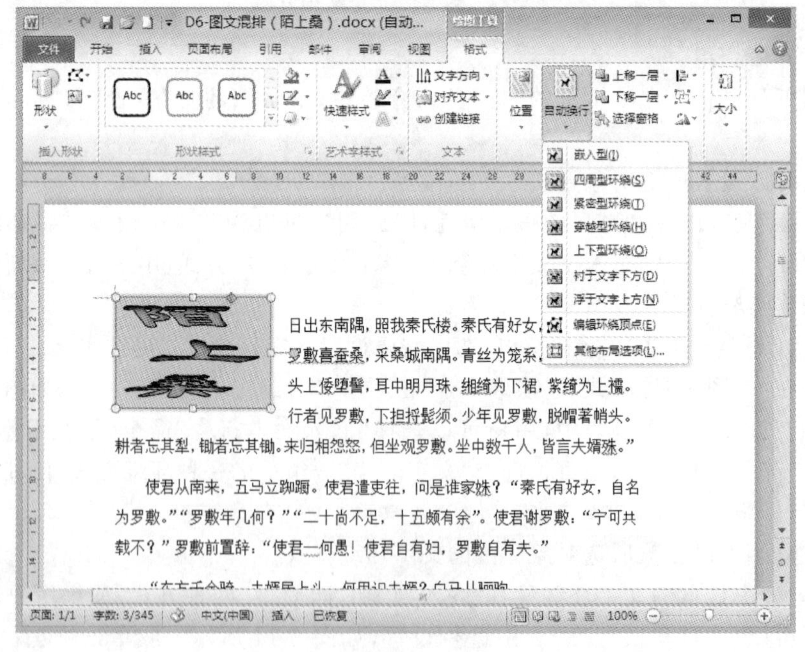

图 6-14　艺术字“自动换行”设置

(5)“大小”命令组。

Word 2010 中的艺术字具有文本框的特点，用户可以根据排版需要为艺术字设置大小，即高度和宽度，该操作在“绘图工具/格式”选项卡中的“大小”命令组中，操作步骤如下：

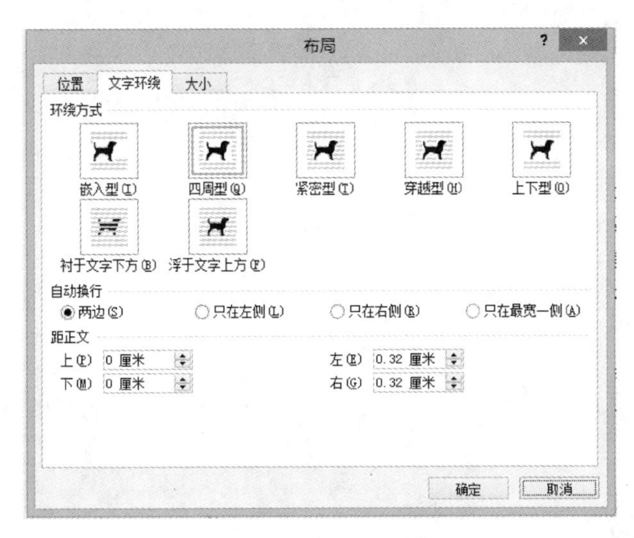

图 6-15　“布局”对话框

第一步：打开 Word 2010 文档窗口，选中需要设置文字环绕方式的艺术字。

第二步：在“绘图工具/格式”选项卡中的“大小”命令组中，分别在“高度”和“宽度”栏目中输入高和宽的值。或者，单击“大小”分组右下角的三角对话框启动器按钮，在弹出的“布局”对话框中，可以进行“大小”的设置。“布局”对话框如图 6-15 所示。

按照案例题目要求对艺术字进行编辑：艺术字样式为“第 4 行第 2 列”，字体为“隶书”，文本填充为“红色，淡色 40%”，文本效果为“转换”、“倒 V 形”，位置效果为“顶端居左”、“紧密型文字环绕”。编辑效果如图 6-16 所示。

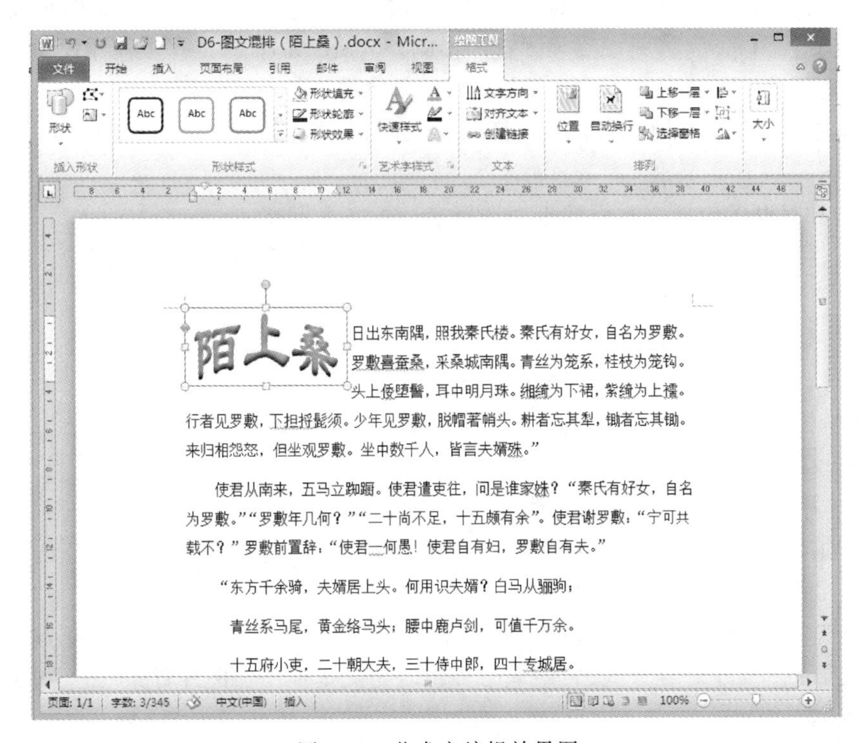

图 6-16　艺术字编辑效果图

6.2 插入文本框、图片

利用 Word 2010 提供插入文本框、图片的功能，可以使文档产生图文并茂的效果。

6.2.1 学习视频

登录“网络教学平台”，打开“第 6 讲”中“插入文本框”目录下的视频，在规定的时间内进行学习。

6.2.2 学习案例

负责海报制作的小王要按照如下操作要求，完成插入文本框的操作：在样文中插入一个宽度为“4.21 厘米”、高度为“5.4 厘米”的文本框，设置文本框的位置为“顶端居右”，文字环绕方式为“四周型环绕”，为文本框添加图片背景“素材 6-1.jpg”。

操作过程如下：

1. 文本框

(1)插入文本框。

通过使用文本框，用户可以将 Word 文本很方便地放置到 Word 2010 文档页面的指定位置，而不必受到段落格式、页面设置等因素的影响。Word 2010 内置有多种样式的文本框供用户选择使用，在 Word 2010 文档中插入文本框的步骤如下：

第一步：打开 Word 2010 文档窗口，切换到“插入”选项卡，在“文本”命令组中单击“文本框”按钮，如图 6-17 所示。

第二步：在打开的内置文本框面板中选择合适的文本框类型。

第三步：返回 Word 2010 文档窗口，所插入的文本框处于编辑状态，直接输入用户的文本内容即可。

如果内置样式中没有满意的样式，可以选择“绘制文本框”或“绘制竖排文本框”，此时光标会变成十字形，按住鼠标左键在需要的位置插入 1 个文本框。

按照案例操作要求，在文档“D6.docx”中插入 1 个文本框，如图 6-18 所示。

(2)编辑文本框。

插入文本框之后，选中文本框，功能区会出现“绘图工具/格式”选项卡。该选项卡下各个分组中的选项或按钮的功能和“艺术字”部分相同，可以对文本框位置、大小及环绕方式等进行设置，此处不再赘述。

按照案例操作要求要求，对插入的文本框进行编辑：宽度为“4.21 厘米”、高度为“5.4 厘米”，位置为“顶端居右”，文字环绕方式为“四周型环绕”，为文本框添加图片背景“素材 6-1.jpg”。编辑效果如图 6-19 所示。

图 6-17　插入文本框

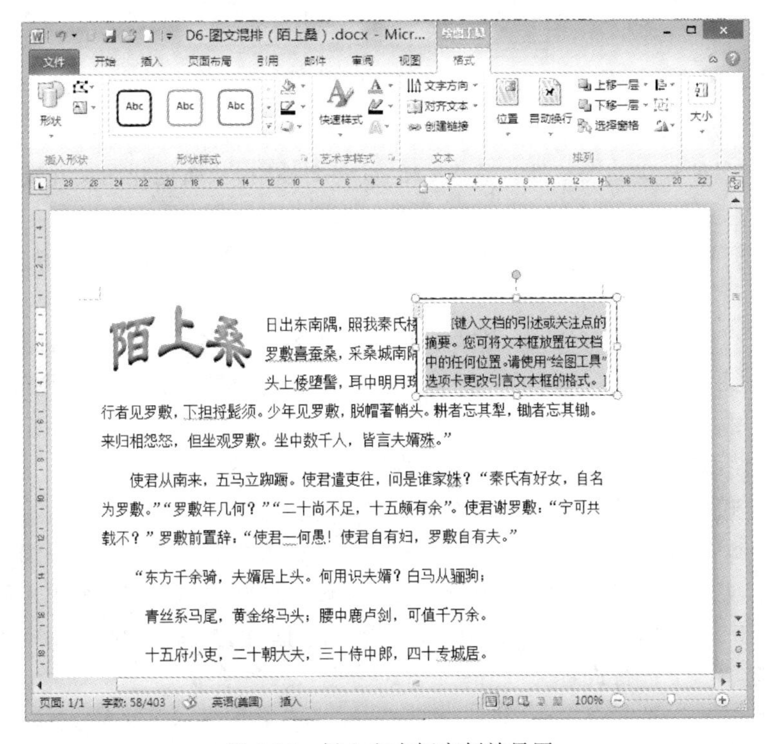

图 6-18　插入文本框案例效果图

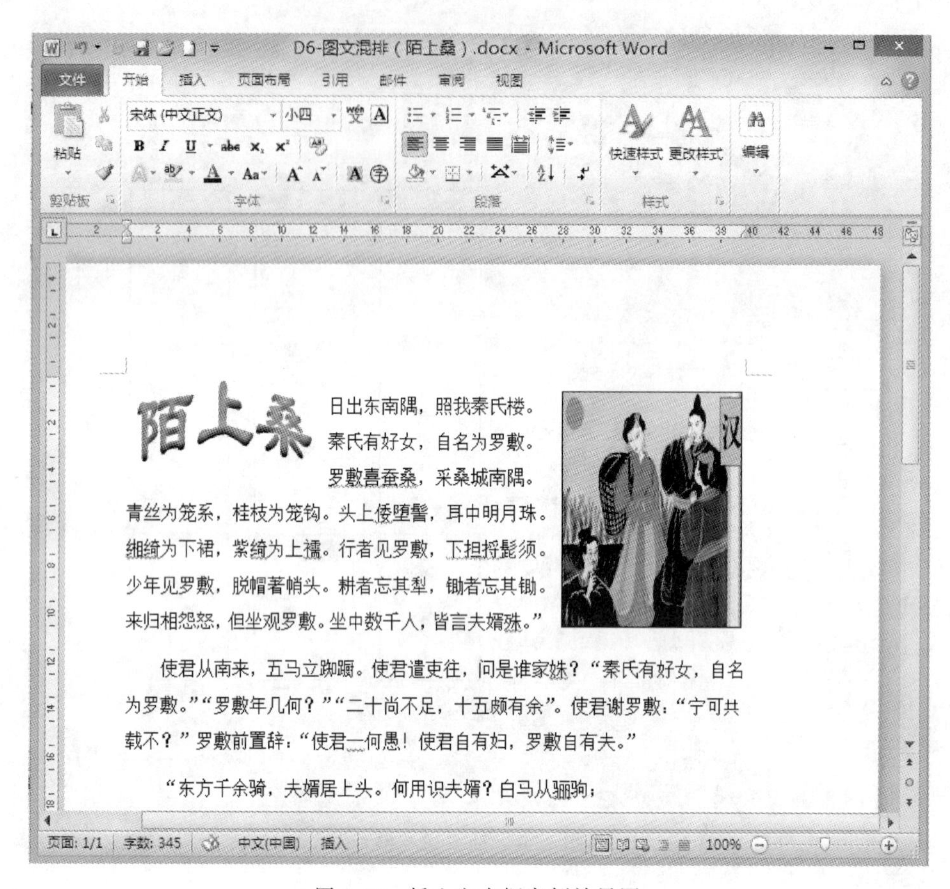

图 6-19 插入文本框案例效果图

2. 在文本框中插入图片

(1)插入图片方法。

用户可以将多种格式的图片插入到 Word 2010 文档中，从而创建图文并茂的 Word 文档，操作步骤如下：

第一步：打开 Word 2010 文档窗口，在“插入”选项卡的“插图”命令组中单击“图片”按钮，如图 6-20 所示。

第二步：打开“插入图片”对话框，在“文件类型”编辑框中将列出最常见的图片格式。找到并选中需要插入到 Word 2010 文档中的图片，然后单击“插入”按钮即可，如图 6-21 所示。

(2)编辑图片。

插入图片之后，选中该图片，功能区会出现“图片工具/格式”选项卡。该选项卡下主要有“调整”、“图片样式”、“排列”和“大小”几个命令组，如图 6-22 所示。

①在 Word 2010 文档中，用户可以为选中的图片设置多种颜色、多种粗细尺寸的实线边框或虚线边框。实际上，当用户使用 Word 2010 预设的图片样式时，某些样式已经应用了图片边框。当然，用户也可以根据实际需要自定义图片边框，设置图片边框在“图片样式”分组中的“图片边框”选项卡下进行设置。

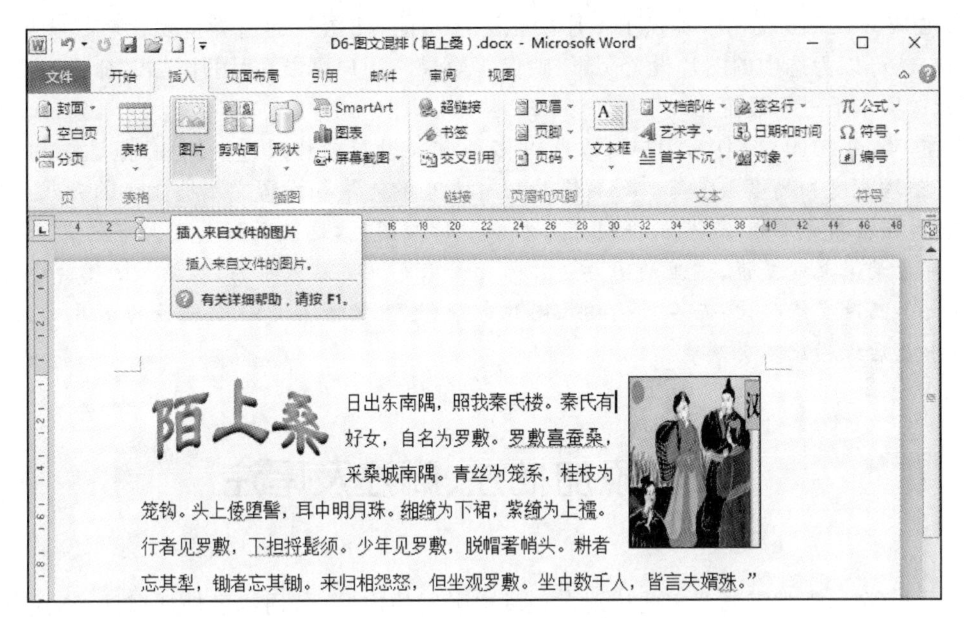

图 6-20　单击“图片”按钮

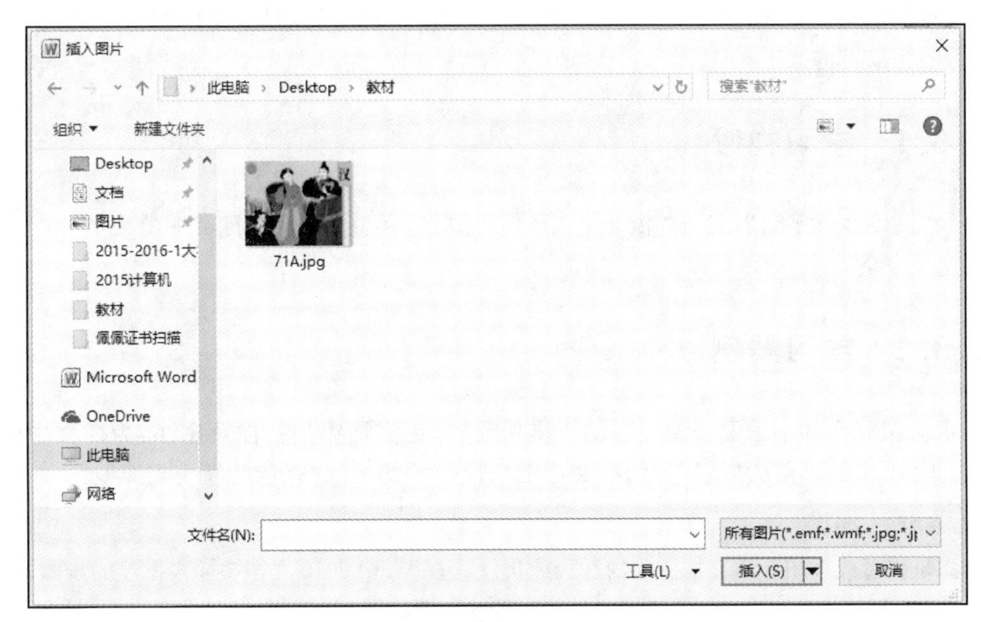

图 6-21　“插入图片”对话框

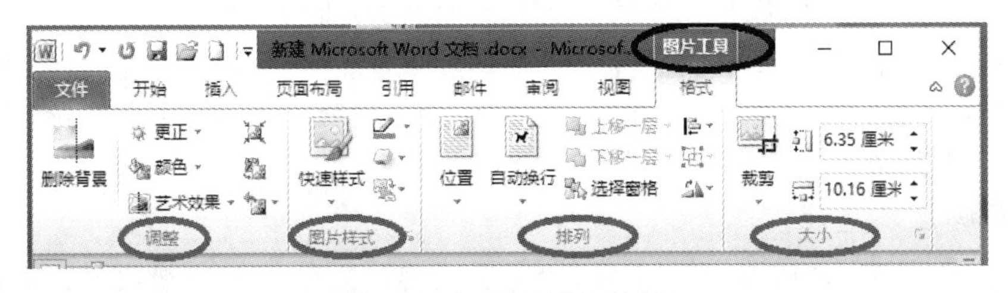

图 6-22　“插入图片”对话框

②在 Word 2010 文档中提供了图片柔化边缘功能，使图片的边缘呈现比较模糊的效果。同时用户还可以为选中的图片设置阴影、映像等效果。用户可以在“图片样式”命令组中的“图片效果”选项卡下进行设置。

③在 Word 2010 文档中，用户可以通过多种方式设置图片尺寸。例如，拖动图片控制手柄、指定图片宽度和高度数值等。设置图片尺寸大小的方法和设置文本框大小的方式一样。

注意：在插入文本框中，我们讲到在文本框中插入图片，这里的插入图片指的是为文本框设置图片背景。也就是说，这里的图片是作为背景填充到文本框中的，所插入的图片会随着文本框的大小而改变纵横比；而在我们插入图片部分，这里的图片是一个单独的图片对象，插入到文档中之后纵横比不会改变。

6.3 添加批注、脚注及尾注

编写文章时，常常需要对一些从别人文章中引用的内容、名词或事件加以注释，这称为脚注或尾注。阅读的时候把读书感想、疑难问题随手批写在书中的空白地方，以帮助理解，深入思考，这称为批注。Word 2010 提供了添加脚注、尾注及批注的功能，可以在指定的文字处插入脚注、尾注或批注。

6.3.1 学习视频

登录“网络教学平台”，打开“第 6 讲”中“插入脚注、尾注及批注”目录下的视频，在规定的时间内进行学习。

6.3.2 学习案例

负责海报制作的小王要需要按照如下操作要求，为文档添加批注及尾注：为样文中的“踟蹰”添加批注“徘徊不前的样子”。为样文中的“青丝”添加尾注“青色的丝线或绳缆”。

1. 添加批注

批注是作者或审阅者为文档添加的注释或批注。在 Word 2010 文档中插入批注的步骤如下：

第一步：打开 Word 2010 文档窗口，选中要添加批注的词语。

第二步：单击功能区中的“审阅”选项卡，在“批注”命令组中选择“新建批注”命令，此时弹出一个添加批注的编辑框，如图 6-23 所示，在编辑框中输入批注内容即可。

若要快速删除单个批注，右击该批注，然后单击“删除批注”；若要快速删除文档中的所有批注，单击文档中的一个批注。在“审阅”选项卡下的“批注”命令组中，单击“删除”按钮下的箭头，然后单击“删除文档中的所有批注”。

2. 添加脚注及尾注

脚注一般位于页面的底部，可以作为文档某处内容的注释；尾注一般位于文档的末尾，列出引文的出处等。尾注由两个关联的部分组成，包括注释引用标记和其对应的注释文本。在添加、删除或移动自动编号的注释时，Word 将对注释引用标记重新编号。在 Word 2010 文档中插入尾注和脚注的操作步骤如下：

第一步：打开 Word 2010 文档窗口，选中要添加尾注的文本。

第二步：单击功能区中的“引用”选项卡，在“脚注”命令组中选择“插入尾注”命令，此时插入点跳到添加尾注的位置，输入尾注内容即可，如图 6-24 所示。

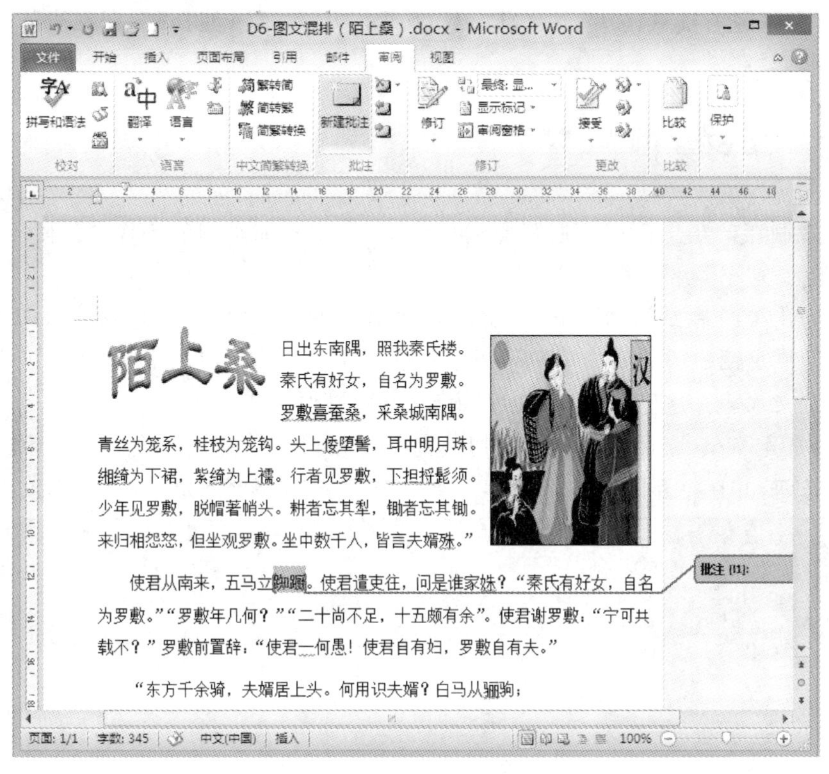

图 6-23　添加批注

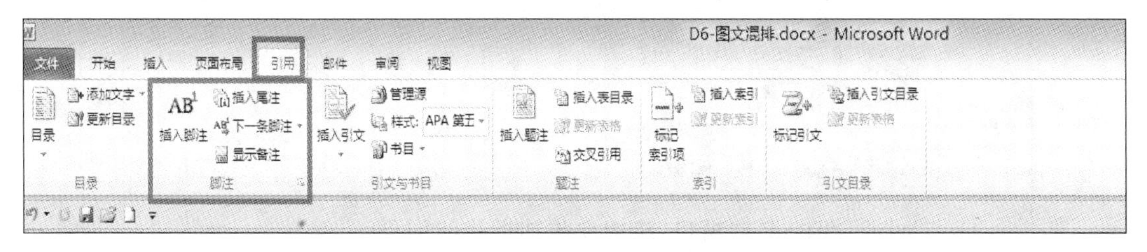

图 6-24　添加尾注

添加脚注和添加尾注方式一样。只是在“脚注”命令组中选择“插入脚注”命令即可。

6.4　添加水印

Word 2010 水印功能可以给文档中添加任意的图片和文字作为背景图片。不仅如此，我们还可以将文档背景设置为任意颜色或各种精美的风格，一篇精美的文章再搭配上漂亮的背景风格，这样就会有一种非常想阅读下去的感觉。

6.4.1 学习视频

登录“网络教学平台”，打开“第 6 讲”中“添加水印”目录下的视频，在规定的时间内进行学习。

6.4.2 学习案例

负责海报制作的小王需要按照如下操作要求，完成添加水印的操作：将“陌上桑”设置为“水印”，字体为“隶书”，颜色为“橄榄绿”。

尽管 Word 2010 在默认情况下内置有多种水印，如机密、紧急等，但这些水印在很多情况下并不一定能满足用户的需要。用户可以根据实际需要在 Word 2010 文档中插入文字或图片形式的自定义水印。这里以添加文字形水印为例，操作步骤如下所述：

第一步：打开 Word 2010 文档窗口，切换到“页面布局”功能区。在“页面背景”命令组中单击“水印”按钮，并在打开的水印面板中选择“自定义水印”命令，如图 6-25 所示。

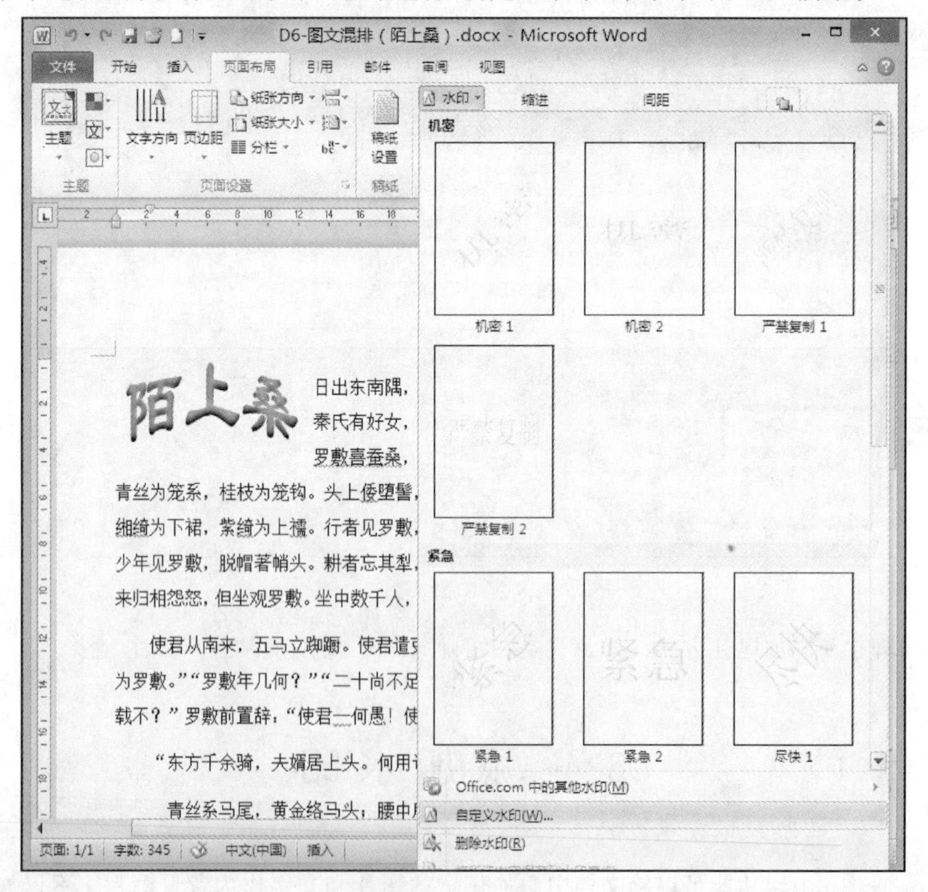

图 6-25 添加水印

第二步：在打开的“水印”对话框中，选中“水印文字”单选框。在“文字”编辑框中输入自定义水印文字，然后分别设置字体、字号和颜色。选中“半透明”复选框，这样可以使水印呈现出比较隐蔽的显示效果，从而不影响正文内容的阅读。设置水印版式为“斜式”或“水平”，单击“确定”按钮即可，如图 6-26 所示。

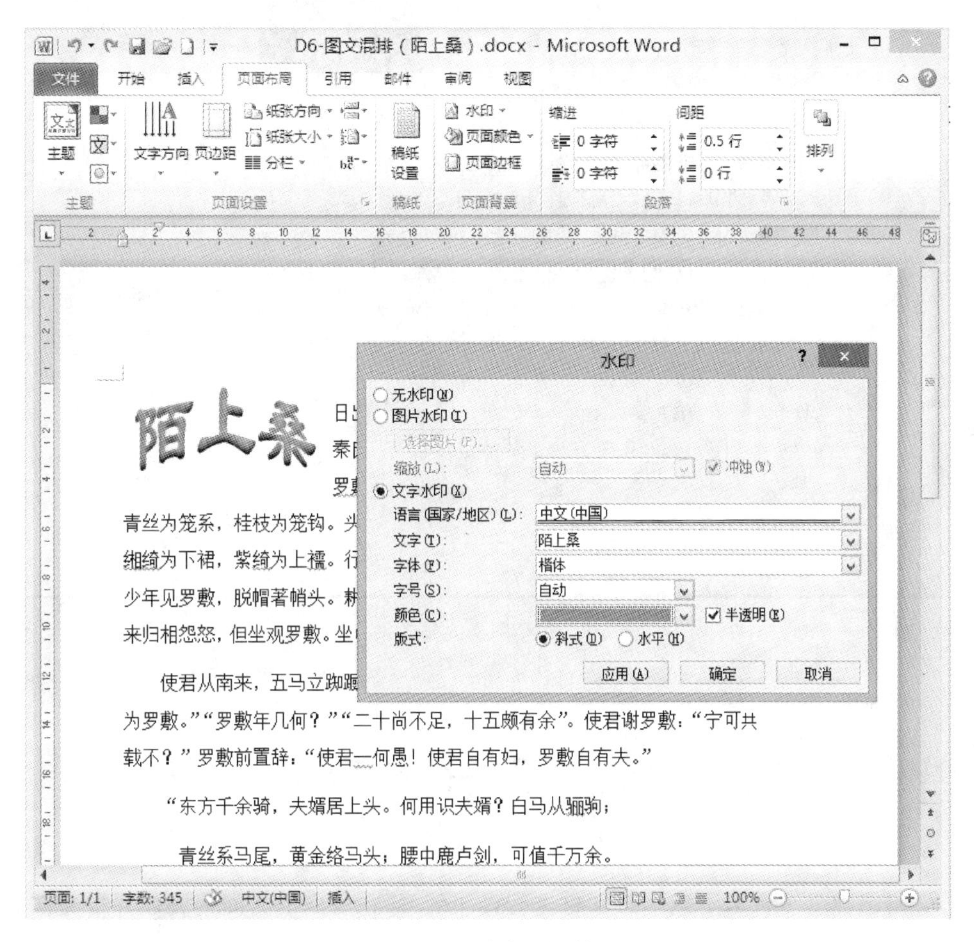

图 6-26　“水印”对话框

另外，还可以设置图片水印。在“水印”对话框中选择“图片水印”单选按钮，选择要设为水印的图片，设置其缩放比例即可。

若要删除水印，如图 6-25 所示，选择“自定义水印”选项下的“删除水印”选项即可。

按照案例操作要求，对本案例进行排版，排版效果如图 6-27 所示。

日出东南隅，照我秦氏楼。秦氏有好女，自名为罗敷。罗敷喜蚕桑，采桑城南隅。青丝为笼系，桂枝为笼钩。头上倭堕髻，耳中明月珠。缃绮为下裙，紫绮为上襦。行者见罗敷，下担捋髭须。少年见罗敷，脱帽著帩头。耕者忘其犁，锄者忘其锄。来归相怨怒，但坐观罗敷。坐中数千人，皆言夫婿殊。”

使君从南来，五马立踟蹰。使君遣吏往，问是谁家姝？“秦氏有好女，自名为罗敷。”“罗敷年几何？”“二十尚不足，十五颇有余”。使君谢罗敷：“宁可共载不？”罗敷前置辞：“使君一何愚！使君自有妇，罗敷自有夫。”

批注 [l1]:徘徊不前的样子。

“东方千余骑，夫婿居上头。何用识夫婿？白马从骊驹；

青丝系马尾，黄金络马头；腰中鹿卢剑，可值千万余。

十五府小吏，二十朝大夫，三十侍中郎，四十专城居。

为人洁白皙，鬑鬑颇有须。盈盈公府步，冉冉府中趋。

坐中数千人，皆言夫婿殊。

青色的丝线或绳缆。

图 6-27 图文混排效果

6.5 课后练习

登录“网络教学平台”，下载本讲素材进行操作练习，在规定的时间内完成并提交作业。

第 1 题

请打开“文件夹 D6-1”中的文档“D6-1 样文. docx”，按照如下操作要求完成练习。

(1)设置字体为“宋体”；字号为“小五”。

(2)设置页面。纸张大小：宽度为“19.8 厘米”，高度为“22 厘米”；上、下页边距为“2.6 厘米”，左、右页边距为“2.9 厘米”；页眉为“1.65 厘米”，页脚为“2 厘米”。

(3)设置页眉。类型为“空白”，标题为“古代乐器”。

(4)分栏。将文中第 2 段分为两栏，栏宽相等。

(5)将标题“古琴”设置成艺术字。艺术字样式为“第 4 行第 5 列”；字体为“隶书”；颜色为“紫色”；艺术字形状→文本效果→映像为“全映像”、“接触”；设置艺术字的位置为“顶端居中”、“上下型文字环绕”；根据效果图调整艺术字位置。

(6)在样文中插入一个宽度为“4.82 厘米”、高度为“3.35 厘米”的文本框，设置位置为“中间居中”、“四周型环绕”；在文本框中使用填充的方式插入图片“D6-1.jpg”。

(7)为整篇文档设置边框。类型为“方框”；宽度为“0.75 磅”；颜色为“黄色”。

(8)添加水印。设置水印内容为“古琴”；字体为“方正舒体”；字号为“自动”；颜色为“橄榄色，强调文字颜色 3，深色 50%”。

第 2 题

请打开“文件夹 D6-2”中的文档“D6-2 样文.docx”，按照如下操作要求完成练习。

(1)设置文字大小。字号为“小五”，字体为“宋体”。

(2)设置页面。纸张大小：宽度为“29 厘米”，高度为“22 厘米”；上、下页边距为“2.65 厘米”，左、右页边距为“3.37 厘米”；页眉为“1.2 厘米”，页脚为“1.9 厘米”；纸张方向为“横向”，“首字下沉”，字体为“隶书”；下沉行数为“3 厘米”，距正文为“0 厘米”。

(3)设置页眉。类型为“空白”，填写标题“出师表”。

(4)将标题“出师表”设置成艺术字。艺术字样式为“第 4 行第 3 列”；字体为“隶书”；颜色为“黑色”；形状填充(纹理)为羊皮纸。调整艺术字的位置为“中间居左”、“四周型环绕”；根据效果图调整艺术字大小和位置。

(5)在样文中插入一个宽度为“6.81 厘米”、高度为“10.9 厘米”的文本框，设置位置为“中间居右”、“紧密型环绕”；在文本框中插入图片“D6-2.jpg”。

(6)为整篇文档设置边框。类型为“方框”、“艺术型”。

(7)为文章中的“诸葛亮”添加尾注：“诸葛亮(181—234 年)，字孔明，号卧龙(也作伏龙)，汉族，徐州琅琊阳都(今山东临沂市沂南县)人。”

(8)添加水印。将“诸葛亮著”设置为水印。字体为“隶书”；颜色为“黑色”；其他为“自动”。

第 3 题

请打开“文件夹 D6-3”中的文档“D6-3 样文.docx”，按照如下操作要求完成练习。

(1)设置页面。上页边距为“3 厘米”，下页边距为“4.5 厘米”，左页边距为“3.2 厘米”，右页边距为“3.5 厘米”；页眉为“1.8 厘米”，页脚为“2 厘米”。

(2)分栏。将文中第 2 段分为两栏，栏宽相等。

(3)设置页眉。类型为“空白”，填写标题“中国文化”；插入页码为“页面顶端，普通数字 3”。

(4)将标题“中秋节”设置成艺术字。艺术字样式为“第 6 行第 3 列”；字体为“楷体”；文本填充为“深红”；文本效果为“三维旋转”、“前透视”。调整艺术字的位置为“顶端居左”、“四周型文字环绕”；文字方向为“垂直”；根据效果图对艺术字进行调整。

(5)在样文中插入一个宽度为“2.94 厘米”、高度为“3.84 厘米”的文本框，设置位置为“顶端居右”、“四周型文字环绕”；用填充的方式在文本框中插入图片“D6-3.jpg”；根据效果图对文本框进行调整。

(6)添加尾注。为第 2 段第一行的《礼记》添加尾注：“礼记是研究中国古代社会情况、典章制度和儒家思想的重要著作。”

(7)为文中最后一段设置底纹。图案样式为“12.5%”；颜色为“橙色”；为最后一段设置边框，类型为“方框”；颜色为“深蓝”，文字为“2”。

(8)将“中秋节”设置为水印，颜色为“红色”；字体为“华文新魏”；字号为“自动”。

第4题

请打开“文件夹D6-4”中的文档“D6-4样文.docx”，按照如下操作要求完成练习。

(1)设置页面。上、下页边距为“3厘米”，左、右页边距为“3.5厘米”。

(2)分栏。将文中第3段分为两栏，栏宽相等。

(3)设置页眉为“奥斯汀”。填写标题“自然现象”。

(4)将标题“日食”设置成艺术字。艺术字样式为“第4行第1列”；字体为“宋体”；文本填充为“深蓝”、“深色50%”；文本效果为“发光”、“红色”、“11 pt”。设置艺术字的位置为“顶端居中”、“上下型文字环绕”，并根据效果图对艺术字进行调整。

(5)插入文本框，在样文中插入一个宽度为“3.44厘米”、高度为“2.88厘米”的文本框，设置文本框的位置为“中间居中”、“四周型环绕”，并通过填充的方式在文本框中插入图片“D6-4.jpg”。

(6)为文中第一段设置边框。类型为“方框”，宽度为“1.0磅”；底纹为“图案样式、10%”；颜色为“浅绿”。

第5题

请打开“文件夹D6-5”中的文档“D6-5样文.docx”，按照如下操作要求完成练习。

(1)设置页面。纸张大小：宽度为“21厘米”，高度为“23厘米”；上、下页边距为“2.45厘米”，左、右页边距为“3.2厘米”。

(2)分栏。整篇文档分为两栏，偏左。

(3)设置页眉。填写标题“赛里木湖”，并插入页码，类型为“页面顶端”、“普通数字3”。

(4)将标题“赛里木湖”设置成艺术字。艺术字样式为“第6行第3列”；字体为“宋体”、“加粗”；文本填充为“红色”，文本效果为“三维旋转”、“平行”、“离轴1右”；设置艺术字的位置为“顶端居中”、“四周型文字环绕”，并根据效果图对其进行调整。

(5)设置批注。为第3段第2行“云杉”添加批注：“属于针叶树的一类，为中国特有树种”。

(6)为整篇文档设置边框。类型为“方框”；样式为“双波浪线”；颜色为“橙色”、“深色25%”；宽度为“0.75磅”。

(7)添加水印。将图片“D6-5.jpg”设置为“水印”；文字为“不冲蚀”。

第6题

请打开“文件夹D6-6”中的文档“D6-6样文.docx”，按照如下操作要求完成练习。

(1)设置页面。纸张大小为“16开”(18.4厘米×26厘米)；上、下页边距为“2.82厘米”，左、右页边距为“2.54厘米”；页眉为“1.5厘米”，页脚为“1.75厘米”；装订线为“左，1.5厘米”。

(2)首字下沉。下沉行数为“2行”；距正文“0.5厘米”。

(3)分栏。将文中第2段分为三栏，栏宽相等。

(4)设置页眉、字母表型。填写标题“陶渊明集”。

(5)将标题“桃花源记”设置成艺术字。艺术字样式为“第1行第3列”；字体为“隶书”；颜色为“白色”；文本效果为“转换”、“两端远”；形状填充为“黑色”；按照最终效果图对艺术字进行调整。

(6)插入素材包中的图片“D6-6.jpg”，格式为“柔化边缘椭圆”。

(7)为文中最后一段设置边框。宽度为“1 磅”；颜色为“红色”；底纹填充色为“紫色”。

(8)添加尾注。为作者陶渊明添加尾注：“陶渊明(约 365—427 年)，字元亮，号五柳先生，东晋末期南朝宋初期诗人、文学家、辞赋家、散文家。”

第 7 题

(1)设置页面。纸张大小：A4(21 厘米×29.7 厘米)；页眉为“1.6 厘米”，页脚为“2.5 厘米”。

(2)首字下沉：设置文中第 2 段首字下沉，下沉行数为“3”；距正文“1 厘米”。

(3)分栏。将文中最后一段分为两栏，栏宽相等，中间加分隔线。

(4)设置页眉。填写标题“运动”，并插入页码。

(5)将标题“篮球”设置成艺术字。艺术字样式为“第 6 行第 5 列”；字体为“宋体”；文本填充为“浅蓝”；文本效果为“全映像 8 pt”；位置为“顶端居中”；文字环绕方式为“上下型环绕”。

(6)插入文本框，在样文所示位置插入一个宽度为“4.31 厘米”、高度为“4.52 厘米”的文本框；位置为“中间居右”、“四周型文字环绕”，并通过填充的方式在文本框中插入图片“D6-7.jpg”。

(7)添加批注。为“基督教青年会国际训练学校”添加批注：“后为‘春田学院’”。

第 8 题

(1)设置页面。自定义大小：宽度为“18.6 厘米”，高度为“20.5 厘米”；上、下页边距为“2.64 厘米”，左、右页边距为“2.85 厘米”；页眉为“1.75 厘米”，页脚为“2.1 厘米”。

(2)分栏。整篇文档分为两栏，栏宽相等。

(3)设置页眉、年刊型。填写标题“新月”，年份为“1928 年”。

(4)将标题“再别康桥”设置成艺术字。艺术字样式为“第 4 行第 2 列”；字体为“宋体”；文本填充为“橙色”、“深色 50%”；文本效果为“转换”、“两端近”；按照样文调整艺术字的大小和位置。

(5)设置尾注。为徐志摩添加尾注：“徐志摩，现代诗人、散文家”。

(6)为整篇文档设置边框。类型为“方框”；宽度为“31 磅”，“艺术型”。

(7)添加水印。将图片“D6-8.jpg”设置为“水印”、“500%”、“无冲蚀”。

第 7 讲　Word 2010 的其他功能

7.1　邮件合并

在日常的工作中，经常需要制作一些包含变化信息、而内容又大同小异的公务文档，如邀请函、会议通知、录取通知书、成绩通知单等。这些文档的主要内容基本相同，只是文档中的具体数据有变化而已。在填写这种大量格式相同，只修改少量相关的数据，其他文档内容不变时，可以灵活运用 Word 2010 的邮件合并功能，不仅操作简单，还可以设置各种格式、打印效果好，可以满足不同用户的不同需求。

7.1.1　学习视频

登录“网络教学平台”，打开“第 7 讲”中“邮件合并”目录下的视频，在规定的时间内进行学习。

7.1.2　学习案例

若 10 年之后将组织一次同学聚会，为了体现对同学友谊的珍视，并提高重视程度，决定使用请柬邀请各位同学来参加，请每个同学扮演组织者给其他同学发请柬，现在开始制作请柬。

1. 建立主文档

“主文档”是固定不变的主体内容，比如信封中的落款、信函中的每个收信人的内容等。使用邮件合并功能之前先建立主文档，是一个很好的习惯。一方面可以查看预计中的工作是否适合使用邮件合并；另一方面是主文档的建立，为数据源的建立或选择提供了标准和思路。主文档如图 7-1 所示。

2. 数据源文件

数据源是含有标题行的数据记录表，其中包含着相关的字段和记录内容。数据源表格可以是 Word、Excel、Access 或 Outlook 中的联系人记录表。在实际工作中，数据源通常是现成存在的，比如用户要制作大量客户信封，在多数情况下，客户信息可能早已被客户经理作成了 Excel 表格，其中含有制作信封需要的“姓名”、“地址”、“邮编”等字段。在这种情况下，用户可以直接拿过来使用，而不必重新制作。也就是说，在准备自己建立之前要先看一下，是否有现成的表格可用。如果没有现成的表格，则要根据主文档对数据源的要求建立，根据用户个人的习惯，使用 Word、Excel、Access 都可以，在实际工作时，常常使用 Excel 制作。

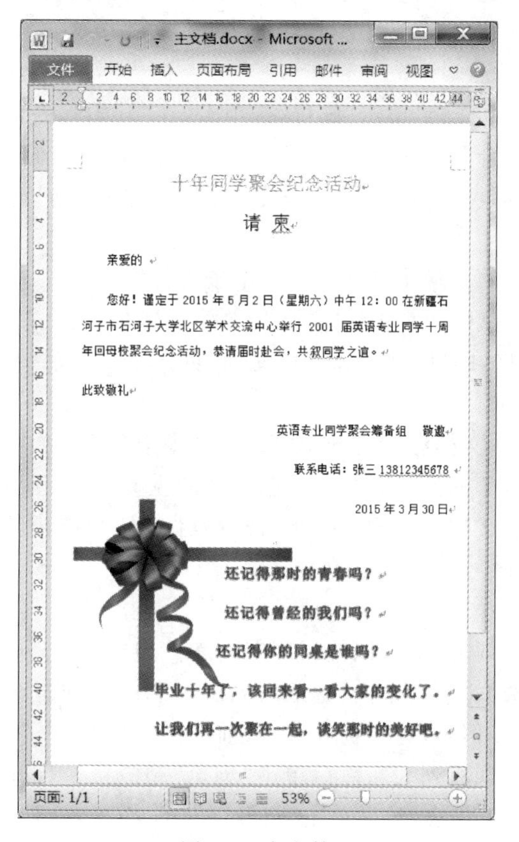

图 7-1　主文档

准备好的数据源如图 7-2 所示。图 7-2 只准备了 7 个同学的信息，实际上可以准备一个班级的同学的信息。

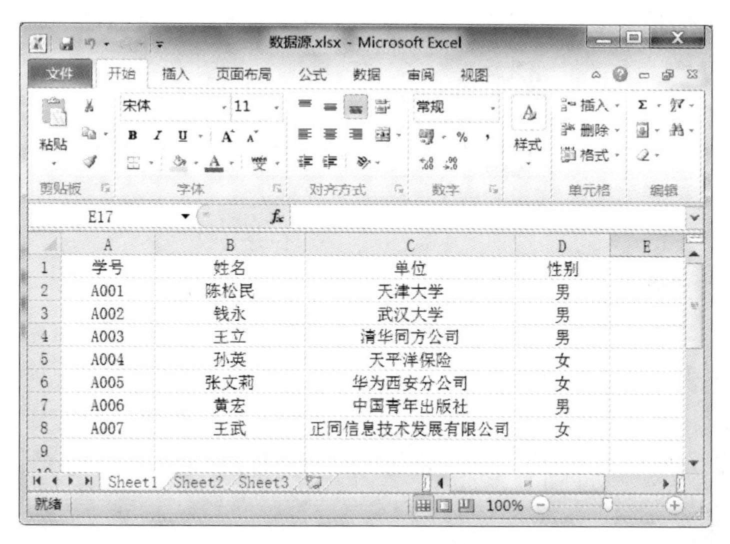

	A	B	C	D	E
1	学号	姓名	单位	性别	
2	A001	陈松民	天津大学	男	
3	A002	钱永	武汉大学	男	
4	A003	王立	清华同方公司	男	
5	A004	孙英	天平洋保险	女	
6	A005	张文莉	华为西安分公司	女	
7	A006	黄宏	中国青年出版社	男	
8	A007	王武	正同信息技术发展有限公司	女	
9					

图 7-2　数据源文件

3.把数据源合并到主文档中

主文档和数据源文件建立好之后,就可以将数据源中的相应字段合并到主文档的固定内容之中。表格中的记录行数决定着主文件生成的份数。整个合并操作过程将利用“邮件合并分步向导”进行。

打开如图7-1所示的主文档,单击“邮件”选项卡,在“开始邮件合并”选项组中,单击“开始邮件合并”选择“开始邮件合并分步向导”命令。此时在窗口的右侧会出现“邮件合并”任务窗格,依照顺序,经过6步,即可完成邮件合并,具体操作方法如下:

(1)选择文档类型。

在“选择文档类型”选项区域中的“信函”、“电子邮件”、“信封”、“标签”、“目录”中选择一个希望创建的输出文档的类型,本例选中“信函”,文档会以信函形式发送给一组人,单击“下一步:正在启动文档”超链接,即进入“选择开始文档”页。

(2)选择开始文档。

选择开始文档,如果主文档已经打开,则选择“使用当前文档”;如果需要更换主文档,则选择“从现有文档开始”。由于前面已经打开了制作好的主文档,本例选择“使用当前文档”,以当前文档作为邮件合并的主文档,单击“下一步:选取收件人”超链接,进入“邮件合并分步向导”的第3步。

(3)选择收件人。

可以输入新的收件人列表,也可以使用现有列表。如果用户还没有创建数据源文件,则可以选择“键入新列表”单选框,然后单击“键入新列表”下方的“创建”链接,在弹出的“新建地址列表”对话框中进行创建。但是,为了提高效率,前面已经制作好了数据源文件,在“选择收件人”选项区域中选中“使用现有列表”,然后单击“浏览”超链接。打开“选取数据源”对话框,选择保存客户信息的Excel工作表,然后单击“打开”按钮,如图7-3所示。此时打开“选择表格”

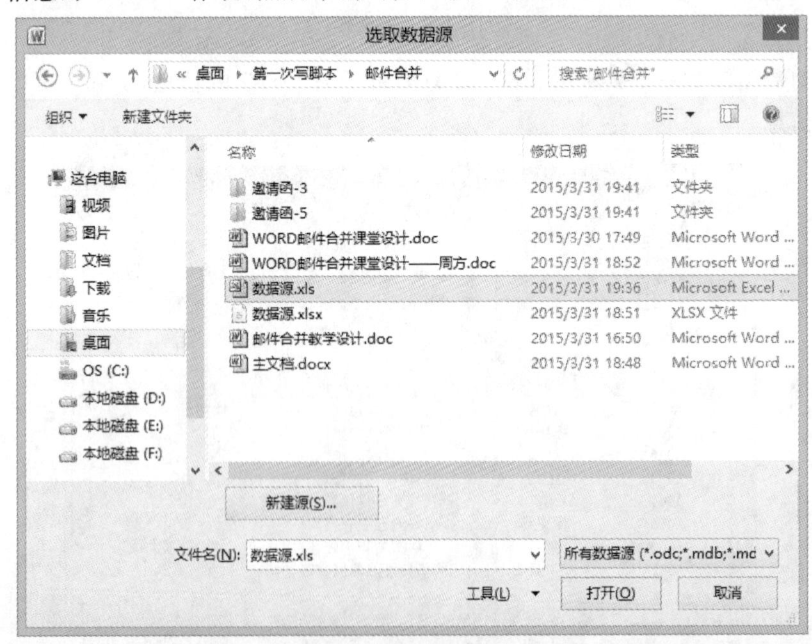

图7-3　选择数据源

对话框，选中保存信息的工作表，单击“确定”按钮，会弹出“邮件合并收件人”对话框，可以对需要合并的收件人信息进行修改，勾选“数据首行包含列标题”，单击“确定”按钮，弹出“邮件合并收件人”对话框，可以在这里选择哪些记录要合并到主文档，默认状态是全选。这里保持默认状态，如图 7-4 所示，单击“确定”按钮，完成和数据源工作表的链接工作。单击“下一步：撰写信函”超链接，进入“邮件合并分布向导”的第 4 步。

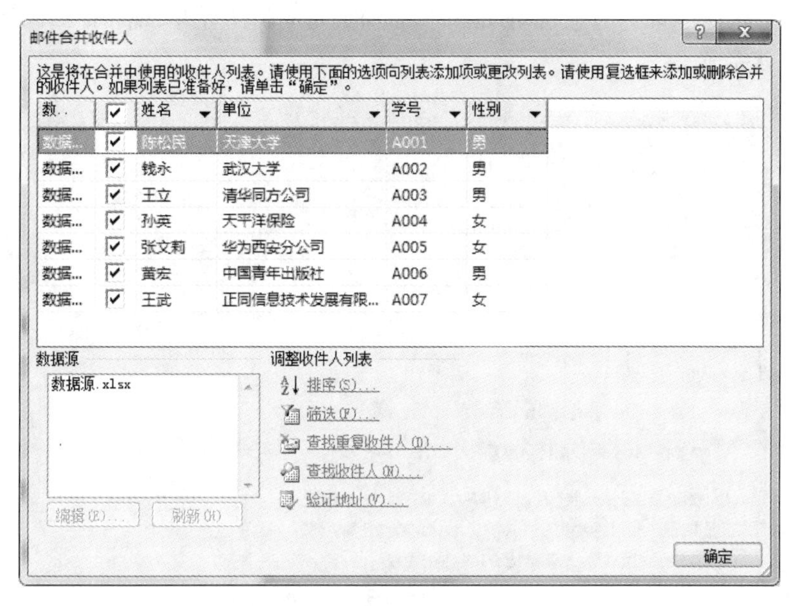

图 7-4　邮件合并收件人

(4)撰写信函。

撰写信函的主要功能是向主文档中插入合并域，即需要将受邀人信息添加到信函中。先将光标定位在需要插入收件人信息的位置，光标定位在“亲爱的”后面空白处，然后单击“其他项目”超链接。打开“插入合并域”对话框，有 “地址域”和“数据库域”，本例选择“数据库域”，在“域”列表中，依次单击“单位”→“插入”、“姓名”→“插入”、“性别”→“插入”，单击“关闭”按钮，此时发现文档中的“亲爱的”后面空白处位置就会出现已插入的域标记，并且加了书名号以示区分正文内容，如“亲爱的‘单位’‘姓名’‘性别’”，单击呈灰色底纹样式，我们在主文档中可以调节这 3 个域之间的距离，如“亲爱的‘单位’‘姓名’‘性别’”，使得看起来直观、方便。在任务窗格中，单击“下一步：预览信函”超链接，进入“邮件合并分步向导”的第 5 步。

(5)预览信函。

此时文档中将显示第一个收件人的信函，单击“＜＜”或“＞＞”按钮，可以预览批量生成的具有不同单位和姓名的邀请函，还可以对收件人列表进行重新编辑，或者删除指定的收件人，如图 7-5 所示。单击“下一步：完成合并”超链接，进入“邮件合并分布向导”的最后一步。

(6)完成合并。

在合并选项区域中，用户可以根据实际需要选择“打印”或“编辑单个信函”超链接，进行合并工作。如果用户的电脑上装了打印机和打印纸，单击“打印”按钮，弹出“合并到打印机”对话框，设定打印范围，可以全部打印，也可以只打印当前显示的收件人记录，还可以指定打印页码范围，单击“确定”按钮即可把请柬打印出来。然后，7 份专业的请柬就会出现在用户面前了。

单击“编辑单个信函”，弹出“合并到新文档”的对话框，如图 7-6 所示，同样可以全部合并，也可以只合并当前显示的收件人记录，还可以指定合并页码范围。本例中不打印，选择“编辑单个信函”，合并“全部”记录，单击“确定”按钮，这时候会生成一个自动命名为“信函 1”的 Word 文档，如图 7-7 所示，包含了通讯录上所有受邀人信息的请柬，因为我们数据源文件中有 7 个收件人，因此这里有 7 个收件人的请柬，每个收件人的单位、姓名和性别都不同，保存“信函 1”文档，重命名为“十年同学聚会纪念活动.docx”。至此，完成邮件合并，现在使用邮件合并制作大量信函的任务就完成了。

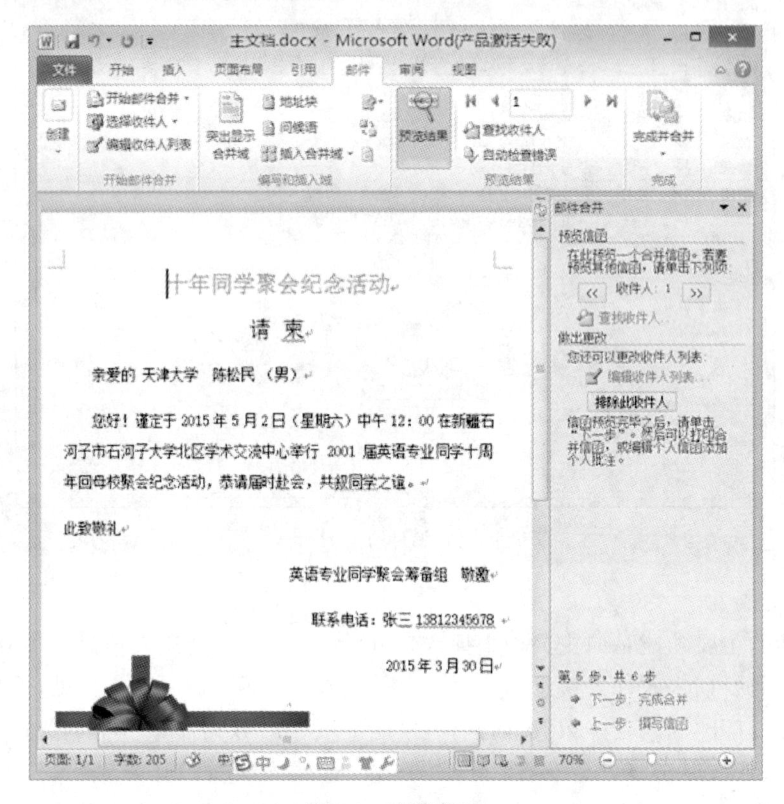

图 7-5　预览信函

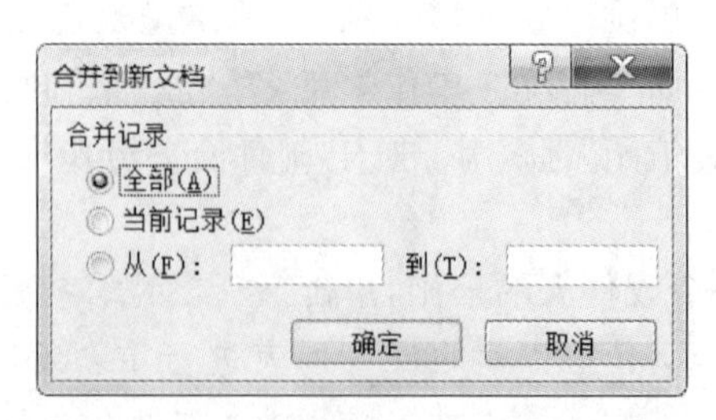

图 7-6　“合并到新文档”的对话框

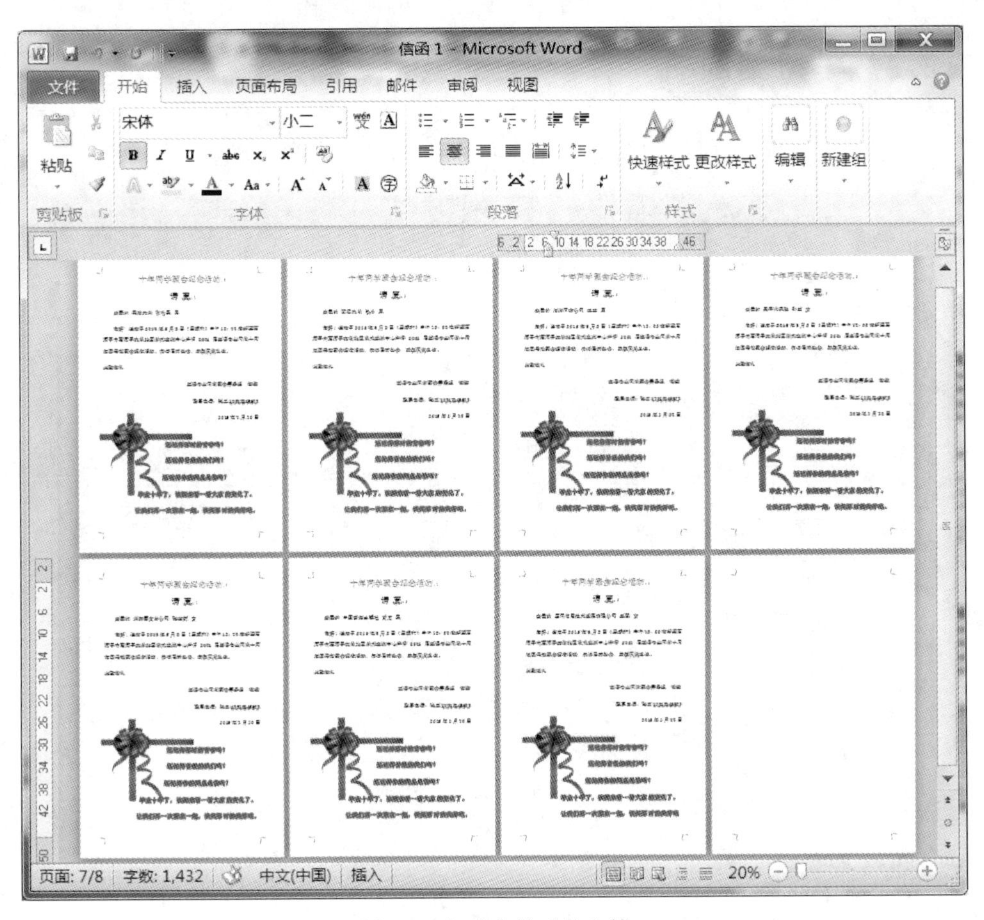

图 7-7　邮件合并后的文档

7.2　创建目录

目录是每本书正文前面最常见的部分，通常目录中包含书刊中的章名、节名及各章节的页码等信息，起到宣传图书、指导阅读的作用。对于一篇长文档来说，在 Word 2010 文档中创建目录可以列出文档中各级标题及每个标题所在的页码，方便阅读。Word 2010 提供了手动和自动两种方式创建目录。手动生成目录的缺点在于当文档中章节的实际页码发生变化时，无法自动更新目录，必须依靠手动的方式进行更新。自动生成的目录可以通过更新目录的方法实现自动更新。因此，这里只介绍自动创建目录的方法。

7.2.1　学习视频

登录“网络教学平台”，打开“第 7 讲”中“创建目录”目录下的视频，在规定的时间内进行学习。

7.2.2 学习案例

以下面这篇文档进行演示，如图 7-8 所示，不带目录的 4 页原文档。

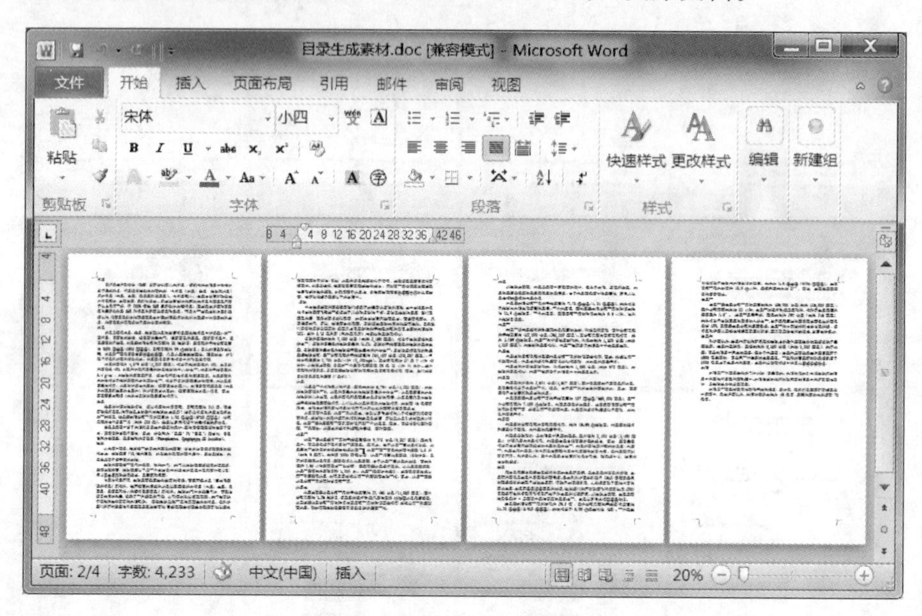

图 7-8 不带目录的 4 页原文档

1. 设置段落格式

设置首行缩进“2 字符”、行距“1.25 倍”、字体为“宋体”、字号为“小四号”等。

2. 设置各级大纲标题样式

(1)确定目录大纲级别，分别设置各级别大纲标题样式。

假设本文档有三级大纲，分别设置标题 1 样式、标题 2 样式及标题 3 样式，一级大纲“标题 1”；二级大纲对应于“标题 2”；三级大纲对应于“标题 3”。

(2)选中第 1 个一级大纲“行星”，单击“开始”选项卡下“样式”命令组中的下拉菜单，选择“标题 1”，此时会在“行星”前出现 1 个黑点，表明“行星”已被设为目录项(前方黑点不会被打印)。打开导航窗格，可以看见一级大纲“行星”。双击格式刷工具，将文中所有需要设为一级大纲的标题全部设置成“标题 1”样式，设置后的一级大纲如图 7-9 所示。

(3)用相同的操作方法设置二级大纲为“标题 2”样式、三级大纲格式为“标题 3”样式。其中，“标题 1”、“标题 2”、“标题 3”样式的属性如字体大小、居中、加粗、间距等可以自行修改的。修改方法：选中需要修改的标题样式，单击鼠标右键，选择“修改”命令，弹出“修改样式”对话框，可以根据自己的要求自行修改。所有大纲级别设置完成后如图 7-10 所示。

3. 自动生成目录

目录页码应该与正文页码编码不同。将光标定位在文章开始处，选择“插入”选项卡下“页”命令组中的“空白页”，即可在文章的最前面插入一页空白页，留作生成目录之用。

单击“引用”选项卡下“目录”命令组中的“目录”旁边的下拉菜单，此处选择“自动目录 1”，在空白页会自动生成目录,单击呈灰色状态,如图 7-11 所示。

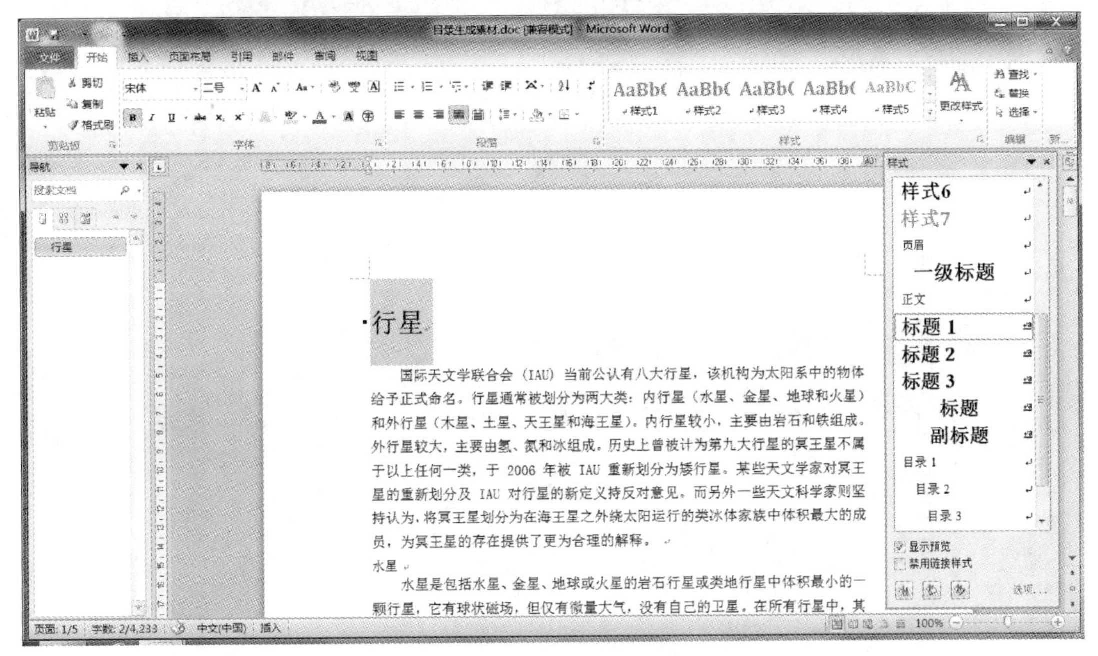

图 7-9　设置一级大纲

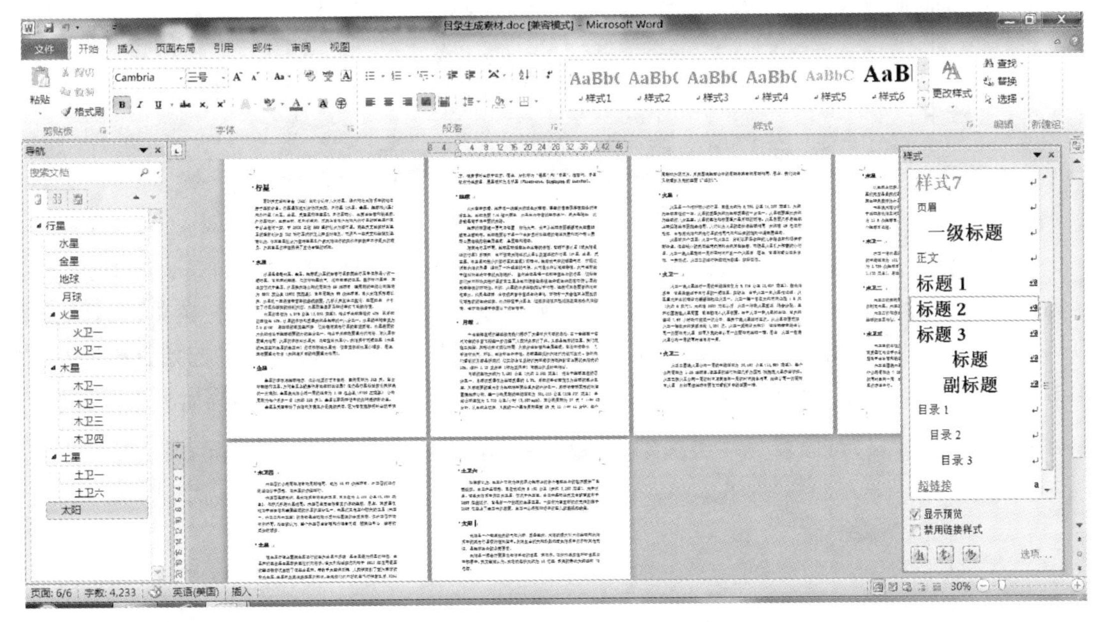

图 7-10　所有级别大纲设置效果图

4. 更新目录

如果由于正文添加或减少内容,需要更新目录列表。本例中,在图 7-11 生成的目录中,正文是从第 2 页开始的。现在设置正文从第 1 页开始,并更新目录。

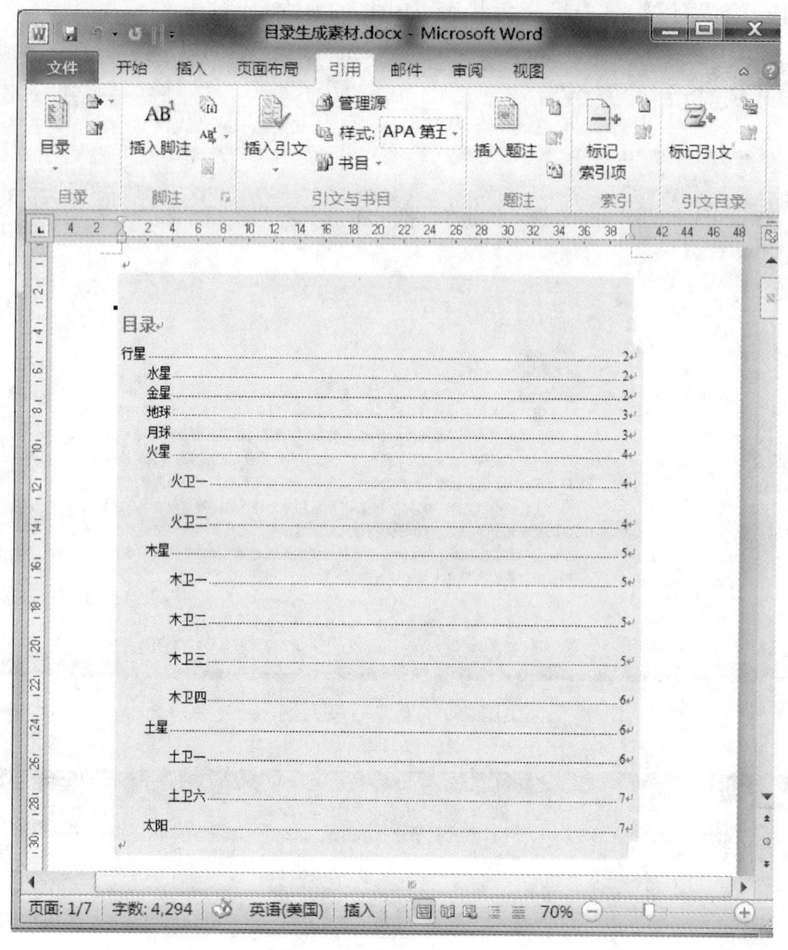

图 7-11 自动生成的目录

具体操作是:单击首页页脚,发现首页页码为"1",页码是从"1"开始的,目录为第 1 页,正文从第 2 页开始,单击"设计"选项卡下"页眉和页脚"命令组中"页码"旁边的下拉菜单,选择"设置页码格式",打开"页码格式"对话框,如图 7-12 所示。在"页码编号"区域设置"起始页码"为"0",单击"确定"按钮,此时首页页码设置为"0",正文第一页页码为"1",单击"关闭页眉页脚"按钮。

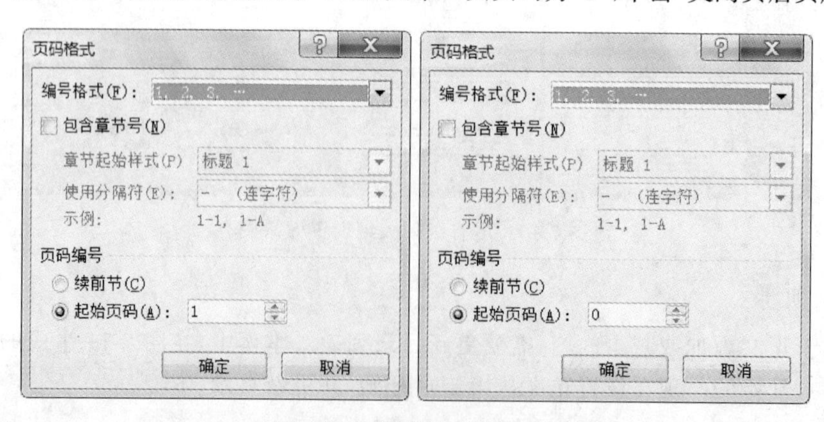

图 7-12 "页码格式"对话框

选中全部目录，然后选择“引用”选项卡下“目录”命令组中的“更新目录”命令，弹出“更新目录”对话框，如图 7-13 所示，根据实际情况选择 “只更新页码”或“更新整个目录”，此处选择“只更新页码”，单击“确定”按钮，即可完成目录的更新，更新后的目录如图 7-14 所示，发现正文从第 1 页开始。

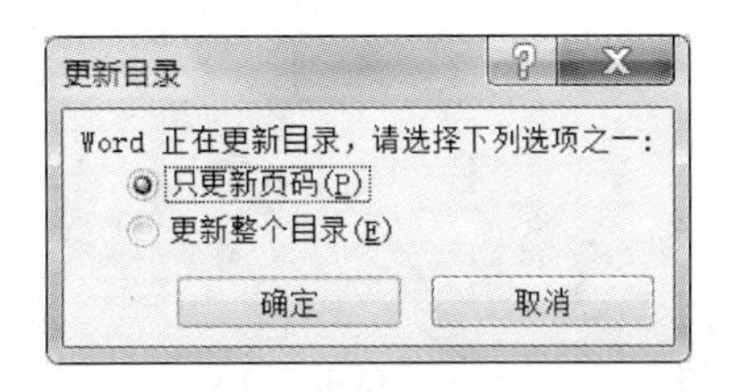

图 7-13　“更新目录”对话框

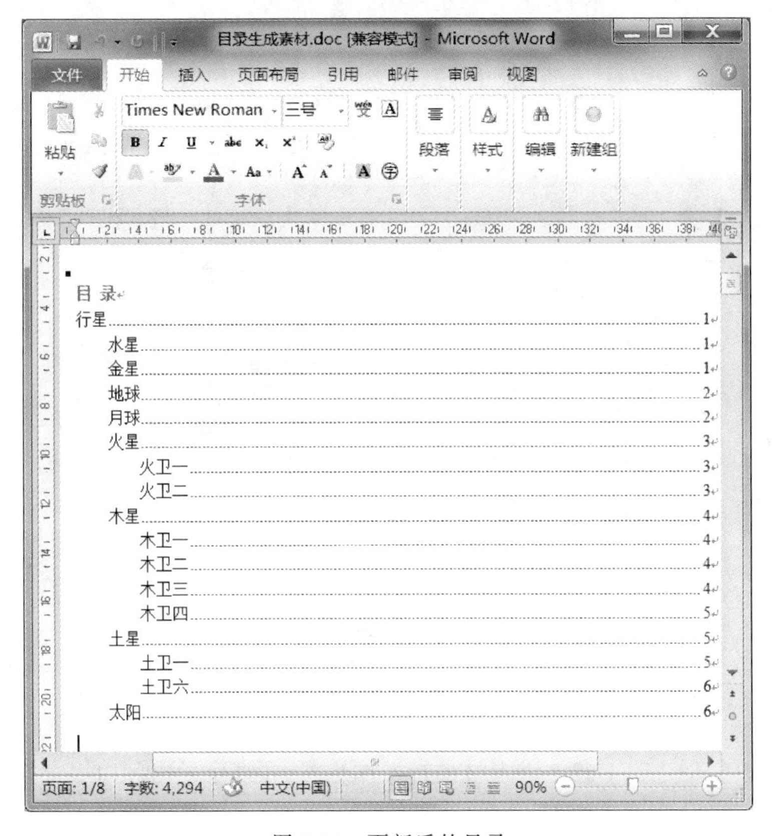

图 7-14　更新后的目录

如果对生成的目录页的格式不满意，可以对目录页进行适当的美化，设置目录的字体、行距、颜色等。至此，完成对整篇文档目录的生成，最终效果如图 7-15 所示。

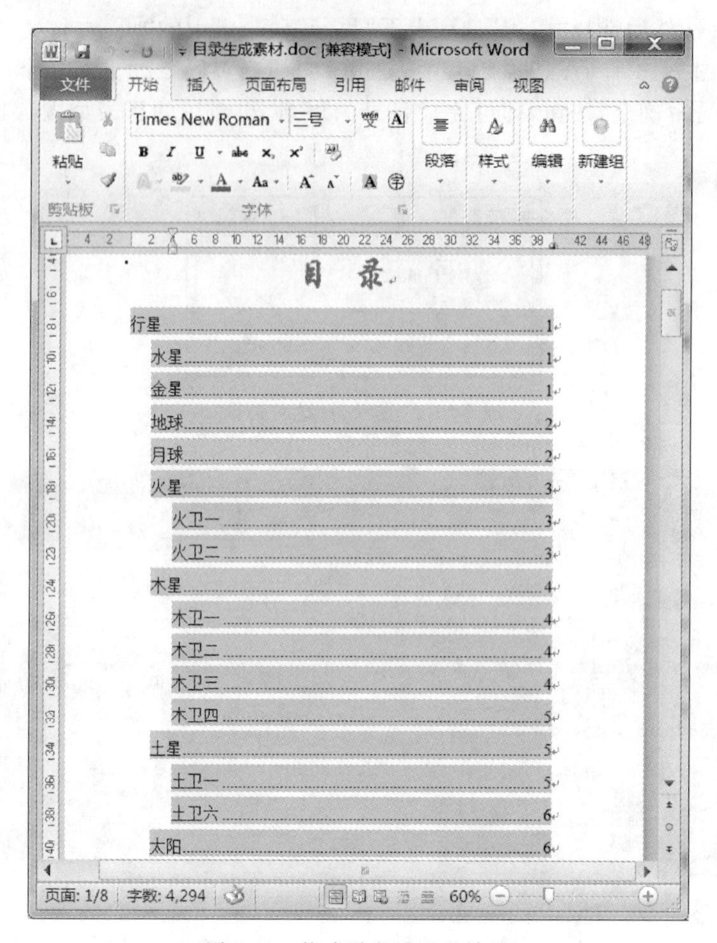

图 7-15 格式设置后目录效果

7.3 课后练习

登录“网络教学平台”,下载本讲素材进行操作练习,在规定的时间内提交作业。

第 1 题

书娟是海明公司的前台秘书,她的主要工作是管理各种档案,为总经理起草各种文件。公司定于 2015 年 2 月 5 日下午 2:00,在新疆海龙大厦办公楼五层的多功能厅举办一个联谊会,重要客人名录保存在名为“重要客户名录.docx”的 Word 2010 文档中,公司联系电话为 0993-66668888。

根据上述内容制作请柬。具体要求如下:

制作一份请柬,以“董事长:王海龙”名义发出邀请,请柬中需要包括标题、收件人名称、联谊会时间、联谊会地点和邀请人。

运用邮件合并功能制作内容相同、收件人不同(收件人为“重要客户名录.docx”中的每个人,采用导入方式)的多份请柬,要求先将合并主文档以“请柬 1.docx”为文件名进行保存,在进行效果预览后生成可以单独编辑的单个文档“请柬 2.docx”。

第 2 题

利用邮件合并功能打印一个班 30 个学生的期末成绩单和信封,学生成绩和地址信息已存储于“成绩.xls”工作表中,按照主文档格式,批量打印成绩单和信封。

第 3 题

春节将至,人力资源部接到一个指令,要求给所有已经接收录用通知的新聘教师发出新年的问候,新聘教师信息以存储于“教师信息.xls”,按照主文档格式,批量打印成绩单和信封。

第 4 题

王晓明同学今年大四,完成了毕业论文的撰写后,学院规定了毕业论文格式,按如下论文要求,对其毕业论文进行排版,并生成相应目录。

论文标题文字格式为“仿宋”、“加粗”、“小二”、“居中”、“段前分页”;作者姓名格式为“仿宋”、“小三”、“居中”。

(1)章节标题:

①一级章节标题为“微软雅黑”、“三号”、“常规”。

②二级章节标题为“微软雅黑”、“小三”、“常规”。

③三级章节标题为“微软雅黑”、“四号”、“常规”。

(2)正文(指“前言”与“参考文献”之间且不包含标题的文字部分):

文字格式为“仿宋”、“小四”、“单倍行距”、“标准字符间距”、首行缩进“2 字符”。

(3)参考文献:

①“参考文献”为“宋体”、“小四号”、“顶格”。

②参考文献内容的字体格式为“黑体”、“五号”、“顶格”。

(4)目录:

①根据文章内容生成目录,目录内容到三级标题。

②“目录”字体格式为“仿宋”、“加粗”、“二号”、“居中”。

③目录内容字体格式为“仿宋”、“四号”,字形为“常规”,行间距为“单倍行距”,段前、段后间距为“7 磅”。

④目录单独为一页,且为第 1 页。

(5)页码:

①在页脚处插入页码,页码格式为“Times New Roman”字体、“小四”、“右对齐”。

②在正文第 1 页处插入页码,页码从“1”开始,目录不添加页码。

(6)页面格式:

纸张大小为“A4”、“纵向”,左、右页边距为“1.3 厘米”。

第3篇　Excel 2010

第8讲　Excel 2010的基本操作

8.1　Excel 2010的基本功能

Excel 2010不仅具有强大的数据分组织、分析、计算和统计功能，还可以通过图表等多种形式，形象地显示处理结果，更能够方便地与Office 2010的其他组件相互通用数据，实现资源共享。Excel 2010的基本功能归纳起来有以下几个方面：

1.表格创建

Excel 2010的表格制作功能就是将数据输入到Excel 2010中形成表格，在Excel 2010中实现数据输入时，首先要创建一个工作簿，然后在所创建的工作簿中创建工作表，在工作表中输入数据。

2.数据计算

在Excel 2010的工作表中输入数据之后，还可以对所输入的数据计算，如求和、平均数、最大值以及最小值等。此外，Excel 2010还提供强大的公式与函数运算功能，可以对数据进行更复杂的计算工作。通过数据计算，可以降低出错率，并且节约大量时间，有时只要输入数据，Excel 2010就能自动完成相关计算操作。

3.创建表格

在Excel 2010中，可以根据输入的数据创造图表，更加直观地显示数据之间的关系，让用户可以比较数据之间的变动、成长关系以及趋势等。Excel 2010提供了多种图表类型，并且每一种图表类型还提供了几种不同的自动套用图表格式，用户可以根据需要来选择适当的图表表现数据。

4.数据分析

当用户对数据进行计算后，还可以对数据进行统计分析。例如，可以对数据进行排序、筛选、查询、统计汇总等数据处理，还可以对它进行数据透视表，单变量求解、模拟运算和方案管理统计分析等操作。

5.数据打印

当使用Excel 2010电子表格处理完数据之后，为了能够看到结果或保存为材料，经常需要进行打印操作。打印操作之前先要进行页面设置，为了能够更好地对结果打印，在打印之前最好进行打印预览。

8.1.1　学习视频

登录“网络教学平台”，打开第8讲“Excel 2010 基本操作”的相关视频，在规定的时间内进行学习。

8.1.2　学习案例

1.启动和退出 Excel 2010

启动 Excel 2010 后，在默认情况下，用户看到的是名为“工作簿1”的工作簿。一个工作簿包含一个或多个工作表，一个工作表包含多个单元格。

工作簿是 Excel 用来处理和存储数据的文件。一个工作簿就是一个 Excel 电子表格文件，Excel 2010 的文件拓展名为“.xlsx”，Excel 2003 及以前的版本拓展名为“.xls”。在 Excel 2010 中，一个工作簿就像一个大的活页夹，工作表就像一张张活页纸。

工作簿中的一张表格称为工作表。新建一个 Excel 工作簿时，默认包含3张工作表，分别以 Sheet1、Sheet2、Sheet3 命名。用户可以根据需要增加或删除工作表。每张工作表都有一个名称，显示在工作表标签上，工作表的标签一般位于工作表的下方单击工作表标签，可以在不同的工作表中切换，当前正在编辑的工作表称为活动工作表。

Excel 2010 中的工作表是由 1 048 576 行、16 384 列组成的大表格，工作表内可以包括文本、数字、公式和图表等信息。同时，工作表上还具有行号区和列号区，用来对单元格和进行定位。

单元格是工作表中最小的组成单位，工作表中每一行和每一列交叉的长方形区域称为单元格。在单元格中可以存放各种数据，单元格的长度、宽度以及单元格中的数据的大小和类型都是可变的。每个单元格用它所在的列表和行号组成的地址来命名，如 D4 单元格，就是指位于第4列第4行交叉点上的单元格。单击单元格即可成为活动单元格，活动单元格周围有粗黑的边框线，同时在名字框中也显示其名字，活动单元格是当前可以操作的单元格。

2.单元格的基本操作

单元格是 Excel 2010 中最基本的单元，所有对工作表的操作都是针对单元格或单元格区域。下面介绍单元格的基本操作。

(1)选择一个单元格。

如果要选择某一个单元格，用鼠标指向它并单击；或用方向键移动到相应的单元格；也可在名称框中输入单元格名称，并按 Enter 键，这3种方法都可以使该单元格成为活动单元格。只有当单元格成为活动单元格时，才可以向它输入新的数据或编辑它包含的数据。

(2)选择多个连续单元格(单个区域)。

相邻单元格组成的矩形称为区域。在 Excel 2010 中，很多操作是在区域上实施的。区域名称是由该区域左上角的单元格地址、冒号与右下角单元格地址组成的。例如,A1:C4 表示一个从 A1 单元格开始到 C4 单元格结束的矩形区域,如图 8-1 所示。

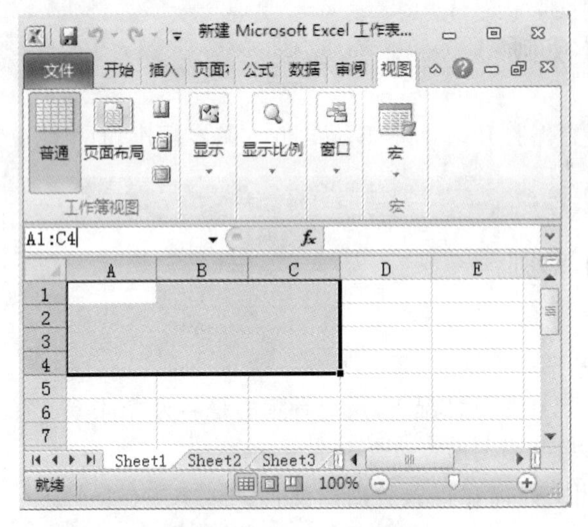

图 8-1 A1:C4 矩形区域

小区域的选择:用鼠标拖动选择。先单击区域左上角的单元格,然后拖动鼠标至右下角的单元格,则所选区域反向显示。例如,要选中 B2:D5 区域,先选中 B2 单元格,然后按住鼠标左键向下、向右拖动,直至 D5 单元格,最后松开鼠标按键,此选择区域中第一个单元格即活动单元格。

大区域的选择:先单击左上角的单元格,然后按住 Shift 键单击单元格区域右下角的单元格。

整个工作表的选择:单击工作表左上角,即 A 列的左边,第 1 行的上边的"全选"按钮即可,如图 8-2 所示。

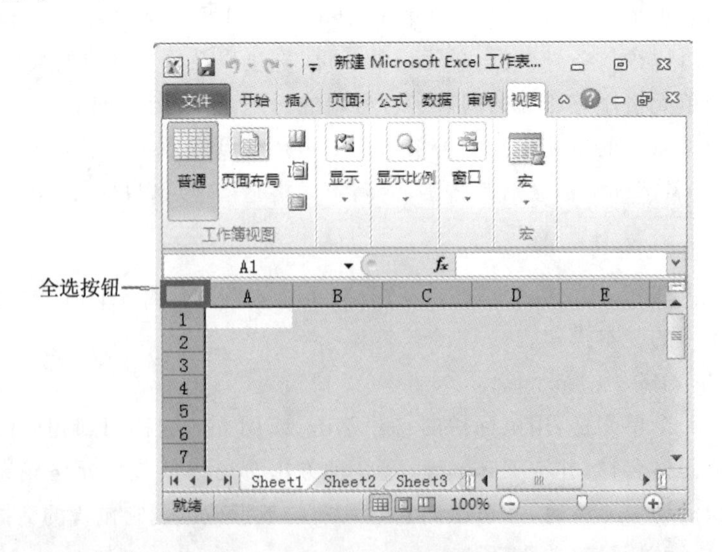

图 8-2 全选按钮

(3)选择多个不连续单元格(多个区域)。

如果要同时选择几个不相邻区域,则先选择第一个区域,按住 Ctrl 键,再选择其他区域。例如,先选择 A1:C3 区域,然后按住 Ctrl 选中 D6 单元格,再拖动鼠标至 G7 单元格,这样就同时选择了 A1:C3 和 D6:G7 两个区域。

3. 选中行和列

(1)选择整行:单击行号。

(2)选择整列:单击列号。

(3)选择相邻的行或列:沿行号或列标拖动鼠标;或者先选择区域中的第一行或第一列,然后按住 Shift 键再选择其他的行或列。

(4)选择不相邻的行或列:先选择第一行或第一列,然后按住 Ctrl 键再选择其他的行或列。

(5)清除单元格选择区域:单击其他任意一个单元格,就可以取消工作表内原来选择的单元格或区域。

8.2　输入和编辑工作表数据

8.2.1　学习视频

登录“网络教学平台”,打开第 8 讲“Excel 2010 基本操作”的相关视频,在规定的时间内进行学习。

8.2.2　学习案例

1. 插入工作表

除了新建工作簿时默认包含的工作表外,还可以在工作表中根据需要添加新的工作表。插入工作表有如下 3 种方法:

(1)单击工作表标签右边的“插入工作表”按钮,可以在工作表最右边插入一张空白工作表。

(2)右击工作表标签,在弹出的快捷菜单中选择“插入”命令,打开“插入”对话框,选择“常用”选项卡上的“工作表”命令,在当前工作表前插入一张空白工作表。

(3)在“开始”选项卡的“单元格”组中,单击“插入”按钮右边的黑色箭头,在打开的下拉菜单中选择“插入工作表”选项,也可以在当前工作表前插入一张空白工作表。

2. 删除工作表

如果已经不再需要某个工作表,可以将该工作表删除。删除工作表有如下两种方法:

(1)右击要删除的工作表标签,在弹出的快捷菜单中选择“删除”命令,即可删除选定的工作表。

(2)在“开始”选项卡上的“单元格”组中,单击“删除”按钮右边的黑色箭头,在打开的下拉列表中选择“删除工作表”命令,即可删除选定的工作表。

3. 重命名工作表

一个新建的工作簿中,默认的工作表名为 Sheet1、Sheet2、Sheet3 等,为了方便工作,可以将工作表命名为有意义的名字。重命名工作表有如下 3 种方法:

(1)在“开始”选项卡上的“单元格”组中,单击“格式”按钮右边的黑色箭头,在打开的下拉列表中,在“组织工作表”中选择“重命名工作表”命令,然后输入新的工作表名称,并按 Enter 键确认即可。

(2)双击需要重命名的工作表标签,输入工作表的新名称,并按 Enter 键确认即可。

(3)右击需要重命名的工作表标签,在弹出的快捷菜单中选择“重命名”命令,然后输入工作表的新名称,并按 Enter 键确认即可。

4. 移动或复制工作表

利用工作表的移动和复制功能,可以实现两个工作簿间或同一工作簿内工作表的移动和复制。

在同一工作簿内移动或复制工作表。可以通过鼠标快速在同一工作簿中移动或复制工作表,在需要移动的工作表标签上按住鼠标左键并拖动,将工作表拖到指定位置后松开鼠标左键即可;如果在拖动工作表标签的同时按下 Ctrl 键,到达目标位置时,先松开鼠标左键,再松开 Ctrl 键,即可复制工作表。

8.3 使用工作表和单元格

8.3.1 学习视频

登录“网络教学平台”,打开第 8 讲“Excel 2010 基本操作”的相关视频,在规定的时间内进行学习。

8.3.2 学习案例

1. 隐藏或显示工作表

隐藏工作表能够避免对重要数据和机密数据的操作,当需要显示时再将其恢复。隐藏工作表有如下两种方法:

(1)右击要隐藏的工作表标签,从弹出的快捷菜单中选择“隐藏”命令即可将选定的工作表隐藏起来。

(2)在“开始”选项卡上的“单元格”命令组中,单击打开“格式”下拉列表,从“隐藏或消隐藏下”选择“隐藏工作表”命令,即可将选定的工作表隐藏起来。

如果要取消隐藏的工作表,右击工作表标签,从弹出的快捷菜单中选择“取消隐藏”命令,打开“取消隐藏”对话框。在“取消隐藏工作表”列表框中选择要取消的隐藏工作表,单击“确定”按钮，隐藏的工作表将重新显现出来。

2. 设置工作表标签颜色

(1)右击要改变的工作表标签，从弹出的快捷菜单中选择“工作表标签颜色”命令，从随后显示的颜色列表中选择一种颜色，如图 8-3 所示。

图 8-3　设置工作表标签颜色

(2)在“开始”选项卡上的“单元格”命令组中，单击打开“格式”下拉列表，从组织工作表下选择“工作表标签颜色”命令，从随后显示的颜色列表中选择一种颜色。

3. 工作表窗口的拆分和冻结

(1)拆分窗口。

如果一个工作表中数据较多，但是屏幕较小，则文档窗口只能看到工作表的部分数据，可以滚动屏幕来查看工作表的其余部分数据。此时工作表的行标题或列标题很可能会滚动到窗口区域以外无法看见。如果需要在滚动工作表数据的同时，仍能够看到行标题或列标题，则可以将工作表区域进行拆分。

如果要将窗口拆分成 4 个部分，只要先在需要拆分的位置上选择该单元格，然后在“视图”选项卡上的“窗口”命令组中，单击“拆分”命令，则会以当前单元格为坐标，将当前窗口拆分为 4 个，每个窗口均可以进行编辑，拆分后的窗口如图 8-4 所示。如果要撤销已拆分的窗口，在“视图”选项卡上的“窗口”命令组中，再次单击“拆分”命令即可。

(2)冻结窗口。

如果一个工作表数据很多，拖动滚动条查看数据时，在屏幕上一次显示不完，此时可以通过冻结窗口来锁定行标题或列标题，以便数据在屏幕上滚动时，始终能看到行标题或列标题。

单击工作表中数据区域的任意单元格，然后在“视图”选项卡上的“窗口”命令组中，单击“冻结窗口”命令，从打开的下拉列表框中选择“冻结拆分窗口”命令，当前单元格上方的行和左侧的列始终保持不动，不会随着拖动滚动条而消失，如图 8-5 所示；在下拉列表中选择“冻结首行”或“冻结首列”命令，可将工作表的首行或首列固定，不会随滚动条的拖动而消失。如果要撤销已冻结的窗口，在“视图”选项卡上的“窗口”命令组中，单击“冻结窗口”命令，从打开的下拉列表中选择“取消窗口冻结”命令即可。

	A	B	C	G	H	I	J	K	L	M
1										
2	价格			自用	本月销售	销售赠送	本月库存数	11月下单数	11月促销	试用数
3	¥105		柔性洗面霜	1	1		0	1		
4	¥135		高水份面膜	1	1		0		1	
5	¥110		保湿爽肤水	1	1		0		1	
6	¥135		滋养润肤乳液	1	1		0			
7	¥105		中性洗面乳	1			1			
40	¥190		胸部护理霜					1		1
41	¥98		眉笔		1		0			
42	¥98		自动眼线笔							
43	¥158		丰姿睫毛膏	1			0			
44	¥158		丰姿睫毛膏（蓝）							
45	¥118		口红				0		1	
46	¥118		唇彩							

图 8-4 拆分窗口

	A	B	C	D	K	L	M	N	O	P
1										
2	价格			10月下单数	11月下单数	11月促销	试用数量	本月销售	销售赠送	
3	¥105		柔性洗面霜	2	1			1		(换购1个
4	¥135		高水份面膜	2		1		1		
5	¥110		保湿爽肤水	2		1		1		
6	¥135		滋养润肤乳液	2						
7	¥105		中性洗面乳	2						
8	¥135		滋养面膜霜	2				1		
9	¥110		洁净爽肤水	2				1		
10	¥135		水份平衡乳液	2				1		
11	¥130		粉底霜	0						
12	¥130		粉底乳	2				1		
13	¥130		两用粉饼							
14	¥180		1号轻便							

图 8-5 冻结窗口

第9讲　工作表的编辑与格式化

在建立了工作表之后，向工作表中输入数据，并进行保存、分析或打印。通过对工作表的编辑与格式化，改变单元格的外观，使得表中的数据内容美观、格式统一，便于使用者查阅与分析。工作表的编辑与格式化只改变工作表或单元格的外观，并不改变单元格中的数据或公式。工作表的编辑与格式化通常包括单元格中数据的格式化、单元格外观的设置、行高列宽的设置以及设置表格自动套用样式等。

本讲介绍设置单元格中数据与日期时间格式的方法、设置单元格中字体的格式及对齐方式、设置单元格边框与填充颜色等单元格基本设置方法。同时，简单介绍如何设置表格的行高列宽以及表格的自动套用样式。

9.1　数据的格式化

人们通常在Excel工作表中存入大量的数据，例如，文本、数值、货币、日期、分数、百分比等。在输入数据时，根据数据类型的不同，有不同的输入方法。数据的格式化即对单元格数据进行外观设置，使得类型相同的数据具有相同的外观格式，从而使表格内容清晰、易读。

数据的格式化仅改变数据的外观，并不会更改数据本身，因此，更改数据格式不会影响Excel用于执行计算的实际单元格值，单元格的实际值显示在编辑栏中。

本节介绍设置数字格式以及日期和时间格式的方法。

9.1.1　学习视频

登录“网络教学平台”，打开“第9讲”中“数据的格式化”目录下的相关视频，在规定的时间内进行学习。

9.1.2　学习案例

单元格的格式设置，包括设置数字格式、设置对齐方式、设置字体的样式和大小、设置边框、设置图案以及设置对单元格的保护。可以使用“开始”选项卡的“单元格”命令组的“格式”菜单上相应的选项，或者在选定单元格区域后，单击鼠标右键，选择“设置单元格格式”选项进行设置。

现有一张“伊犁州2015年上半年旅游收入统计表”，需要重新设置其数据格式，使得收入数字以货币格式显示，日期显示为“＊＊年＊＊月”的格式。

1. 设置数字格式

Excel 2010 中设置数字格式的方式有两种，分别是使用“开始”选项卡设置以及使用快捷菜单设置。

(1)使用“开始”选项卡快速设置数字格式。

先选定需要进行格式设置的数字区域，选择功能区中的“开始”选项卡，单击“数字”命令组中的“常规”右侧的下拉按钮，从列表中选择“货币”选项，如图 9-1 所示。此时，所选定的数字区域中添加了货币符号“￥”，并且保留两位小数，设置结果，如图 9-2 所示。

图 9-1　快速设置数字格式

	A	B	C	D	E	F
1	2015年1-6月 伊犁州旅游收入统计表 （单位：万元）					
2		42005	42036	42064	42095	总收入
3	察县	¥11.00	¥14.60	¥17.90	¥18.80	¥62.30
4	霍城县	¥12.00	¥12.90	¥14.80	¥10.20	¥49.90
5	昭苏县	¥8.00	¥7.90	¥9.60	¥9.80	¥35.30
6	巩留县	¥5.30	¥7.80	¥6.90	¥9.80	¥29.80
7	新源县	¥3.40	¥5.70	¥8.90	¥7.90	¥25.90
8	特克斯县	¥2.00	¥3.20	¥6.70	¥8.80	¥20.70
9	巩留县	¥6.50	¥8.30	¥4.50	¥7.20	¥26.50
10	伊宁县	¥4.20	¥5.60	¥5.60	¥6.40	¥21.80
11	伊宁市	¥8.10	¥3.20	¥8.70	¥3.80	¥23.80

图 9-2　快速设置货币格式

(2)使用快捷菜单设置数字格式。

选定要设置格式的单元格或区域，在选定区域上右击鼠标右键，在弹出的快捷菜单中选择“设置单元格格式”命令或者选择“开始”选项卡中“数字”命令组右下角的对话框启动器，将弹出“设置单元格格式”对话框，选择“数字”选项卡，在“分类”列表中选择“货币”选项，在右侧的“小数位数”微调框中设置小数的位数，使用“货币符号”下拉列表修改设置不同国家或地区的货币符号，如图 9-3 所示。设置完成后，单击“确定”按钮即可。

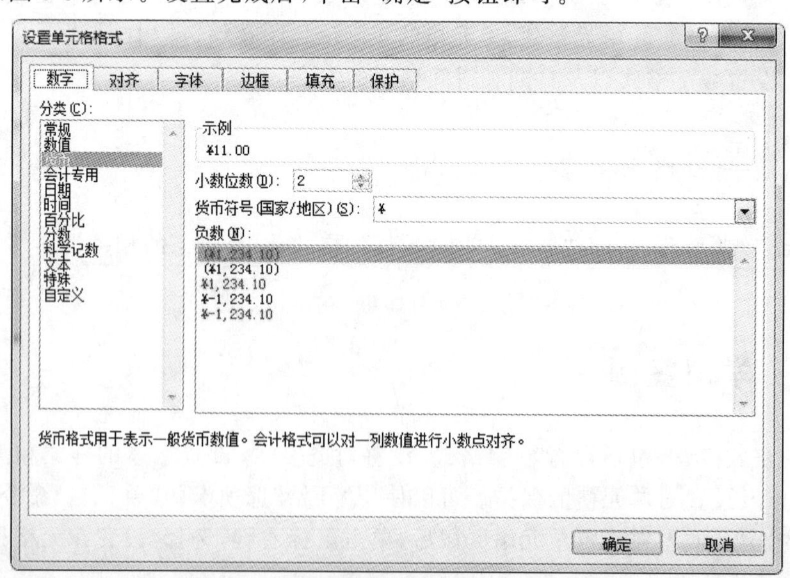

图 9-3　使用快捷菜单设置数字格式

2. 设置日期和时间格式

如图 9-4 所示，原始的日期数据格式不能清晰表达，通过修改设置日期时间的显示格式，可以将其修改为标准的日期显示格式或者是指定的、特殊的显示格式，如"＊＊年＊＊月"。

	A	B	C	D	E	F
1	2015年1-6月 伊犁州旅游收入统计表 （单位：万元）					
2		42005	42036	42064	42095	总收入
3	察县	¥11.00	¥14.60	¥17.90	¥18.80	¥62.30
4	霍城县	¥12.00	¥12.90	¥14.80	¥10.20	¥49.90
5	昭苏县	¥8.00	¥7.90	¥9.60	¥9.80	¥35.30
6	巩留县	¥5.30	¥7.80	¥6.90	¥9.80	¥29.80
7	新源县	¥3.40	¥5.70	¥8.90	¥7.90	¥25.90
8	特克斯县	¥2.00	¥3.20	¥6.70	¥8.80	¥20.70
9	巩留县	¥6.50	¥8.30	¥4.50	¥7.20	¥26.50
10	伊宁县	¥4.20	¥5.60	¥5.60	¥6.40	¥21.80
11	伊宁市	¥8.10	¥3.20	¥8.70	¥3.80	¥23.80

图 9-4　原始的日期数据

设置日期和时间格式的具体步骤为：第一，选定需要设置格式的单元格区域，右击选定区域，在弹出的快捷菜单中选择"设置单元格格式"命令，打开"设置单元格格式"对话框；第二，选择"数字"选项卡，在"分类"列表框中选择"日期"选项，在右侧的"类型"列表框中选择"2001 年 3 月"选项，单击"确定"按钮，如图 9-5 所示。

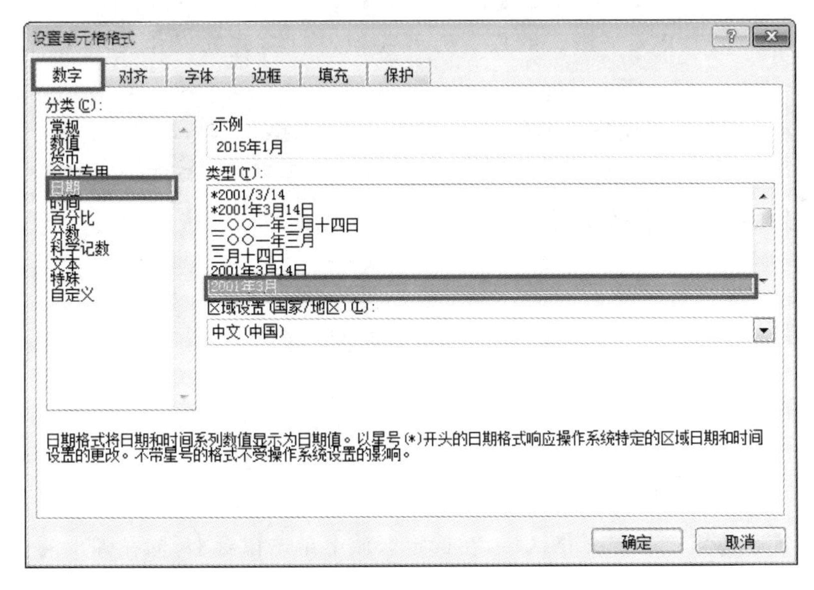

图 9-5　设置日期和时间格式

9.2　设置单元格外观

设置单元格的外观，包括设置单元格中数据的字体格式、对齐方式以及单元格的边框和填充颜色。通过设置单元格外观，并在需要的时候，设置突出显示符合条件的单元格，使得表格的阅读者能够简单、明了地查询数据。

9.2.1 学习视频

登录“网络教学平台”，打开“第9讲”中“设置单元格外观”目录下的相关视频，在规定的时间内进行学习。

9.2.2 学习案例

为9.1中的“伊犁州2015年上半年旅游收入统计表”设置字体格式，标题行字体为“楷体”，字号为“20”，其他所有文本字体为“仿宋”，字号为“18”；设置标题行文字对齐方式为“合并后居中”，其他所有文本“垂直对齐方式”为“居中”、“水平对齐方式”为“居中”；表格外部边框为“双线”、内部边框为“单线”；设置单元格填充方式，并为“总收入”列设置条件格式，使总收入介于25万元～50万元的单元格以“浅红填充色深红色文本”显示。

1. 设置字体格式

Excel 2010中字体格式的设置是为了符合表格的标准，对文本的字体、字号、颜色等进行的设置，与Word 2010中文字格式的设置方式类似，因此，此处仅作简单介绍，有如下两种方法：

(1)使用“开始”选项卡设置字体格式。

选定要设置字体格式的单元格，选择功能区中的“开始”选项卡，单击“字体”命令组，选择“字体”及“字号”右边的下拉按钮，打开下拉菜单进行选择，如图9-6所示。

图9-6 使用“开始”选项卡设置字体格式

(2)使用快捷菜单设置字体格式。

选定要设置字体格式的单元格区域，在选定区域上单击鼠标右键，在弹出的快捷菜单中选择“设置单元格格式”菜单项，在弹出的“设置单元格格式”对话框中选择“字体”选项卡，如图9-7所示。在该选项卡中，除可以设置“字体”、“字号”外，还可以设置文本的“字形”、“下划线”、“颜色”以及“特殊效果”等。

“字形”设置包括“常规”、“倾斜”、“加粗”、“倾斜加粗”4种。

“特殊效果”的设置包括为选中文字加“删除线”、将选中文字设置为“上标”或者“下标”。

2. 设置字体对齐方式

Excel 2010中输入数据时，通常的默认设置是文本型数据左对齐，数值型数据、日期和时间型数据右对齐。为了使表格看起来更美观，可以更改单元格中数据的对齐方式，并且这种更改不会改变数据的类型。

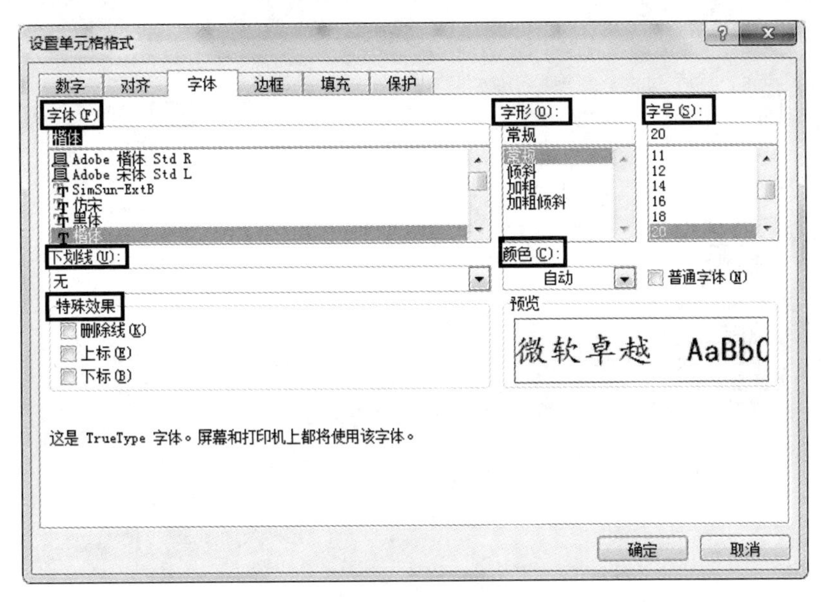

图 9-7　使用快捷菜单设置字体格式

在完成 Word 2010 的学习后，我们知道字体的对齐方式包括“左对齐”、“右对齐”、“居中对齐”、“两端对齐”、“分散对齐”这几种，但是这些对齐方式都是在水平方向上的，而在单元格中，除了水平方向的对齐方式外，还有垂直方向的对齐方式，包括“靠上”、“居中”、“靠下”、“两端对齐”、“分散对齐”等。

设置字体对齐方式的方法也有两种：

(1)使用“开始”选项卡快速设置字体的对齐方式。

“开始”选项卡的“对齐方式”组提供了设置水平对齐方式与垂直对齐方式的按钮，如图 9-8 所示；并且可以通过单击“方向”按钮右侧的下拉按钮，打开下拉菜单，选择所需文字方向，如图 9-9 所示。

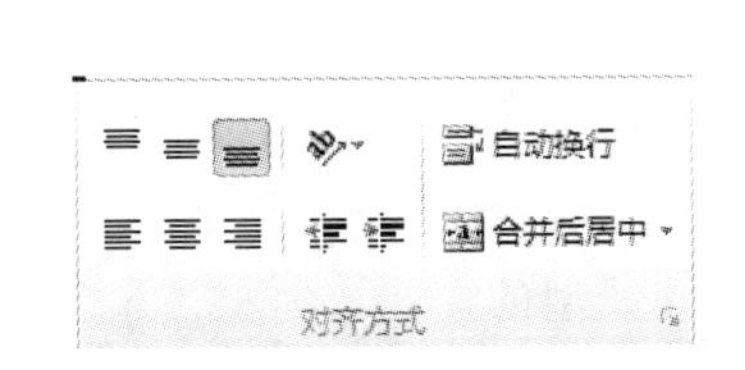

图 9-8　设置垂直及水平对齐方式

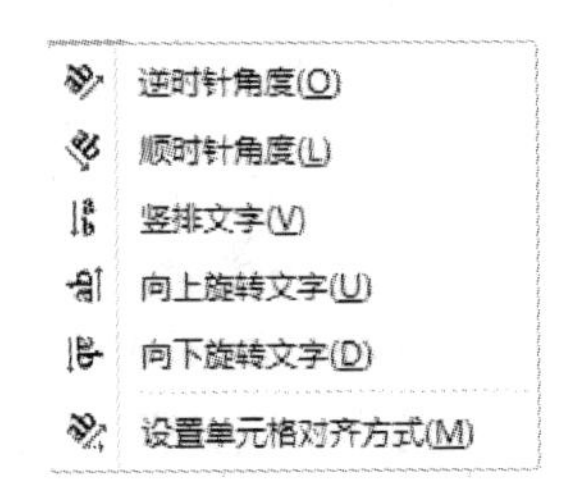

图 9-9　设置文字旋转方向

选定需要合并的单元格区域后，选择“合并后居中”，如图 9-8 所示，可以将选择的多个单元格合并为一个大的单元格，并且将新单元格中的内容居中，通常用于创建跨列标签。

(2)详细设置字体的对齐方式。

在选定的单元格区域上单击鼠标右键，在弹出的快捷菜单中选择“设置单元格格式”对话框的“对齐”选项卡，或者单击“开始”选项卡中“对齐方式”命令组右下角的对话框启动器，打开

“设置单元格格式”对话框的“对齐”选项卡，如图 9-10 所示。

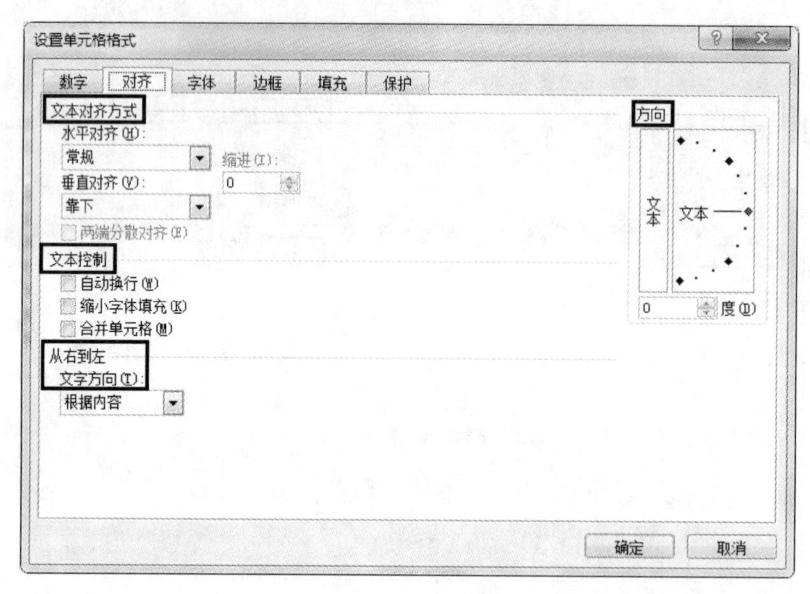

图 9-10　详细设置单元格对齐方式

设置“文本对齐方式”中的“水平对齐”方式与“垂直对齐”方式，可以组合出多种文字在单元格中的对齐方式；使用“缩进”的微调按钮，可以设置单元格中的文字与其所在单元格左侧框线的距离。

选择“文本控制”中的复选按钮，可以设置单元格中的文字在超过单元格宽度时是否“自动换行”，或者设置单元格中的文字在超过单元格宽度时是否“缩小字体填充”。需要注意的是，由于“自动换行”与“缩小字体填充”是两个互斥的选项，因此，在选中其一时，另一个自动变为不可用；可在“文字方向”下拉列表中设置文字顺序是“从左到右”还是“从右到左”。

“方向”中的微调按钮可以精确设置文字旋转的角度，也可通过使用鼠标拖动红色小点来实现文字任意角度的旋转。

3. 设置表格及单元格边框

在默认情况下，工作表中的表格线是显示为灰色的，仅作为表示表格行列划分的分割线显示，这些灰色的表格线在打印时不会被打印出来。要打印出有边框线的表格，需要为表格添加不同线型的边框。

设置表格及单元格边框的方法有两种：

(1)快速设置单元格边框。

选定需要设置边框的单元格区域，选择“开始”选项卡的“字体”命令组中的“绘制边框线”按钮，单击右侧的下拉按钮，打开“绘制边框线”下拉菜单，如图 9-11 所示。

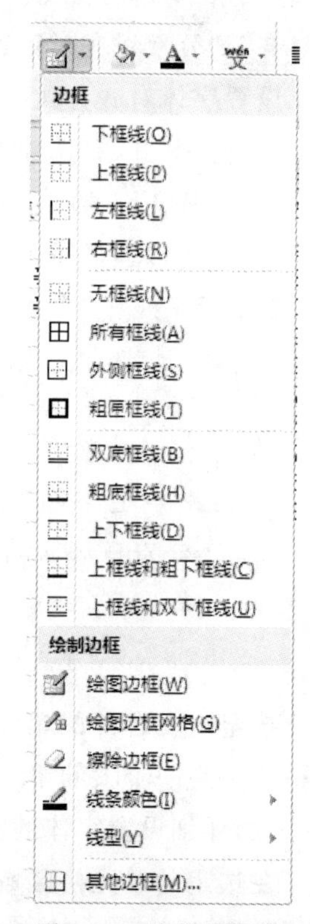

图 9-11　绘制边框线

在下拉列表中选择所需的边框线即可。

根据用户对表格个性化的要求，选择“绘制边框”选项，此时光标将变成钢笔状，在单元格边框线上单击鼠标，即可用其为任意单元格绘制出所需边框。需要注意的是，应先对“线条颜色”及“线型”选项进行设置，才能在“绘制边框”中被应用。

选择“擦除边框”选项，光标将变成橡皮状，此时用光标单击需擦除的边框即可。

选择“绘制边框网格”项，则使用光标在单元格区域拖动，即可获得网格状的边框。

使用完成后，需再次单击按钮，使光标恢复为指针状态。

(2)详细设置单元格边框。

在选定的单元格区域上单击鼠标右键，在弹出的快捷菜单中选择“设置单元格格式”对话框的“边框”选项卡，如图 9-12 所示。

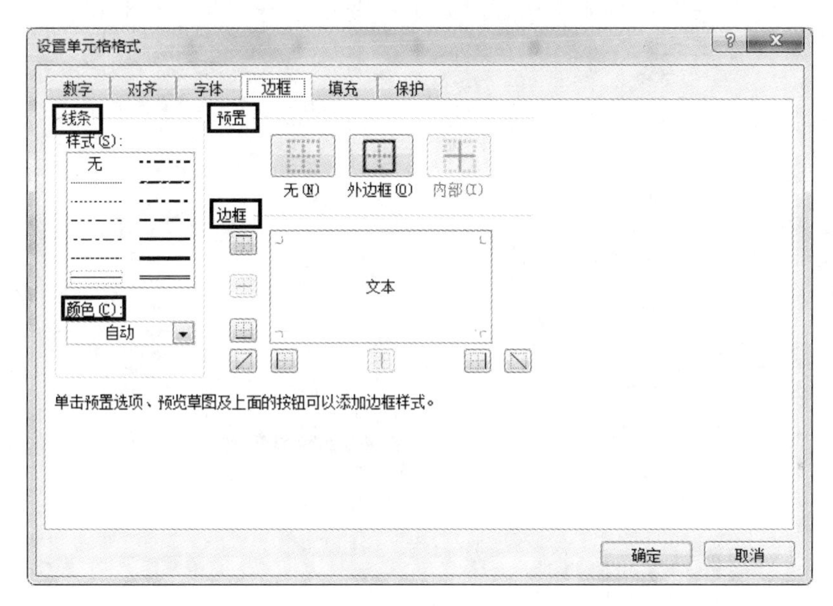

图 9-12　设置单元格边框

Excel 2010 中单元格边框的设置与 Word 2010 中表格边框的设置基本相同，可参照第 5 讲中的相应内容，此处不再赘述。需要注意的是，应先设置“线条”的“样式”及“颜色”，然后再添加边框样式。

4. 设置单元格填充颜色

黑底白字是最经典的商务配色，但是也会使人感到单调、枯燥，而为单元格填充合适的颜色，并配合字体颜色的设置，则可以设计出最佳视觉呈现效果的电子表格。

(1)选择“开始”选项卡的“字体”命令组，打开“填充颜色”下拉列表，如图 9-13 所示，可为任意单元格区域填充颜色。

(2)在选定的单元格区域上单击鼠标右键，在弹出的快捷菜单中选择“设置单元格格式”对话框的“填充”选项卡，如图 9-14 所示。

在“背景色”中选择一种颜色，作为单元格背景色(也可不选择背景色，则默认无颜色)，在“图案颜色”中选择所需颜色，在“图案样式”中选择一种样式(将鼠标悬停在其中一种样式上，即显示样式名称)，在“示例”中即可预览填充后的效果。

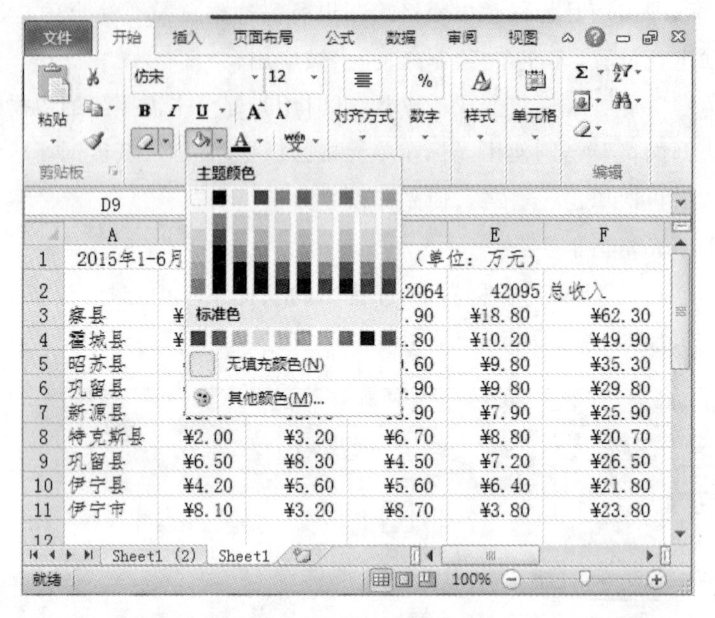

图 9-13 设置单元格填充颜色

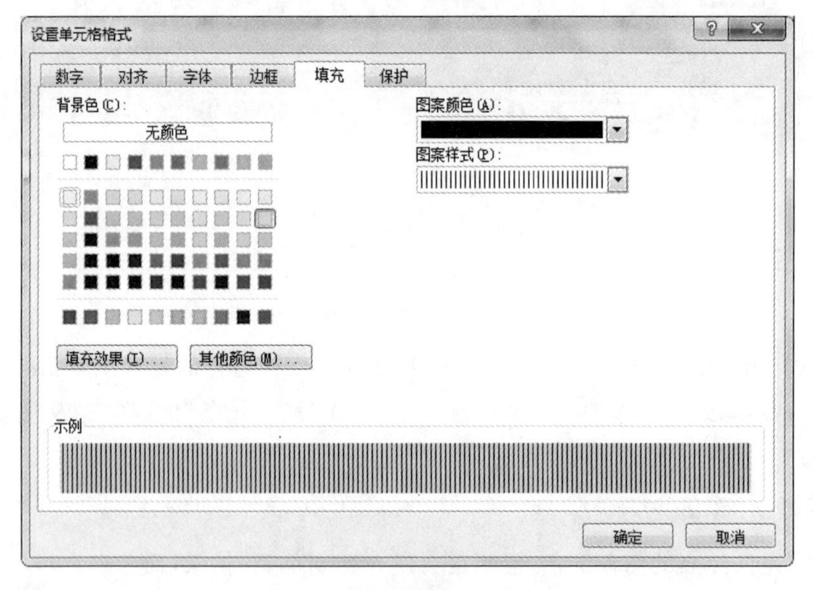

图 9-14 单元格填充及图案颜色

选择“填充效果”，则弹出“填充效果”对话框，选择渐变的“颜色”以及“底纹样式”，并在“变形”中选择所需要的变形，则可获得更加多样的填充效果，如图 9-15 所示。

注意：“填充效果”与“图案颜色”不能同时使用，只能两者择其一。

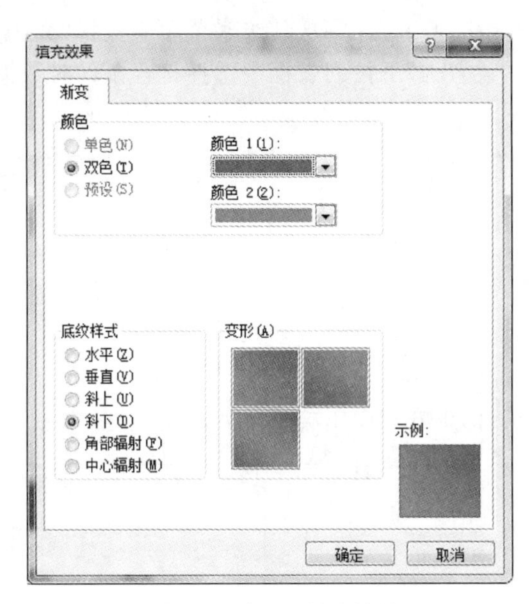

图 9-15　单元格填充效果

5. 突出显示符合条件的单元格

使用“条件格式”，可以强调工作表中的特定值。通过使用不同的颜色或格式突出显示符合条件的单元格，可以在不隐藏其他单元格的情况下，起到筛选数据的作用。

设置“条件格式”的方法如下：

(1)选定设置条件格式的单元格区域，如 F3:F11，选择功能区的“开始”选项卡，在“样式”命令组中单击“条件格式”按钮，在弹出的下拉菜单中选择设置条件的方式，如图 9-16 所示。

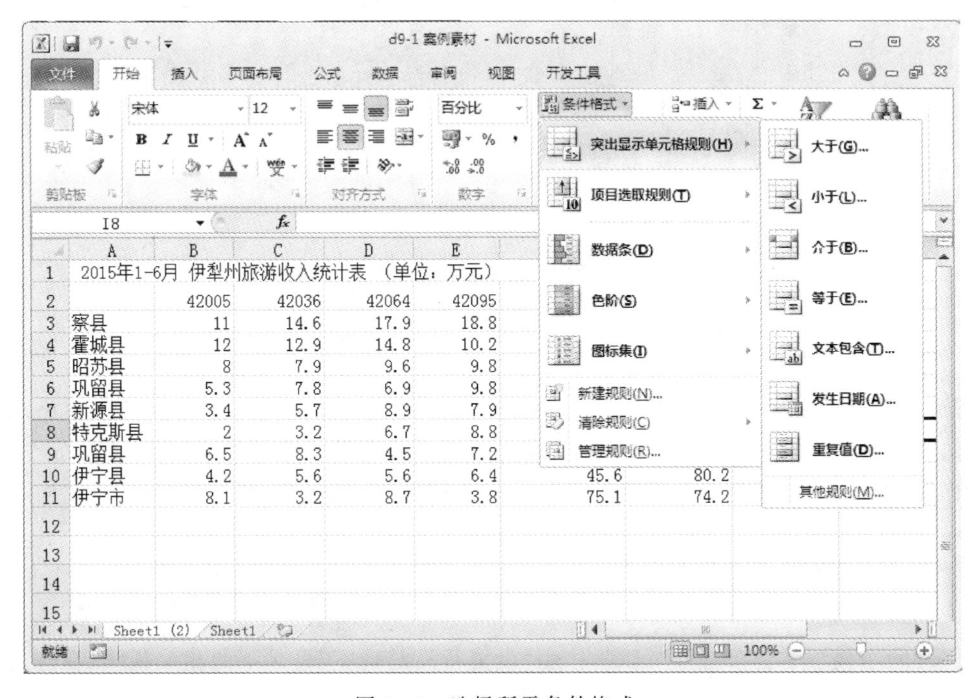

图 9-16　选择所需条件格式

(2)选择“突出显示单元格规则”命令，从其级联菜单中选择“介于”命令，打开“介于”对话框，输入条件的界限值，在“设置为”下拉列表框中选择符合条件时数据显示的外观，如图 9-17 所示。

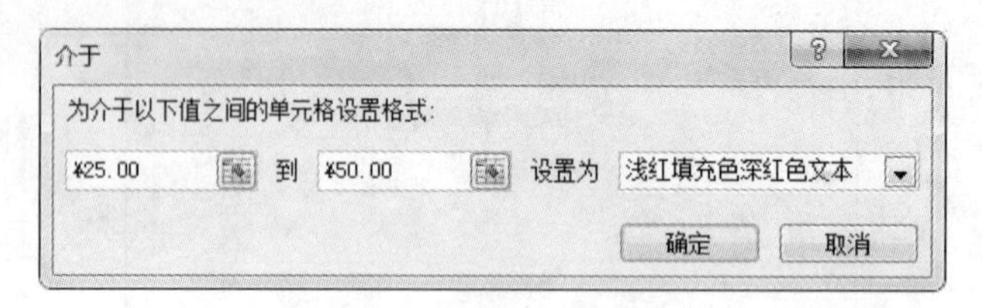

图 9-17 设置单元格格式

(3)单击“确定”按钮后，即可看到应用后的效果，如图 9-18 所示。

	A	B	C	D	E	F
1	2015年1-6月 伊犁州旅游收入统计表（单位：万元）					
2		42005	42036	42064	42095	总收入
3	察县	¥11.00	¥14.60	¥17.90	¥18.80	¥62.30
4	霍城县	¥12.00	¥12.90	¥14.80	¥10.20	¥49.90
5	昭苏县	¥8.00	¥7.90	¥9.60	¥9.80	¥35.30
6	巩留县	¥5.30	¥7.80	¥6.90	¥9.80	¥29.80
7	新源县	¥3.40	¥5.70	¥8.90	¥7.90	¥25.90
8	特克斯县	¥2.00	¥3.20	¥6.70	¥8.80	¥20.70
9	巩留县	¥6.50	¥8.30	¥4.50	¥7.20	¥26.50
10	伊宁县	¥4.20	¥5.60	¥5.60	¥6.40	¥21.80
11	伊宁市	¥8.10	¥3.20	¥8.70	¥3.80	¥23.80

图 9-18 应用条件格式后的效果

9.3 设置行高与列宽

在通常情况下，单元格以一个默认的数值作为行高、列宽，而当单元格中的字体格式发生改变时，如字号变大等情况，则单元格的列宽或行高不足以维持变化，导致文字无法完全显示，或者单元格中出现“#####”报错，这时就需要调整工作表的行高与列宽。

9.3.1 学习视频

登录“网络教学平台”，打开“第 9 讲”中“设置行高与列宽”目录下的相关视频，在规定的时间内进行学习。

9.3.2　学习案例

在完成 9.2 节对单元格中字体字号的设置后，发现当前列宽严重不足，导致单元格中的文字，需要调整行高、列宽以适应其变化，如图 9-19 所示。

	A	B	C	D	E	F
1	1-6月　伊犁州旅游收入统计表　(单位:					
2		#####	######	######	#####	总收入
3	察县	#####	######	######	#####	¥62.30
4	霍城县	#####	######	######	#####	¥49.90
5	昭苏县	#####	¥7.90	¥9.60	#####	¥35.30
6	巩留县	#####	¥7.80	¥6.90	#####	¥29.80
7	新源县	#####	¥5.70	¥8.90	#####	¥25.90
8	寺克斯县	#####	¥3.20	¥6.70	#####	¥20.70
9	巩留县	#####	¥8.30	¥4.50	#####	¥26.50
10	伊宁县	#####	¥5.60	¥5.60	#####	¥21.80
11	伊宁市	#####	¥3.20	¥8.70	#####	¥23.80

图 9-19　列宽不足的提示

设置行高、列宽的方法有如下 3 种：

(1)根据内容自动设置行高、列宽。

将光标放置在需要调整列宽的列标号之间的分割线上，成向左、向右箭头状 ✢，此时双击鼠标左键，则系统将根据文字内容自动调整列宽；将光标放置在需要调整行高的行标号之间分割线上，成向上、向下箭头状 ✢，此时双击鼠标左键，则系统将根据文字内容自动调整行高。根据内容调整行高列宽后的效果，如图 9-20 所示。

	A	B	C	D	E	F
1	2015年1-6月　伊犁州旅游收入统计表　(单位：万元)					
2		2015年1月	2015年2月	2015年3月	2015年4月	总收入
3	察县	¥11.00	¥14.60	¥17.90	¥18.80	¥62.30
4	霍城县	¥12.00	¥12.90	¥14.80	¥10.20	¥49.90
5	昭苏县	¥8.00	¥7.90	¥9.60	¥9.80	¥35.30
6	巩留县	¥5.30	¥7.80	¥6.90	¥9.80	¥29.80
7	新源县	¥3.40	¥5.70	¥8.90	¥7.90	¥25.90
8	特克斯县	¥2.00	¥3.20	¥6.70	¥8.80	¥20.70
9	巩留县	¥6.50	¥8.30	¥4.50	¥7.20	¥26.50
10	伊宁县	¥4.20	¥5.60	¥5.60	¥6.40	¥21.80
11	伊宁市	¥8.10	¥3.20	¥8.70	¥3.80	¥23.80
12						

图 9-20　根据内容自动设置列宽的效果

(2)拖动鼠标设置行高列宽。

将光标放置在需要调整列宽的列标号之间的分割线上，成向左、向右箭头状 ✢，此时单击鼠标左键，拖动鼠标，则可根据需要调整单列列宽；将光标放置在需要调整行高的行标号之间的分割线上，成向上向下箭头状，此时单击鼠标左键，拖动鼠标则可根据需要调整单行行高。

(3)精确设置行高、列宽值。

选定需要设置行高或者列宽的行或列，选择“开始”选项卡的“单元格”命令组中“格式”下拉列表中的“列宽”或者“行高”命令，如图 9-21 所示；单击后打开对话框，设置精确值，如图 9-22 所示；还可以在选定整行或者整列后，单击鼠标右键，在弹出的快捷菜单中选择“行高”或者“列宽”命令，打开行高列宽对话框。

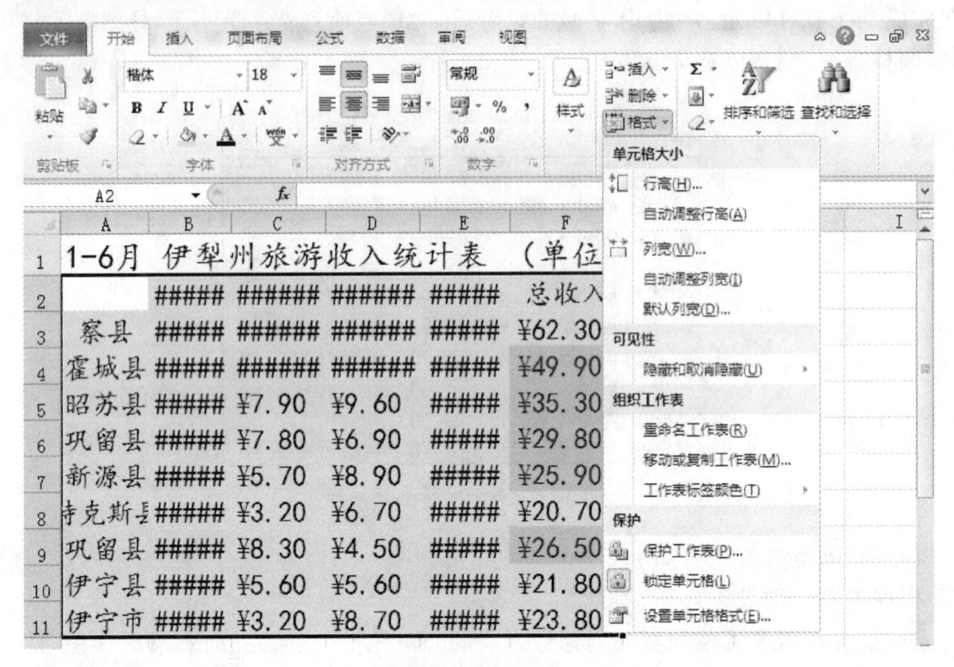

图 9-21 精确设置行高、列宽

9.4 隐藏单元格

单元格“隐藏”的功能是将单元格中的公式隐藏，以达到隐藏算法的目的，即当选中单元格区域时，在编辑栏中不显示单元格中的计算公式，只显示公式计算后的结果。

9.4.1 学习视频

登录“网络教学平台”，打开“第 9 讲”中“隐藏单元格或工作表”目录下的相关视频，在规定的时间内进行学习。

9.4.2 学习案例

设置 F3:F11 单元格区域隐藏，使得单元格中的公式不显示在地址栏中。

选中 F3:F11 单元格区域，单击鼠标右键，选择“设置单元格格式”选项，选择“保护”选项卡，选择隐藏复选框，如图 9-22 所示。

注意：只有在工作表被保护时，“保护单元格”设置才有效。因此，必须在设置了保护单元格后，设置保护工作表，才能有效。设置保护工作表的方法是：在菜单中选择“审阅”菜单，在“更改”窗格中选择“保护工作表”，如图 9-23 所示。

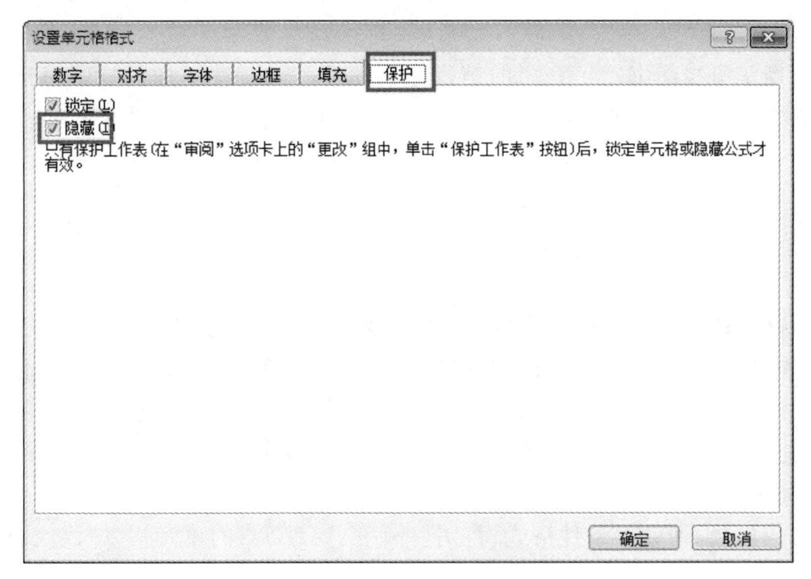

图 9-22　设置单元格隐藏

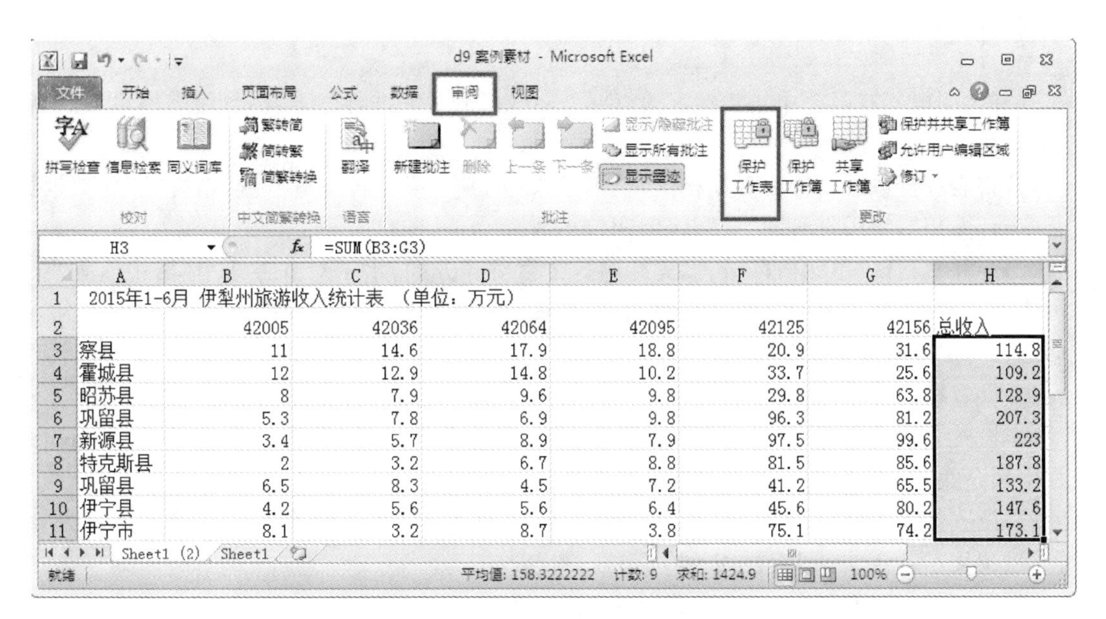

	A	B	C	D	E	F	G	H
1	2015年1-6月 伊犁州旅游收入统计表 （单位：万元）							
2		42005	42036	42064	42095	42125	42156	总收入
3	察县	11	14.6	17.9	18.8	20.9	31.6	114.8
4	霍城县	12	12.9	14.8	10.2	33.7	25.6	109.2
5	昭苏县	8	7.9	9.6	9.8	29.8	63.8	128.9
6	巩留县	5.3	7.8	6.9	9.8	96.3	81.2	207.3
7	新源县	3.4	5.7	8.9	7.9	97.5	99.6	223
8	特克斯县	2	3.2	6.7	8.8	81.5	85.6	187.8
9	巩留县	6.5	8.3	4.5	7.2	41.2	65.5	133.2
10	伊宁县	4.2	5.6	5.6	6.4	45.6	80.2	147.6
11	伊宁市	8.1	3.2	8.7	3.8	75.1	74.2	173.1

图 9-23　设置保护工作表

9.5　课后练习

登录“网络教学平台”，下载本讲素材进行操作练习，并以原文件名保存至学生文件夹中，在规定的时间内提交作业。

第 1 题

王芸作为新华科技图书销售公司的销售总监助理，需要将“新华科技图书销售公司 2014 年销售情况表”(D9-1. xlsx)进行适当修饰，使其以更加美观的效果呈现给销售总监。

(1)设置“销售额”列数据格式为“会计专用”，货币符号为“$”，保留 1 位小数。

(2)合并标题行单元格区域，设置标题行文字对齐方式，水平对齐方式为“分散对齐(缩进)”，垂直对齐方式为“居中”；设置表的行标题、列标题以及表中所有数据的对齐方式，水平对齐方式为“居中”，垂直对齐方式为“居中”。

(3)设置标题行字体为“宋体”，字号为“24”；设置表中字体为“新宋体”，字号为“16”。

(4)设置表格外部边框线，线条样式为“加粗”，线条颜色为“深蓝，文字 2，淡色 40%”；设置表格中其余线条，线条样式为“单线”，线条颜色为“红色，强调文字颜色 2”。

(5)设置标题行填充背景色，颜色为“紫色，强调文字颜色 4，淡色 60%”，图案颜色为“蓝色，强调文字颜色 1”，图案样式为“6.25%，灰色”。

(6)设置“销售额”列数据条件格式，将销售额小于 10 000 的单元格以“浅红色填充深红色文本”效果显示。

第 2 题

现有大明电器有限公司销售情况表(D9-2. xlsx)，请对它进行以下设置，使表格更加清晰、美观。

(1)将表头行数据设置为日期格式，显示效果为“* *年* *月”；设置“销售额”列数据格式为“会计专用”，货币符号为“￥”，保留两位小数。

(2)合并 A1:D1 单元格区域，设置标题行文字对齐方式，水平对齐方式为“居中”，垂直对齐方式为“居中”；设置表的行标题、列标题以及表中所有数据的对齐方式，水平对齐方式为“靠左(缩进)”，垂直对齐方式为“居中”。

(3)设置标题行字体为“黑体”，字号为“26”；设置表中字体为“宋体”，字号为“18”。

(4)设置表格外部边框线，线条样式为“加粗”，线条颜色为“深蓝，文字 2，深色 50%”；设置表格中其余线条，线条样式为“虚线”，线条颜色为“自动”。

(5)设置数据区域填充背景色，颜色为“红色，强调文字颜色 4，淡色 60%”，图案颜色为“水绿色，强调文字颜色 5”，图案样式为“12.5%，灰色”。

(6)设置第 1 列列宽为“16.2”，其余各列列宽为“18”。

第 3 题

现有 1 张学生成绩表(D9-3. xlsx)，请为它进行如下设置：

(1)合并 A1:F1 单元格区域，设置标题行文字对齐方式，水平对齐方式为“分散对齐(缩进)”，垂直对齐方式为“靠下”；设置表的行标题、列标题以及表中所有数据的对齐方式，水平对齐方式为“靠右(缩进)”，垂直对齐方式为“靠上”。

(2)设置标题行字体为“华文行楷”，字号为“28”；设置表中字体为“宋体”，字号为“18”。

(3)设置表格外部边框线，线条样式为“加粗”，线条颜色为“紫色，强调文字颜色 4，深色 25%”；设置表格中其余线条，线条样式为“单线”，线条颜色为“黑色，文字 1，淡色 15%”。

(4)设置标题行填充背景色，颜色为“紫色，强调文字颜色 4，淡色 60%”，图案颜色为“蓝色，强调文字颜色 1”，图案样式为“6.25%，灰色”。

(5)设置单元格区域 F3:F21 隐藏，使得单元格中的公式不显示在编辑栏中。

(6)设置“总成绩”列条件格式，“总成绩”列“项目选取规则”为“值最大的 5 项”显示为“绿色填充深绿色文本”。

第 4 题

现有 1 张不凡科技有限公司管理费用表(D9-4.xlsx)，请帮助董事长秘书张琳对其进行如下设置：

(1)设置“总计”列数据格式为“货币”，货币符号为“¥”，保留两位小数。

(2)合并 A1:D1 单元格区域，设置标题行文字对齐方式，水平对齐方式为“居中”，垂直对齐方式为“居中”；设置表的行标题、列标题以及表中所有数据的对齐方式，水平对齐方式为“靠左(缩进)”，垂直对齐方式为“靠下”。

(3)设置标题行字体为“华文琥珀”，字号为“14”；设置表中字体为“楷体”，字号为“12”。

(4)设置表格外部边框线，线条样式为“加粗”，线条颜色为“黑色，文字 1，淡色 15%”；设置表格中其余线条，线条样式为“单线”，线条颜色为“红色，强调文字颜色 2”。

(5)设置单元格区域 D3:D17 隐藏，使得单元格中的公式不显示在编辑栏中。

(6)设置“水电”列条件格式，“水电”列“渐变填充”为“绿色数据条”。

第 5 题

请为青春图书公司书籍订购表情况表(D9-5.xlsx)进行如下设置：

(1)设置“季度”列数据格式为“文本”。

(2)设置标题行文字对齐方式，水平对齐方式为“跨列居中”，垂直对齐方式为“居中”；设置表的行标题、列标题以及表中所有数据的对齐方式，水平对齐方式为“居中”，垂直对齐方式为“居中”。

(3)设置标题行字体为“方正姚体”，字号为“16”；设置表中字体为“宋体”，字号为“12”。

(4)设置表格外部边框线，线条样式为“加粗”，线条颜色为“自动”；设置表格中其余线条，线条样式为“单线”，线条颜色为“红色，强调文字颜色 2”。

(5)设置标题行填充，图案颜色为“蓝色，强调文字颜色 1”，图案样式为“6.25%，灰色”。

(6)设置第 3 行至第 18 行的行高为“16”。

(7)设置“数量”列数据条件格式，设置“数量”列以“图标集”“三色交通灯(无边框)”效果显示。

第 6 题

请为景星网络设备公司产品表(D9-6.xlsx)进行如下设置：

(1)设置“单价”列数据格式为“货币”，货币符号“$”。

(2)设置表格中所有文字对齐方式为“垂直居中”。

(3)合并单元格区域 A1:C1,设置标题区域“单元格样式”为“标题”;设置其他单元格区域“单元格样式”为“主题单元格样式-强调文字颜色 4”。

(4)设置“单价”列条件格式,为“单价＞565”的单元格设置“突出显示规则”格式“红色文本”。

第 7 题

小张是天禧公司的会计,利用自己所学的办公软件进行记账管理,为节省时间,同时又确保记账的准确性,她使用 Excel 2010 编制了 2015 年 4 月员工工资表(D9-7. xlsx)。请你根据下列要求帮助小张对该工资表进行如下设置:

(1)通过合并单元格,将表名“东方公司 2014 年 3 月员工工资表”放于整个表的上端、居中。

(2)将“基础工资”(含)往右各列设置为会计专用格式、保留两位小数、无货币符号。

(3)调整表格各列宽度,使得表格中数据能够完整显示,更加美观。

第 8 题

肖老师是一所初中的学生处负责人,负责本院学生的成绩管理。他通过 Excel 2010 来管理学生成绩,现在第一学期期末考试刚刚结束,根据下列要求帮助肖老师对该成绩单(D9-7. xlsx)进行整理设置:

(1)设置标题行文字对齐方式,水平对齐方式为“跨列居中”,垂直对齐方式为“居中”;设置表的行标题、列标题以及表中所有数据的对齐方式,水平对齐方式为“靠右(缩进)”,垂直对齐方式为“居中”。

(2)设置标题行字体为“楷书”,字号为“24”;设置表中字体为“宋体”,字号为“16”。

(3)设置表格外部边框线,线条样式为“加粗”,线条颜色为“深红”;设置表格中其余线条,线条样式为“单线”,线条颜色为“红色,强调文字颜色 2,淡色 40%”。

(4)利用“条件格式”功能进行下列设置:将语文、数学、外语 3 科成绩所在的单元格以“数据条”填充,使用“渐变数据条-紫色数据条”。

第10讲　公式和函数

Excel工作表除了可以存放数据，还可以对数据进行查询、统计、计算、分析和处理，同时，还可以根据已经存在的数据，绘制出各种图形、图表来显示数据。公式和函数是Excel 2010中的重要组成部分，并且具有强大的功能，使用公式和函数，可以方便、快捷地对数据进行各种计算，极大地提高了用户的工作效率，为用户分析、处理、计算数据提供了很大的方便。

10.1　公式的使用

Excel 2010中公式的使用必须遵循一定的规则，即公式中元素的结构或者顺序，在Excel 2010中的公式必须遵循的规则是公式必须以等号“＝”开头，之后是公式表达式，即参与公式运算的运算数和运算符，运算数可以使常量数值、单元格引用等，运算符包括算数运算符、比较运算符、文本运算符和引用运算符。

1.公式中的运算符

运算符的作用是对公式中的各元素进行运算操作。公式中的运算符包括算术运算符、比较运算符、文本运算符、引用运算符。

算术运算符：算术运算符用来完成基本的数学运算，如加法、减法和乘法。算术运算符有“＋(加)、－(减)、*(乘)、/(除)、%(百分比)、^(乘方)”。例如，5＋3的运算结果为8，3^4表示的是3的4次方，计算结果为81。

比较运算符：比较运算符用来对两个数值进行比较，产生的结果为逻辑值True(真)或False(假)。比较运算符有“＝(等于)、＞(大于)、＞＝(大于等于)、＜＝(小于等于)、＜＞(不等于)”。例如，5＞3的运算结果为True，而5＜3的运算结果为False。

文本运算符：文本运算符“&”用来将一个或多个文本连接成为一个组合文本。例如，“Micro”&“soft”的结果为“Microsoft”。

引用运算符：引用运算符用来将单元格区域合并运算。引用运算符包括：

区域(冒号)：表示对两个引用之间，包括两个引用在内的所有区域的单元格进行引用，例如，B1:D5表示B1至D5之间的所有的单元格。

联合(逗号)：表示将多个引用合并为一个引用，例如，B5，B15，D5，D15，将以上4个单元格合并为一个引用进行使用。

交叉(空格)：表示产生同时隶属于两个引用的单元格区域的引用。例如，A1:B5 A3:C5，表示同时属于A1:B5和A3:C5这两个区域的单元格区域，运算结果应该为A3:B5。

2. 运算符优先级

如果公式中同时用到了多个运算符，Excel 2010 将按下面的顺序进行运算：

(1)如果公式中包含了相同优先级的运算符，例如，公式中同时包含了乘法和除法运算符，Excel 2010 将从左到右进行计算。

(2)如果要修改计算的顺序，应把公式需要首先计算的部分括在圆括号内。

(3)公式中运算符的顺序从高到低依次为冒号、逗号、空格、负号(如－1)、%(百分比)、^(乘幂)、* 和/(乘和除)、+和－(加和减)、&(连接符)、比较运算符。

3. 公式的显示与隐藏

对含有公式的单元格，Excel 2010 默认的方式只显示计算结果。如果要在单元格中显示公式，单击“公式”选项卡中的“显示公式”按钮，则工作表中所有含公式的单元格就会显示出公式，而不再显示计算结果；再单击一次“显示公式”按钮，则返回显示数值。

10.1.1 学习视频

登录“网络教学平台”，打开“第 10 讲”中 “公式的使用”目录下的视频，在规定的时间内进行学习。

10.1.2 学习案例

如图 10-1 所示的数据是石河子市某电器商城部分产品的销售单价及 1 月、2 月的销售量，

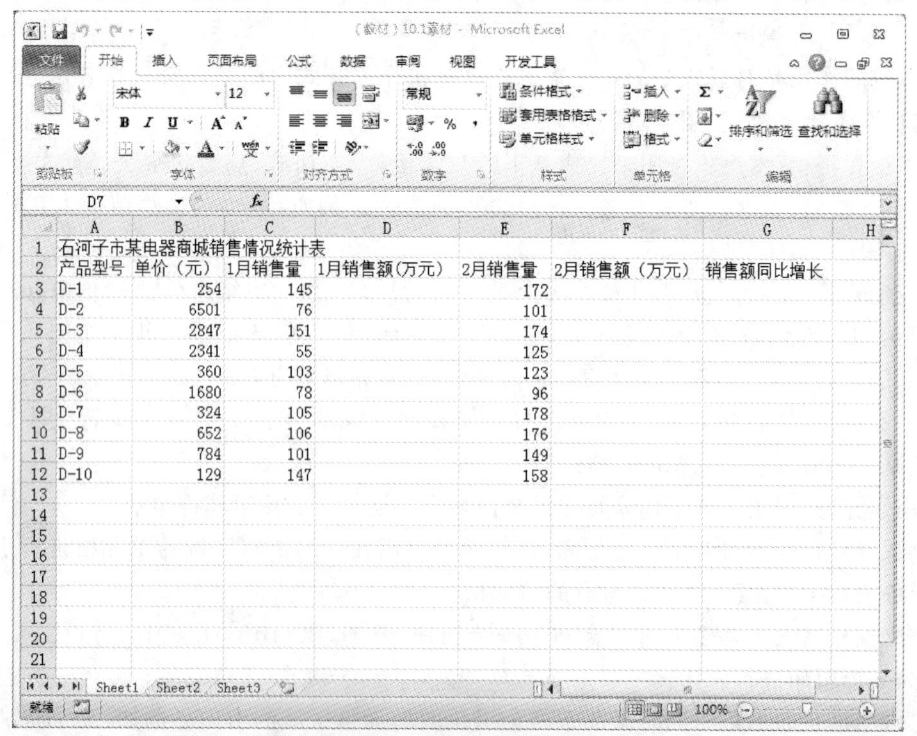

	A	B	C	D	E	F	G
1	石河子市某电器商城销售情况统计表						
2	产品型号	单价（元）	1月销售量	1月销售额(万元)	2月销售量	2月销售额（万元）	销售额同比增长
3	D-1	254	145		172		
4	D-2	6501	76		101		
5	D-3	2847	151		174		
6	D-4	2341	55		125		
7	D-5	360	103		123		
8	D-6	1680	78		96		
9	D-7	324	105		178		
10	D-8	652	106		176		
11	D-9	784	101		149		
12	D-10	129	147		158		

图 10-1 销售情况原始数据

根据已经存在的数据，利用公式计算出“1 月销售额”和“2 月销售额”列的内容（销售额＝单价×销售量）；计算“销售额同比增长”列的内容（销售额同比增长＝(2 月销售额－1 月销售额)/本月销售额)，类型为百分比型。

1. 输入单个单元格内的公式

选中 D3 单元格，在 D3 单元格中输入“＝B3 * C3”；选中 F3 单元格，在 F3 单元格中输入“＝B3 * E3”；选中 G3 单元格，在 G3 单元格中输入“＝(F3－D3)/D3”。如图 10-2 所示，利用公式自动计算出了 D3、F3 和 G3 单元格中的内容。

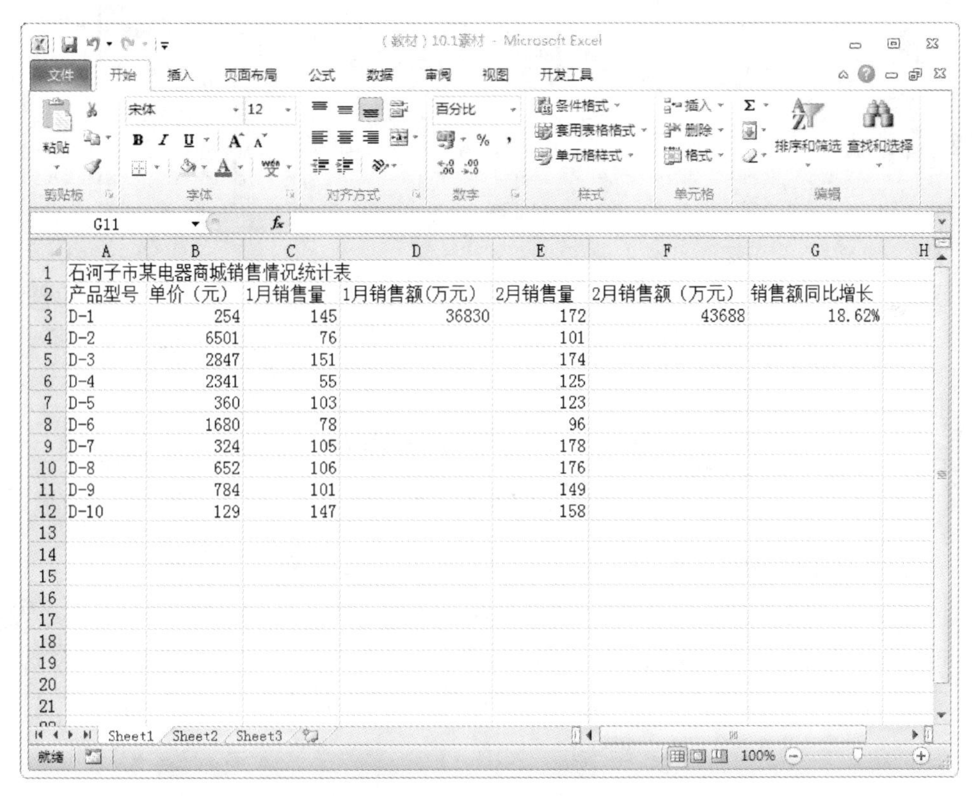

	A	B	C	D	E	F	G
1	石河子市某电器商城销售情况统计表						
2	产品型号	单价（元）	1月销售量	1月销售额(万元)	2月销售量	2月销售额（万元）	销售额同比增长
3	D-1	254	145	36830	172	43688	18.62%
4	D-2	6501	76		101		
5	D-3	2847	151		174		
6	D-4	2341	55		125		
7	D-5	360	103		123		
8	D-6	1680	78		96		
9	D-7	324	105		178		
10	D-8	652	106		176		
11	D-9	784	101		149		
12	D-10	129	147		158		

图 10-2　单个单元格公式的输入

2. 利用自动填充柄进行自动填充

在把“1 月销售额”、“2 月销售额”、“销售额同比增长”这 3 列中第一个单元格的内容利用公式输入完成后，3 列中剩下的单元格可以利用自动填充柄进行自动输入。选中 D3 单元格，把光标定位至 D3 单元格右下角的自动填充柄上，向下拖曳至 D12 后释放，可将“1 月销售额”列中其余产品的销售额计算出来。选中 F3 单元格，把光标定位至 F3 单元格右下角的自动填充柄上，向下拖曳至 F12 后释放，可将“2 月销售额”列中其余产品的销售额计算出来。选中 G3 单元格，把光标定位至 G3 单元格右下角的自动填充柄上，向下拖曳至 G12 后释放，可将“销售额同比增长”列中其余产品的销售额同比增长计算出来，如图 10-3 所示。

	A	B	C	D	E	F	G
1	石河子市某电器商城销售情况统计表						
2	产品型号	单价（元）	1月销售量	1月销售额(万元)	2月销售量	2月销售额（万元）	销售额同比增长
3	D-1	254	145	36830	172	43688	18.62%
4	D-2	6501	76	494076	101	656601	32.89%
5	D-3	2847	151	429897	174	495378	15.23%
6	D-4	2341	55	128755	125	292625	127.27%
7	D-5	360	103	37080	123	44280	19.42%
8	D-6	1680	78	131040	96	161280	23.08%
9	D-7	324	105	34020	178	57672	69.52%
10	D-8	652	106	69112	176	114752	66.04%
11	D-9	784	101	79184	149	116816	47.52%
12	D-10	129	147	18963	158	20382	7.48%

G3 =(F3-D3)/D3

平均值: 42.71% 计数: 10 求和: 427.08%

图 10-3 利用自动填充柄自动输入公式

3.设置单元格格式

题目中要求“销售额同比增长”列中的数据显示类型为百分比型，选中G3:G12单元格区域，单击鼠标右键，选择“设置单元格格式”，在“设置单元格格式”对话框中选择“数字”选项卡，在该选项卡下选择“百分比”，然后设置小数位数为“2”，如图10-4所示。

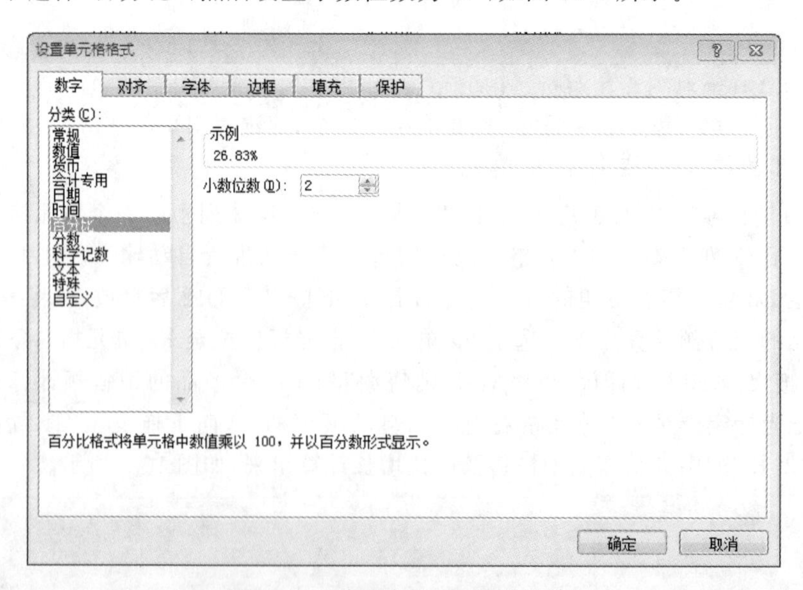

图 10-4 “设置单元格格式”对话框

10.2　单元格的引用

单元格引用是指在公式或函数中引用了单元格的“地址”，引用的作用在于标识工作表上的单元格或者单元格区域，并指明公式中所使用的数据的位置。通过引用，可以在公式中使用工作表不同部分的数据，或者在多个公式中使用同一单元格的数值；还可以引用同一工作簿不同工作表的单元格、不同工作簿的单元格、甚至其他引用程序中的数据。单元格的引用可以分为绝对引用、相对引用、混合引用和外部引用。

1. 相对引用

公式中的相对单元格引用(如 A1)是基于包含公式和单元格引用的单元格的相对位置。如果公式所在单元格的位置改变，引用也随之改变。如果多行或多列地复制公式，引用会自动调整。在默认情况下，公式使用相对引用。例如，在单元格 E2 中的公式为“=B2 * D2”，当该公式被复制到 E3、E5 单元格时，单元格中的公式“=B2 * D2”会随着目标单元格的变化自动变化为“=B3 * D3”、“=B5 * C5”，这是由于目标单元格的位置相对于源位置分别下移了 1 行和 3 行，导致参加运算的区域也分别下移了 1 行或 3 行。单元格的“相对引用”在建立有规律的公式时，尤其在使用自动填充柄或复制公式时特别有用。

2. 绝对引用

单元格中的绝对单元格引用(如＄F＄6)总是在指定位置引用单元格 F6。如果公式所在单元格的位置改变，绝对引用的单元格始终保持不变。如果多行或多列地复制公式，绝对引用将不作调整。例如，如果单元格 B2 中公式为“=3 *＄F＄6”，将此公式复制到单元格 B3，则在两个单元格中一样，都是“=3 *＄F＄6”。绝对引用中的“＄”就像是一把锁，锁定了引用地址，使它们在移动或复制时，不能随目标单元格的变化而变化。

3. 混合引用

混合引用具有绝对列和相对行，或是绝对行和相对列。绝对引用列采用 ＄A1、＄B1 等形式。如果公式所在单元格的位置改变，则相对引用改变，而绝对引用不变。如果多行或多列地复制公式，相对引用自动调整，而绝对引用不作调整。例如，如果将一个混合引用从 A2 复制到 B3，它将从“=A＄1”调整到“=B＄1”。

4. 外部引用

同一个工作表中的单元格之间的引用被称为“内部引用”。在 Excel 2010 中，还可以引用同一工作簿中不同工作表中的单元格，也可以引用不同工作簿中工作表的单元格，这种引用称为“外部引用”。

引用同一工作簿内不同工作表的单元格格式为“=工作表名!单元格地址”。例如，“=Sheet1!B1+Sheet2!C5”表示将 Sheet1 中的 B1 单元格的数据与 Sheet2 中的 C5 单元格的数据相加，放入某个目标单元格。

引用不同工作簿中工作表的单元格格式为“=[工作簿名]工作表名!单元格地址”。例如，“=[Book2]Sheet1＄B＄5-[Book3]Sheet2!B5”表示将 Book2 工作簿的 Sheet1 工作表中的

B5 单元格的数据减去 Book3 工作簿中的 Sheet2 工作表中的 B5 单元格中的数据，放入目标单元格，前者为绝对引用，后者为相对引用。

10.2.1 学习视频

登录“网络教学平台”，打开“第 10 讲”中“单元格的引用”目录下的视频，在规定的时间内进行学习。

10.2.2 学习案例

图 10-5 为某部门所有员工的工资表，该部门决定从下个月起，将该部门所有员工的工资上涨至原来工资的 1.3 倍，要求利用公式计算出每个员工浮动后工资的数额，并且公式中不能出现常数。

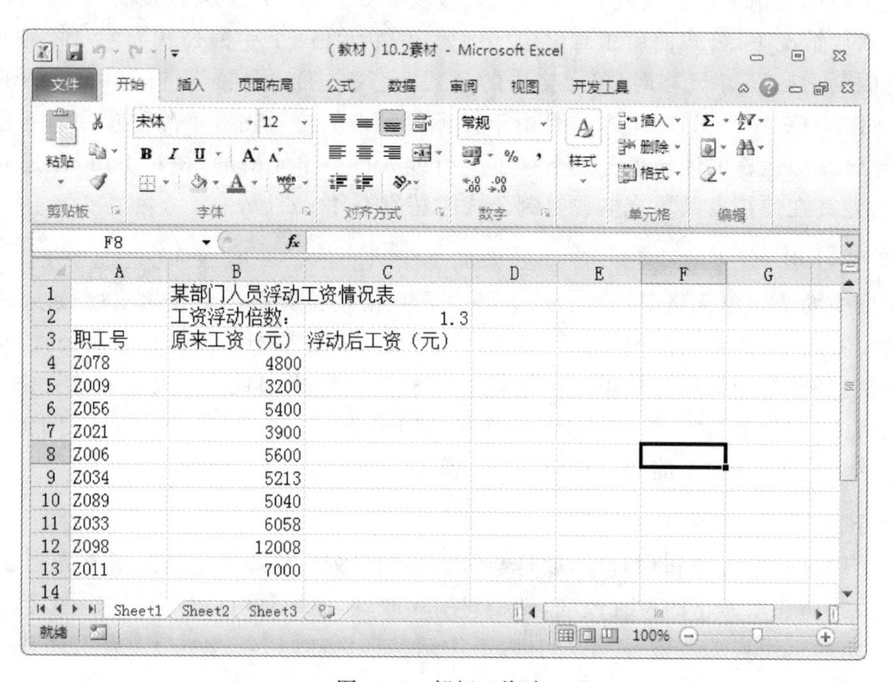

图 10-5 部门工资表

1. 输入单元格公式

选中 C4 单元格，在 C4 单元格中输入公式“=B4 * $C$2”，在输入公式的时候，注意 C2 单元格的引用应该是绝对引用，因此，公式中应该输入“$C$2”；而 B4 单元格的引用应该是相对引用，公式中应该输入 B4，如图 10-6 所示。

2. 利用自动填充柄进行自动填充

选中 C4 单元格，把光标定位至 C4 单元格右下角的自动填充柄上，向下拖曳至 C13 后释放，可将“浮动后工资”列中其余职工的新工资计算出来，如图 10-7 所示。在利用自动填充柄进行公式的自动输入时，可以看到，相对引用的单元格的地址会随着目标单元格地址的变化而自动变化，而绝对引用的单元格的地址是不会发生变化的，例如，C5 单元格中的公式就自动填充为“=B5 * $C$2”。

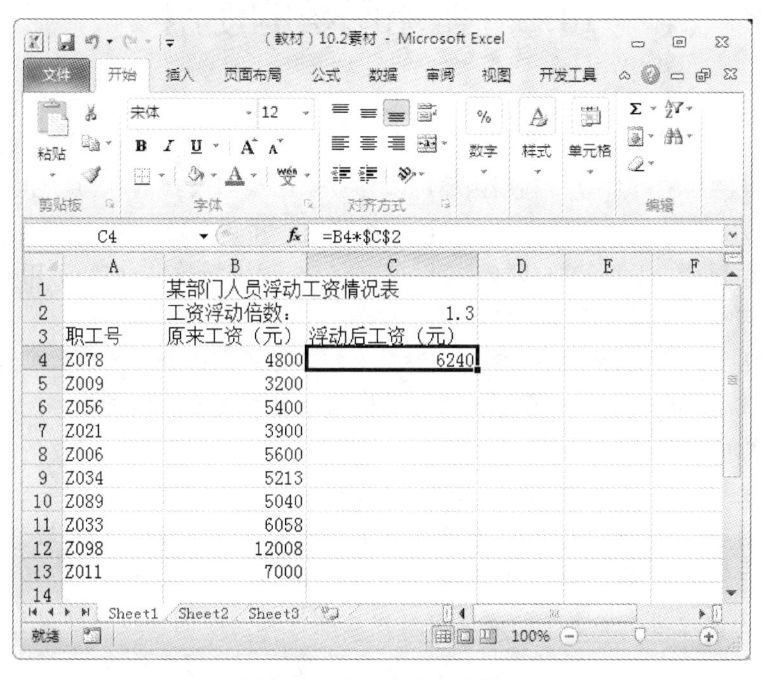

图 10-6　单元格公式的输入

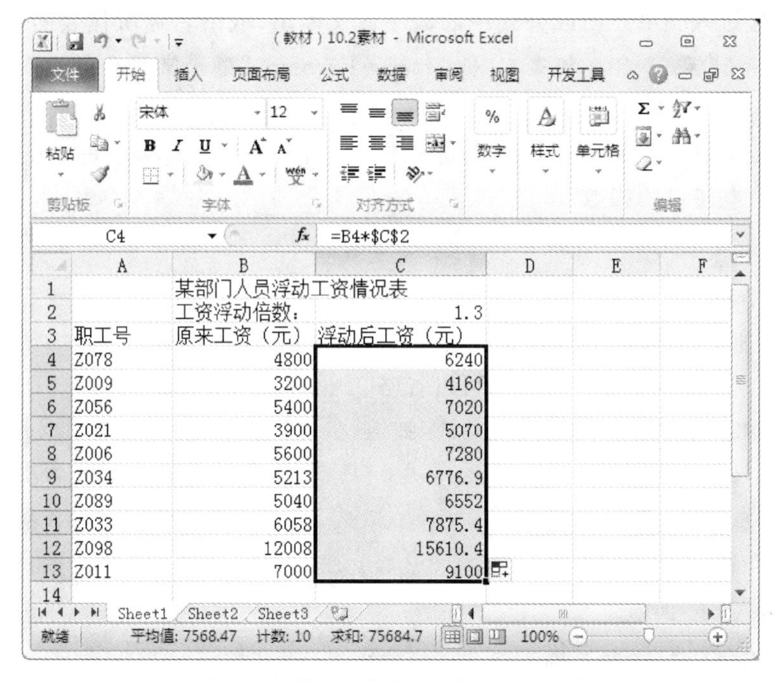

图 10-7　利用自动填充柄自动输入公式

10.3 常用函数的使用

Excel 2010 中所提的函数其实是一些预定义的公式，它们使用一些称为参数的特定数值按特定的顺序或结构进行计算。利用函数可以省去自己编写公式的麻烦，还可以实现很多公式无法实现的复杂功能。Excel 2010 中的函数按照功能和类型划分共有 11 类，分别是数据库函数、日期与时间函数、工程函数、财务函数、信息函数、逻辑函数、查询和引用函数、数学和三角函数、统计函数、文本函数以及用户自定义函数。

函数的语法形式为"函数名称(参数 1,参数 2,…)"。其中，函数的参数可以是数字常量、文本、逻辑值、数组、单元格引用、常量公式、区域、区域名称或者其他函数等。在使用函数时，应当在函数名称的前面输入"＝"。

参数可以是数字、文本、形如 TRUE 或 FALSE 的逻辑值、数组、形如 ＃N/A 的错误值或单元格引用。给定的参数必须能产生有效的值。参数也可以是常量、公式或其他函数。参数不仅仅是常量、公式或函数，还可以是数组、单元格引用等。

数组是用于建立可产生多个结果或可对存放在行和列中的一组参数进行运算的单个公式。在 Excel 2010 中有两类数组：区域数组和常量数组。区域数组是一个矩形的单元格区域，该区域中的单元格共用一个公式；常量数组将一组给定的常量用作某个公式中的参数。

常量是直接键入到单元格或公式中的数字或文本值，或由名称所代表的数字或文本值。例如，日期 10/9/96、数字 210 和文本"Quarterly Earnings"都是常量。公式或由公式得出的数值都不是常量。

Excel 2010 提供了大量的内置函数，这节介绍几个常用的、比较简单的函数，下一节继续介绍几个稍微有些难度的函数。

1. SUM 函数

语法：SUM(参数 1,参数 2,…,参数 30)

功能：返回所有参数中的数字之和。

说明：参数最多只能有 30 个，并且可以省略(中间没有参数或最后有一个)；参数可以为引用、返回数值和文本及逻辑值的计算表达式、数组；参数如为引用，可以是区域联合、区域交叉、三维区域引用，只要引用不再参与数组运算就可以。如果参数为错误值或为不能转换成数字的文本，将会导致错误。

例如，SUM(10,5)的值为 15。

2. AVERAGE 函数

语法：AVERAGE (参数 1,参数 2,…,参数 30)

功能：返回所有参数中的数字的平均值。

说明：参数最多只能有 30 个，参数应该为数字，或者含有数字的名称、数组、单元格引用等。如果参数中有非数字的内容，则忽略不计；但是单元格中包含数字"0"，则计算在内。

例如，AVERAGE(A1:C6)、AVERAGE(10,5)的值为7.5。

3. COUNT 函数

语法：COUNT (参数1,参数2,…,参数30)

功能：计算参数列表中的数字参数或者包含数字的单元格的个数。

说明：参数最多只能有30个，参数可以包含或者引用不同类型的数据，但是只对数字类型的数据进行统计运算。

例如，如果A1:A5中的内容分别为1、2、good、大学计算机基础、13，则COUNT(A1:A5)的值为3，因为A1:A5这个区域中只有3个单元格是数字。

4. MAX 函数

语法：MAX (参数1,参数2,…,参数30)

功能：计算数据集中的最大值。

说明：参数最多只能有30个，参数可以是数字、空白单元格、单元格区域或者数字表达式等。如果参数为错误值或者是不能转换为数字的文本，将产生错误。如果参数不包含数字，则返回0。

例如，如果A1:A5中包含的数字为22,46,7,12,1,0，则MAX(A1:A5)的计算结果为46，MAX(A1:A5,100)的计算结果为100。

10.3.1　学习视频

登录"网络教学平台"，打开"第10讲"中"常用函数的使用"目录下的视频，在规定的时间内进行学习。

10.3.2　学习案例

图10-8中保存的是部分学生3门课程的成绩，根据表中的数据，要求利用函数计算出所有学生3门课程的总分、3门课程的平均分、每门课程的最高分和最低分，并按照总分计算出每个同学的排名情况。

1. 计算总分

(1)选择单元格：选择要输入函数的单元格G2。

(2)打开"插入函数"对话框：单击编辑栏上的fx，打开"插入函数"对话框，如图10-9所示。

(3)选择函数：在"插入函数"对话框中选择所要用的函数"SUM"，单击"确定"按钮，打开"函数参数"对话框，如图10-10所示。系统默认给出了求和的单元格区域，如果与所要求和的区域不一致，继续下一步。

(4)选择函数参数：在"函数参数"对话框中单击Number1后的按钮，这时"函数参数"对话框将变成如图10-11所示的形式。通过鼠标选择需要求和的数据区域(此处选择的数据区域为D2:F2)，这时"函数参数"对话框中显示的就是刚才选定的区域，并且选定区域在工作表中以虚线表示。再次单击按钮，回到如图10-10所示的"函数参数"对话框，不同之处在于 Number1 后的数值区域显示出了刚才选定的求和区域。此时,G2 单元格中的内容为"=SUM(D2:F2)"。

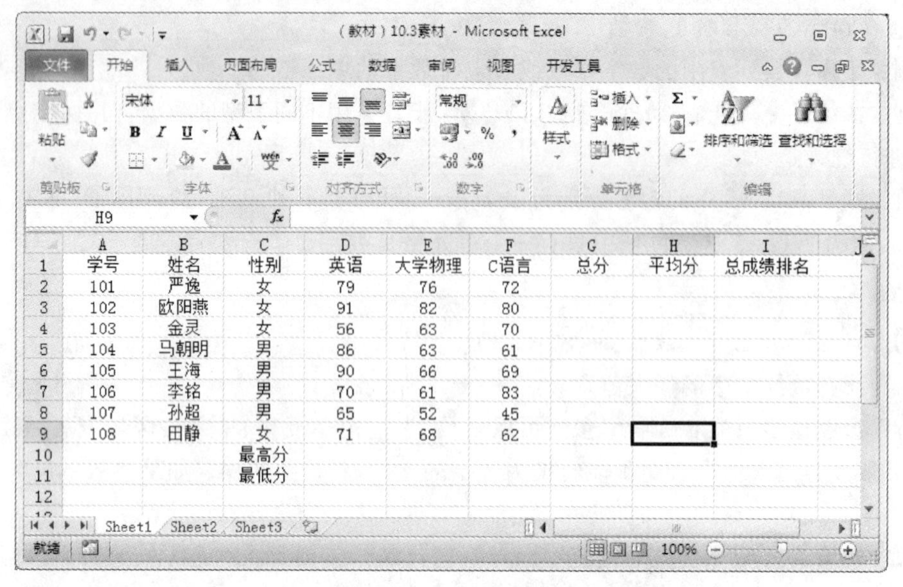

图 10-8 学生成绩表

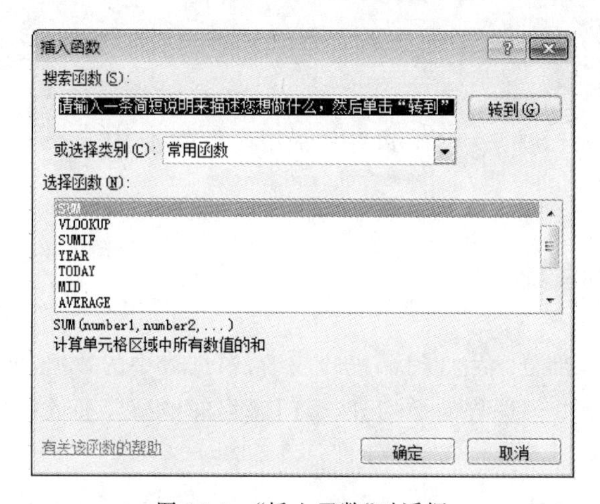

图 10-9 "插入函数"对话框

(5)自动填充其余单元格:选中 G2 单元格,将鼠标放在 G2 单元格右下角的填充柄上,拖曳至 G9 单元格后释放,可将其余所有平均值计算出来。

2. 计算平均分

首先选中 H2 单元格,然后按照前面"计算总分"的步骤,计算出 H2 单元格中的平均分,只需在步骤(3)选择函数中,选择"AVERAGE"函数,此时,H2 单元格中的内容为"=AVERAGE(D2:F2)";然后利用自动填充柄自动填充出 H3~H9 单元格中的平均分。

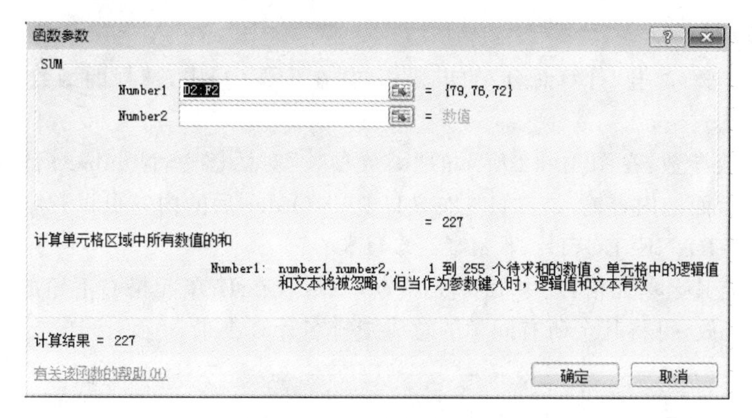

图 10-10　"函数参数"对话框

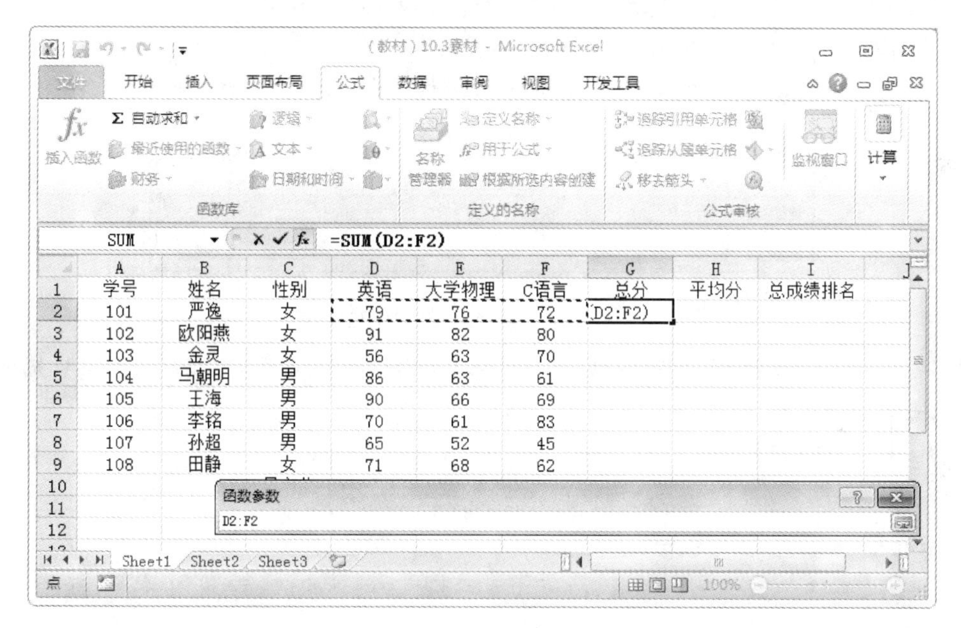

图 10-11　选择函数参数

3. 计算最高分

首先选中 D10 单元格，然后按照前面"计算总分"的步骤，计算出 D10 单元格中的最高分，只需在步骤(3)选择函数中，选择"MAX"函数，在步骤(4)选择函数参数中，选择的单元格区域为 D2:D9，此时，D10 单元格中的内容为"=MAX(D2:D9)"；然后利用自动填充柄自动填充出 E10、F10 单元格中的最高分。

4. 计算最低分

首先选中 D11 单元格，然后按照前面"计算总分"的步骤，计算出 D11 单元格中的最低分，只需在步骤(3)选择函数中，选择"MIN"函数，在步骤(4)选择函数参数中，选择的单元格区域为 D2:D9，此时，D11 单元格中的内容为"=MIN(D2:D9)"；然后利用自动填充柄自动填充出 E11、F11 单元格中的最低分。

5. 计算总成绩排名

步骤(1)～步骤(3)与“计算总分”的步骤相同，在步骤(3)中，选择的函数为“RANK. EQ”函数。

(4)选择函数参数：在图 10-12 所示的“函数参数”对话框中，Number 后的内容选择或者输入“H2”，Ref 后面的内容输入“＄H＄2：＄H＄9”，Order 后的内容可以省略。此时，I2 单元格中的内容为“＝RANK. EQ(H2，＄H＄2：＄H＄9)”。

(5)自动填充其余单元格：选中 I2 单元格，将鼠标放在 I2 单元格右下角的填充柄上，拖曳至 I9 单元格后释放，可将其余所有同学的总成绩排名计算出来。

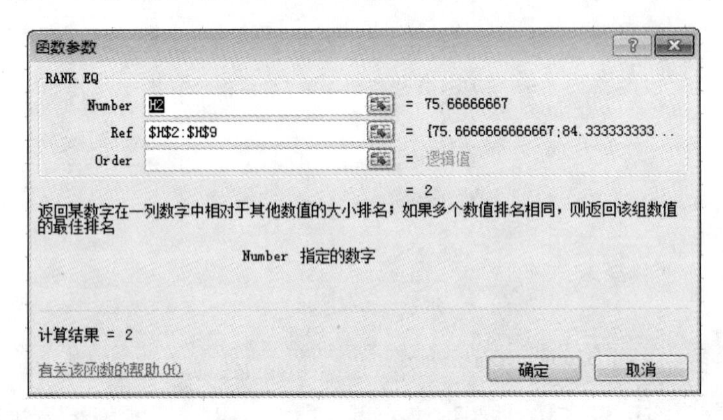

图 10-12 “函数参数”对话框

思考：如果在步骤(4)中，将 Ref 后的内容填写成 H2:H9，那么在步骤(5)利用填充柄自动填充时，是否会出现错误。

所有步骤完成以后，最后计算出的总结果如图 10-13 所示。

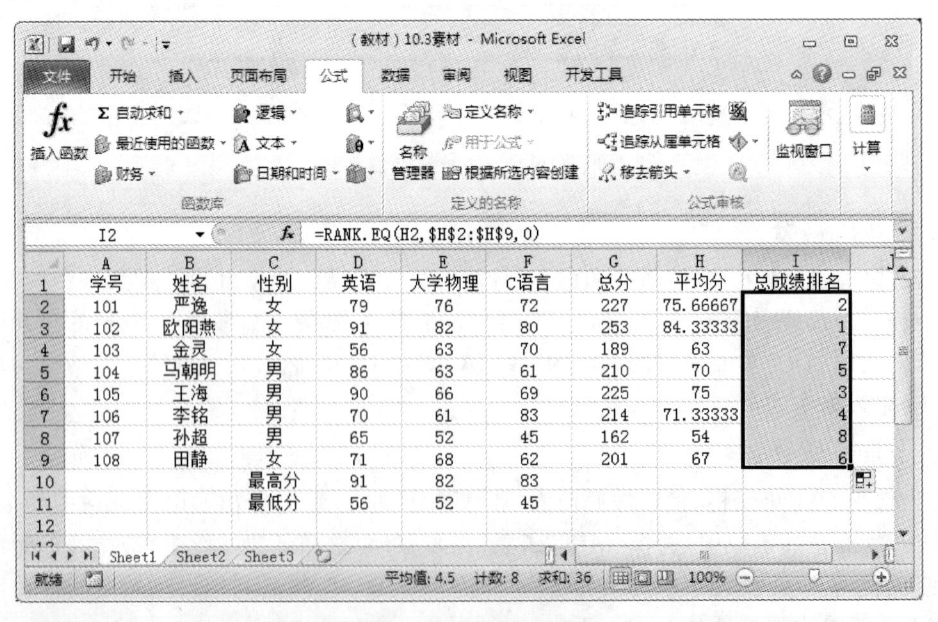

图 10-13 最终计算效果图

10.4　其他函数的使用

Excel 给用户提供了大量的内置函数，在这里，我们继续给大家介绍几种在日常生活中常用的函数，对于其他更多函数的用法，大家可以参考 Excel 的帮助系统进行进一步的了解。

1. MID 函数

语法：MID(text，start_num，num_chars)。

功能：从文本字符串中指定的起始位置起返回指定长度的字符。

说明：text 为原字符串，start_num 为要查找的字符串的起始位置，num_chars 为要查找的字符串的长度。

例如，MID("我爱大学计算机基础"，3，5)的计算结果为"大学计算机"。

2. SUMIF 函数

语法：SUMIF(range，criteria，sum_range)。

功能：对符合指定条件的单元格求和。

说明：只有当 range 中的相应单元格满足 criteria 中的条件时，才对 sum _range 中相应的单元格求和。如果省略 sum_range，则对 range 中满足条件的单元格求和。

例如，设 A1：A5 中的数据为 10，20，30，40，50，B1：B5 中的数据分别为 1，2，3，4，5，那么 SUMIF(A1：A5，">25"，B1：B5)的计算结果为 12，因为只有 A3，A4，A5 中的数据满足条件">25"，所以对相应的单元格 B3，B4，B5 进行求和。

3. IF 函数

语法：IF(logical_test，value_if_true，value_if_false)。

功能：判定是否满足某个条件，如果满足返回一个值，如果不满足返回另一个值。

说明：当 logical_test 的值为 true 时，返回 value_if_true 的值，否则返回 value_if_false 的值。

例如，设 A1 单元格中的数据为数字 10，则 IF(A1>8，"优秀"，"不优秀")的计算结果为"优秀"，因为 A1 中的数据是 10，10 大于 8 的判断是真。如果设 A1 单元格中的数据为数字 5，则 IF(A1>8，"优秀"，"不优秀")的计算结果为"不优秀"，因为 A1 中的数据是 5，5 大于 8 的判断为假。

4. COUNTIF 函数

语法：COUNTIF(range，criteria)。

功能：计算某个区域中满足给定条件的单元格数目。

说明：计算 range 区域中满足 criteria 所给定条件的单元格数目。

例如，A1：A5 区域中单元格的内容分别为 10，20，30，40，50，则 COUNTIF(A1：A5，">25")的计算结果为 3，因为 A1：A5 这个区域中，大于 25 的单元格的个数为 3 个。

5. COUNTA 函数

语法：COUNTA(value1，value2，…)。

功能：计算某个区域中满足非空的单元格数目。

说明：value1，value2，…为 1～30 个可以包含或引用各种不同类型数据的参数，但只对非空单元格进行计算。

10.4.1　学习视频

登录“网络教学平台”，打开“第 10 讲”中 “其他函数的使用”目录下的视频，在规定的时间内进行学习。

10.4.2　学习案例

图 10-14 中保存的是某班级操作系统课程的期末考试成绩，要求按照表格中的数据，利用函数计算出“是否及格”列中每个同学课程的及格情况，大于等于 60 分为“及格”，小于 60 分为“不及格”，利用函数计算出班级总人数、男生人数、女生人数、男生平均分数、女生平均分数。

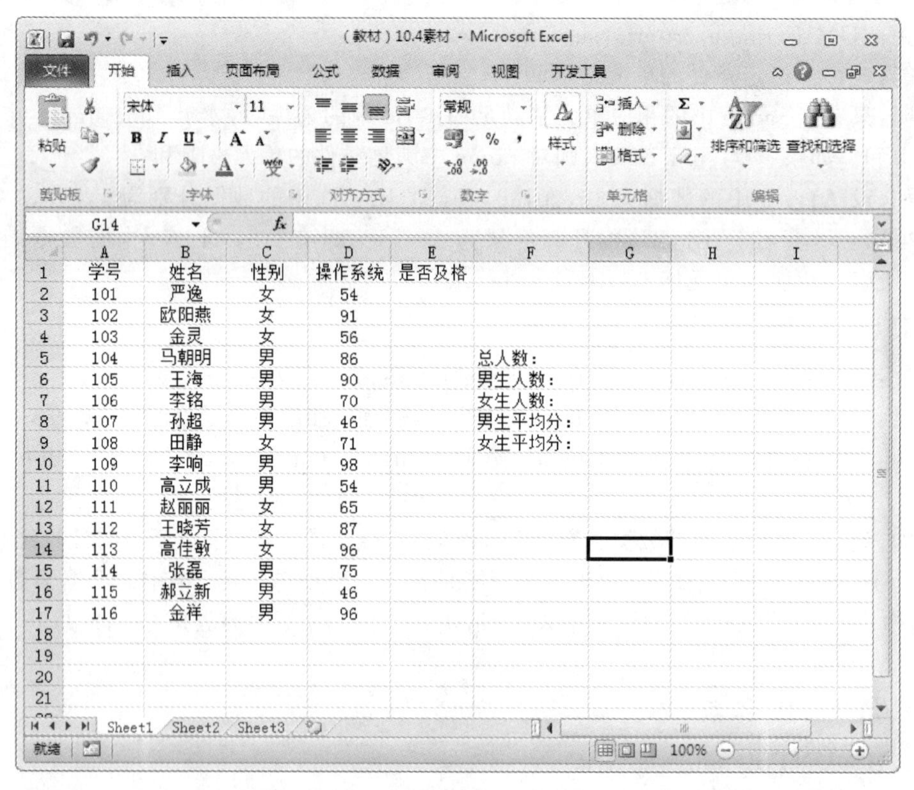

图 10-14　期末成绩表

1. 计算学生及格情况

(1)选择插入的函数：选中 E2 单元格，按照上一节中插入函数的方法，打开“插入函数”对话框，在“插入函数”对话框中的“或选择类别中”选择“逻辑”，在选择函数栏中选择“IF”，如图 10-15 所示。

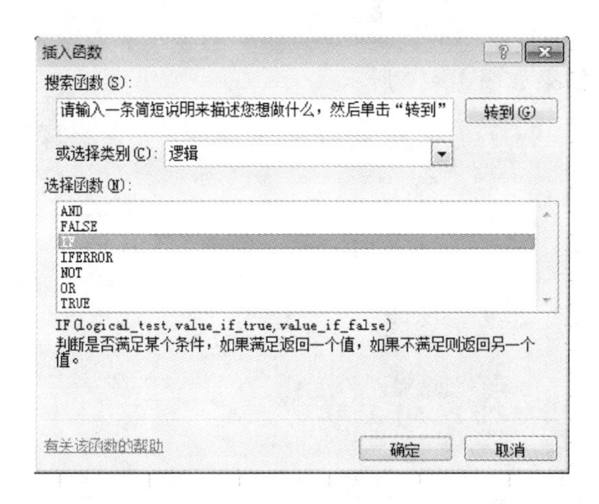

图 10-15　插入函数对话框

(2)填写函数参数:单击图 10-15 中的“确定”按钮,弹出如图 10-16 所示的“函数参数”对话框,在 Logical_test 后输入“D2＞＝60”,在 Value_if_true 后输入“及格”,在 Value_if_false 后中输入“不及格”。单击“确定”按钮。

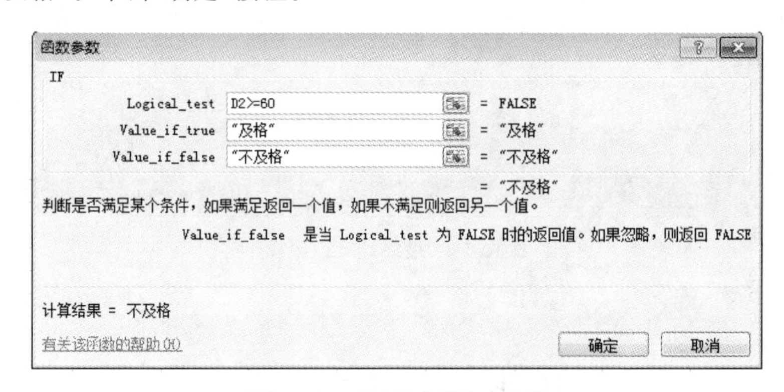

图 10-16　“函数参数”对话框

(3)此时,E2 单元格中的内容为“＝IF(D2＞＝60,″及格″,″不及格″)”,上述插入函数的过程可以省略,可以直接在 E2 单元格中输入“＝IF(D2＞＝60,″及格″,″不及格″)”。

(4)自动填充其余单元格:选中 E2 单元格,将鼠标放在 E2 单元格右下角的填充柄上,拖曳至 E17 单元格后释放,可将其余所有平均值计算出来。

在接下来的计算班级总人数、男生人数、女生人数、男生平均分数、女生平均分数的步骤中,我们直接省略 “插入函数”、“选择函数参数”的内容,而是直接给出最后的结果,同学们可以参照上一节和本节的“插入函数”、“选择函数参数”的过程自行添加函数,或者对函数比较熟悉的同学,可以直接在单元格中输入相应的函数。

2. 计算总人数、男生人数、女生人数

在 G5 单元格中输入“＝COUNT(D2:D17)”,在 G6 单元格中输入“＝COUNTIF(C2:C17,″男″)”,在 G7 单元格中输入“＝COUNTIF(C2:C17,″女″)”。

3. 计算男生平均分、女生平均分

在 G8 单元格中输入“＝SUMIF(C2:C17,″男″,D2:D17)/G6”,在 G9 单元格中输入“＝

SUMIF(C2:C17,"女",D2:D17)/G6"。

最后计算完成后的结果如图 10-17 所示。

	A	B	C	D	E	F	G
1	学号	姓名	性别	操作系统	是否及格		
2	101	严逸	女	54	不及格		
3	102	欧阳燕	女	91	及格		
4	103	金灵	女	56	不及格		
5	104	马朝明	男	86	及格	总人数：	16
6	105	王海	男	90	及格	男生人数：	9
7	106	李铭	男	70	及格	女生人数：	7
8	107	孙超	男	46	不及格	男生平均分：	73.44444
9	108	田静	女	71	及格	女生平均分：	74.28571
10	109	李响	男	98	及格		
11	110	高立成	男	54	不及格		
12	111	赵丽丽	女	65	及格		
13	112	王晓芳	女	87	及格		
14	113	高佳敏	女	96	及格		
15	114	张磊	男	75	及格		
16	115	郝立新	男	46	不及格		
17	116	金祥	男	96	及格		

图 10-17　最终计算效果图

10.5　课后练习

登录"网络教学平台"，下载本讲素材进行操作练习，在规定的时间内提交作业。

第 1 题

田静同学毕业后在某企业的生产部门工作，她的一项工作是根据每种类型产品的产量信息，进行一系列的统计计算。现在田静需要根据已有的素材，进行以下运算：

(1)计算"产值"列的内容(产值＝日产量×单价)，计算日产量的总计和产值的总计置于"总计"行的 B13 和 D13 单元格。

(2)计算"产量所占百分比"和"产值所占百分比"列的内容(百分比型，保留小数点后 1 位)。

(3)保存素材文件。

第 2 题

高小强在某企业的销售部门工作，他现在需要根据素材中的产品销售数据表，进行以下运算：

(1)计算“销售额”列的内容(数值型，保留小数点后 0 位)。

(2)按销售额的降序次序计算“销售排名”列的内容。

(3)保存素材文件。

第 3 题

孙超在石河子中创软件有限责任公司的人事部门工作，他现在需要根据素材中的单位人员的情况表，进行以下运算：

(1)计算职工的平均年龄置于 C13 单元格内(数值型，保留小数点后 1 位)。

(2)计算职称为高工、工程师和助工的人数置 G5:G7 单元格区域。

(3)保存素材文件。

第 4 题

张磊在某企业的人事部门工作，他现在需要根据素材中的企业人员情况表，进行以下运算：

(1)计算各部门的人数和平均年龄，置于 F4:F6 和 G4:G6 单元格区域。

(2)保存素材文件。

第 5 题

小王是班级里的学习委员，班级里的同学修完大学计算机基础课程后，小王拿到了班级这门课程的成绩表，现在小王需要做的工作是按照所给素材中的数据，利用公式和函数完成以下内容的运算：

(1)计算每位同学的总评成绩(总评成绩为平时成绩、期中成绩和期末成绩 3 个成绩的平均值)，总评成绩保留小数点后两位；根据总评成绩的高低，对每个同学进行排名；根据总评成绩，统计出成绩等级为优秀的同学，其中总评成绩大于等于 90 分为优秀。

(2)计算出平时成绩、期中成绩、期末成绩和总评成绩的平均分、最高分和最低分，平均分、最高分和最低分均保留小数点后两位。

(3)统计出总评成绩低于 60 分的人数，总评成绩大于等于 60 分并且小于 90 分的人数，根据学号统计出总人数；计算出女生总评成绩的平均值和男生总评成绩的平均值，保留小数点后两位；统计出优秀率，优秀率为大于等于 90 分的人数除以总人数，优秀率以百分比的方式显示。

(4)保存素材文件。

第 6 题

打开第 6 题的素材文件，完成下列操作：

(1)将 Sheet1 工作表的 A1:G1 单元格合并为一个单元格,内容水平居中。

(2)计算"已销售出数量"(已销售出数量=进货数量-库存数量),计算"销售额(元)",给出"销售额排名"(按销售额降序排列)列的内容。

(3)保存素材文件。

第 7 题

打开第 7 题的素材文件,完成下列操作:

(1)将 Sheet1 工作表的 A1:H1 单元格合并为一个单元格,单元格内容水平居中。

(2)计算"平均值"列的内容(数值型,保留小数点后 1 位)。

(3)计算"最高值"行的内容置于 B7:G7 内(某月三地区中的最高值,利用 MAX 函数,数值型,保留小数点后两位)。

(4)保存素材文件。

第 8 题

打开第 8 题的素材文件,完成下列操作:

(1)将 Sheet1 工作表的 A1:E1 单元格合并为一个单元格,水平对齐方式设置为居中。

(2)计算"合计"列和"总计"行的内容(单元格格式数字分类为货币,货币符号为"¥",保留小数点后两位)。

(3)保存素材文件。

第 11 讲　Excel 2010 图表制作

11.1　图表的基本概念和创建

对于 Excel 2010 中大量抽象、烦琐的数据，很难迅速地分析、研究并找到其内在的规律。Excel 2010 绘制工作图表的功能可以将工作表中的抽象数据形象化地以图形的形式表现出来，极大地增强了数据的直观效果，便于查看数据的差异、分布并进行趋势预测；而且 Excel 2010 所创建的图形、图表与工作表中的有关数据密切相关，当工作表中数据源发生变化时，图形、图表中对应项的数据也能够自动更新。

11.1.1　学习视频

登录“网络教学平台”，打开“第 11 讲”中“图表的基本概念和创建”目录下的相关视频，在规定的时间内进行学习。

11.1.2　学习案例

1. 图表的构成

一个图表主要由以下部分构成（见图 11-1）：

（1）图表标题：描述图表的名称，默认在图表的顶端，可有可无。

（2）坐标轴与坐标轴标题：包括横坐标和纵坐标，一般也称为 X 轴和 Y 轴。坐标轴上包括刻度线、刻度线标签，坐标轴标题是 X 轴和 Y 轴的名称，可有可无。

（3）图例：包含图表中相应的数据系列的名称和数据系列在图中的颜色。

（4）绘图区：以坐标轴为界的区域。

（5）数据系列：是一组有关联的数据，来源于工作表中的 1 行或 1 列。在图表中，同一系列的数据用同一种形式表示。

（6）数据点：是数据系列中 1 个独立数据，通常源自 1 个单元格。

（7）网格线：从坐标轴刻度线延伸出来并贯穿整个“绘图区”的线条系列，可有可无。它包括水平和垂直的网格线，分别对应于 Y 轴和 X 轴的刻度线。一般使用水平的网格线作为比较数值大小的参考线。

(8)背景墙与基底：三维图表中会出现背景墙与基底，是包围在许多三维图表周围的区域，用于显示图表的维度和边界。

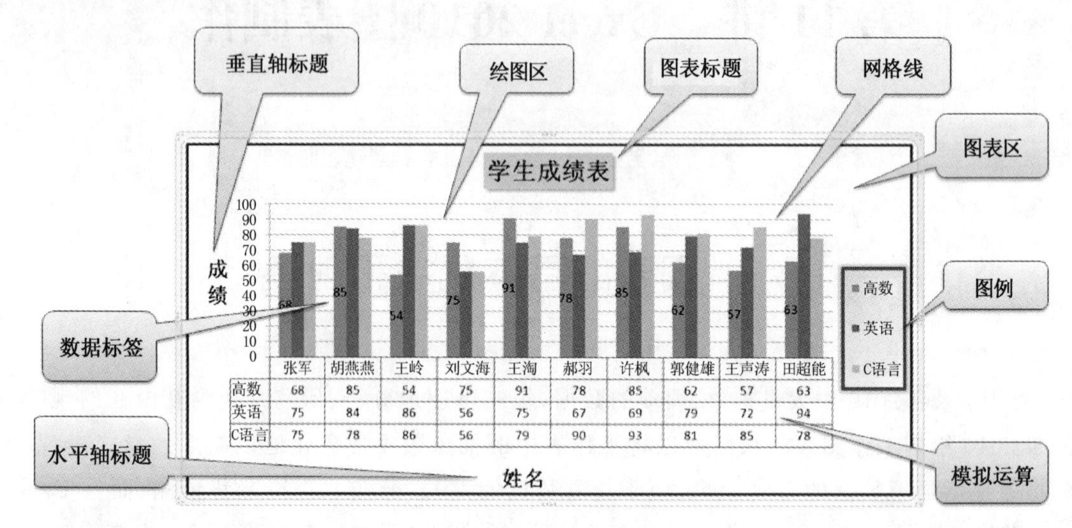

图 11-1　图表的构成

2. 图表的创建

了解 Excel 2010 图表的构成后，下面以实例来讲解如何建立图表。在 Excel 2010 中，建立图表最常用的方法是单击“插入”选项卡下“图表”命令组右下角的“显示图表对话框”按钮。下面以图 11-2 中的工作表为例说明建立图表的方法。

在“高级房车销售数量统计表”工作表中，选取 A2:A6 和 C2:D6 单元格区域数据建立“簇状柱形图”，以“厂牌”为 X 轴上的项，统计不同厂牌每月销售数量，图表标题为“第一季高级房车销售统计表”，图例位置为顶部，将图表插入到该工作表的 A8:G22 单元格区域内。

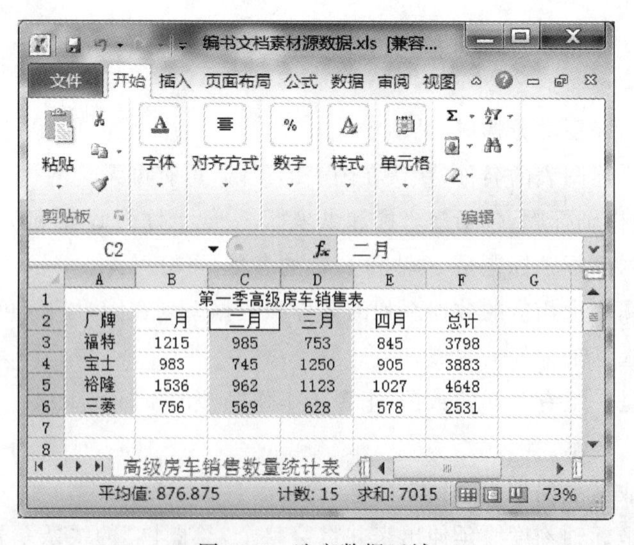

图 11-2　选定数据区域

完成上述案例的操作过程如下：

(1)首先考虑工作表中哪些数据要用图表形式表现，然后选定这些数据。在本例中，选定工作表中 A2:A6 和 C2:D6 单元格区域，如图 11-2 所示。

(2)单击“插入”选项卡下“图表”命令组右下角的“显示图表对话框”按钮，打开“插入图表”对话框，如图 11-3 所示。选择“柱形图”，在右侧窗格中选择“簇状柱形图”，单击“确定”按钮，建立如图 11-4 所示的簇状柱形图。

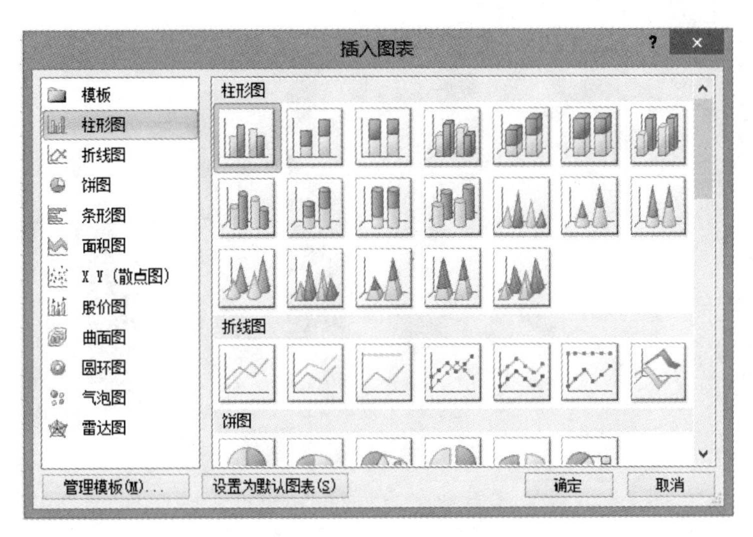

图 11-3　“插入图表”对话框

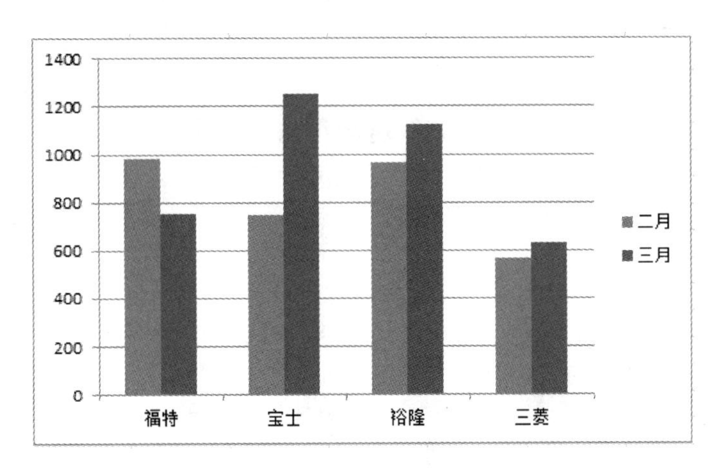

图 11-4　簇状柱形图

(3)此时出现“图表工具”，分为“设计”、“布局”和“格式”，单击“设计”下的“标签”中的“图表标题”下拉按钮，选择“图表上方”选项，如图 11-5 所示，此时在图表上方出现了“图表标题”，选中并键入“第一季高级房车销售统计表”，如图 11-6 所示。

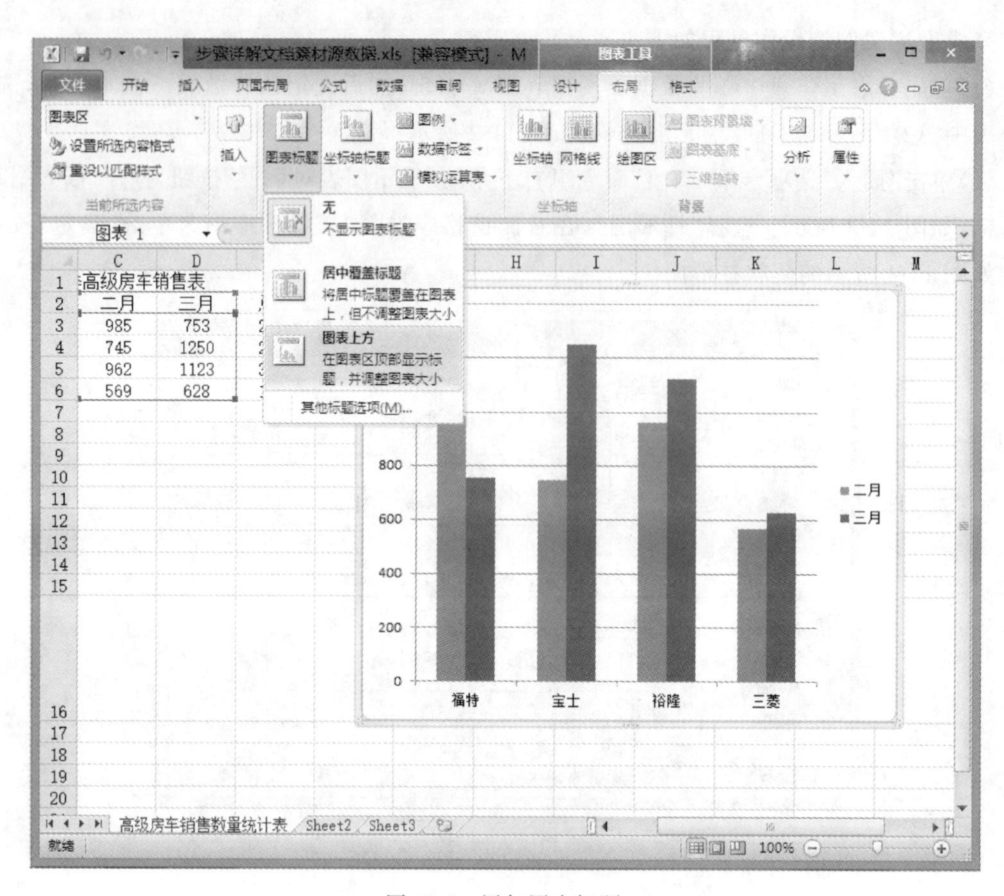

图 11-5 添加图表标题

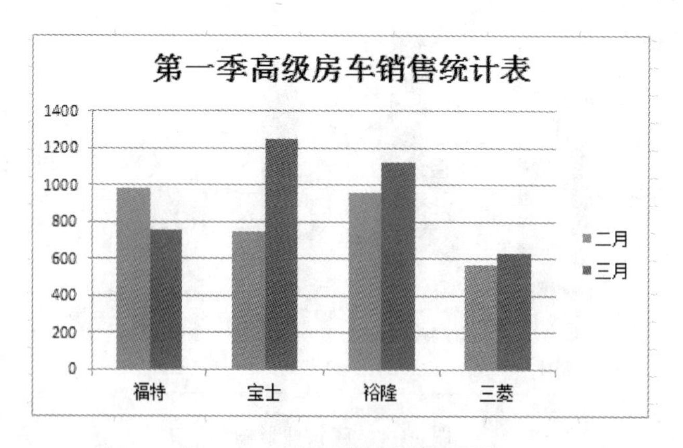

图 11-6 添加图表标题效果图

(4)单击“设计”下的“标签”中的“图例”下拉按钮,选择“在顶部显示图例”选项,此时,调整图表大小,将其插入到 A8:G22 单元格区域内,如图 11-7 所示。

在默认情况下,Excel 2010 中的图表为嵌入式图表,用户不仅可以在同一个工作簿中调整图表放置的位置,还可以将图表放置在单独的工作表中。

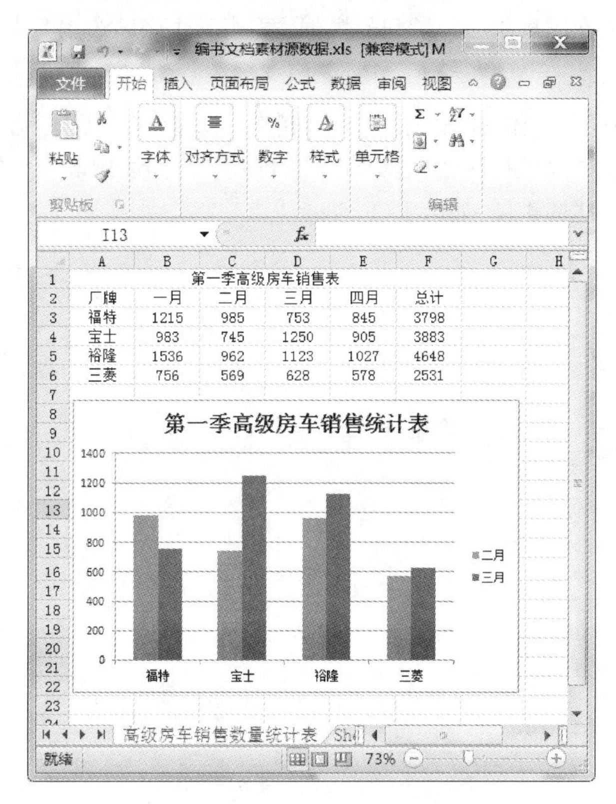

图 11-7　插入图表后的工作表和图表

11.2　图表的编辑和修改

图表创建完成后，如果对工作表进行了修改，图表的信息也随之变化。如果工作表没有变化，也可以对图表的“图表类型”、“图表源数据”、“图表选项”和“图表位置”等进行修改。当选中一个图表后，功能区会出现“图表工具”，用其下的“设计”、“布局”、“格式”中的命令可编辑和修改图表，也可以选中图表后，单击鼠标右键，利用弹出的菜单编辑和修改图表。

11.2.1　学习视频

登录“网络教学平台”，打开“第 11 讲”中“图表的编辑和修改”目录下的相关视频，在规定的时间内进行学习。

11.2.2　学习案例

以“高级房车销售数量统计表”工作表中“第一季高级房车销售统计表”图表为例来说明图表的编辑和修改。将图表类型修改为“簇状圆锥图”，将“一月”和“四月”两列的数据添加到图表中,同时删除工作表和图表中"三月"列的数据,并删除图表中"二月"列的数据。

1. 修改图表类型

单击图 11-7 中图表的绘图区,选择"图表工具"下"设计"中"类型"命令组中的"更改图表类型"命令,打开"更改图表类型对话框",如图 11-8 所示。修改图表类型为"簇状圆锥图",单击"确定"按钮,得到簇状圆锥图,如图 11-9 所示。

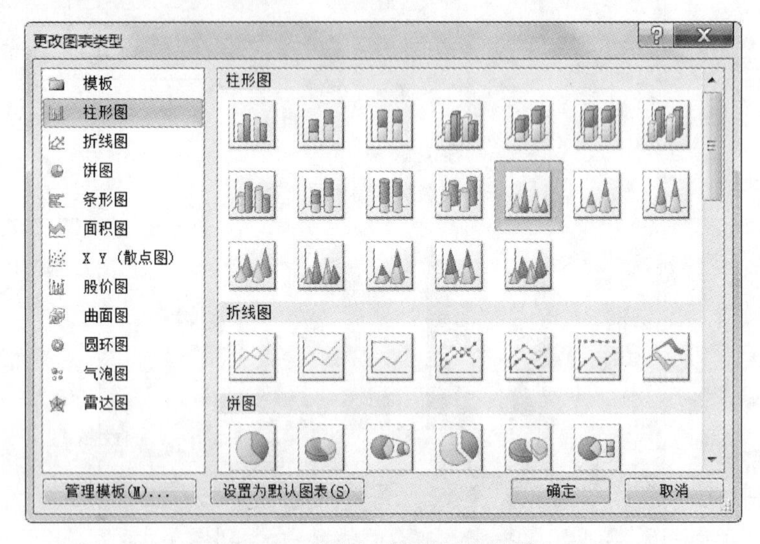

图 11-8　"更改图表类型"对话框

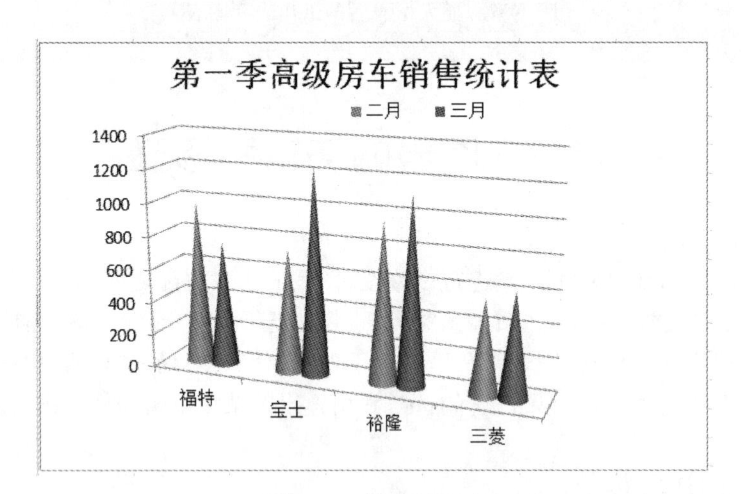

图 11-9　簇状圆锥图

2. 修改图表源数据

(1)向图表中添加数据。

将"高级房车销售数量统计表"工作表中"一月"列的数据添加到"第一季高级房车销售统计表"图表中,具体操作如下:

单击"第一季高级房车销售统计表"绘图区,选择"图表工具"下"设计"中的"数据"命令组中的"选择数据"命令,弹出"选择数据源"对话框中,如图 11-10 所示。在"图例项(系列)"列表框下单击“添加”按钮，弹出“编辑数据系列”对话框，如图 11-11 所示。在“系列名称”栏中单击按钮，选择单元格区域的地址 B2 单元格，在“系列值”栏中单击按钮，选择单元格区域的地址 B3:B6 区域，单击“确定”按钮，回到“选择数据源”对话框，再次单击“添加”按钮，弹出“编辑数据系列”对话框，在“系列名称”栏中单击按钮，选择单元格区域的地址 E2 单元格，在“系列值”栏中单击按钮，选择单元格区域的地址 E3:E6 区域，此时，“一月”和“四月”两列的数据已经添加到“图例项(系列)”中，如图 11-12 所示。单击“确定”按钮，即将“一月”和“四月”两列的数据添加到“第一季高级房车销售统计表”图表中，添加后的图表如 11-13 所示。

选择数据源
图表数据区域(D)：=高级房车销售数量统计表!$A$2:$A$6,高级房车销售数量统计表!$C$2:$D$6
切换行/列(W)
图例项(系列)(S)
添加(A)　编辑(E)　删除(R)
二月
三月
水平(分类)轴标签(C)
编辑(T)
福特
宝士
裕隆
三菱
隐藏的单元格和空单元格(H)　确定　取消

图 11-10　“选择数据源”对话框

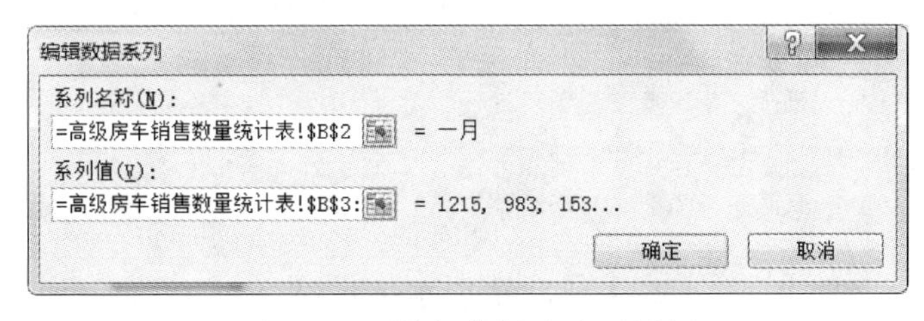

图 11-11　“编辑数据系列”对话框

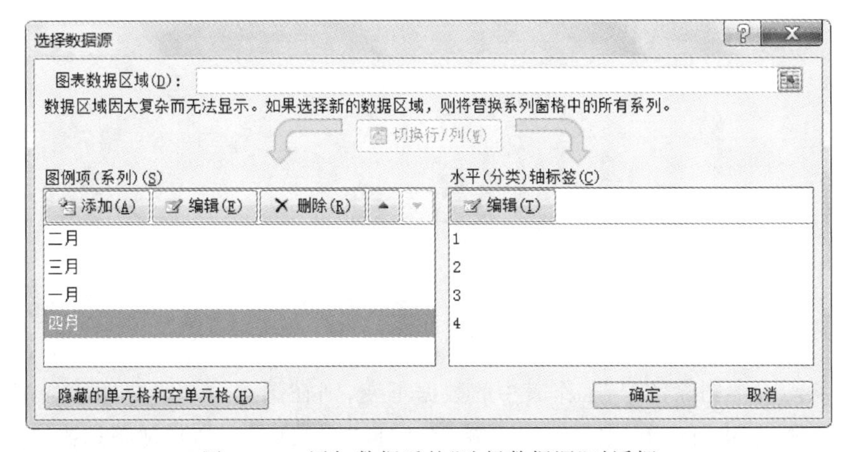

图 11-12　添加数据后的“选择数据源”对话框

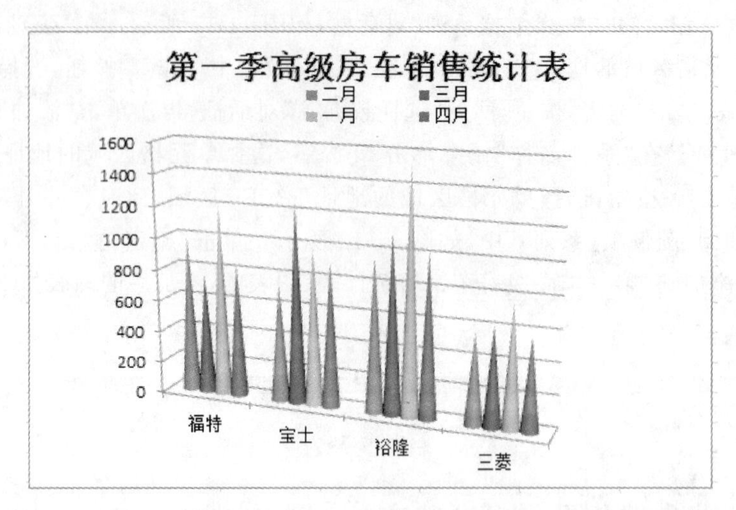

图 11-13　添加数据后的“第一季高级房车销售统计表”图表效果图

(2)删除图表中的数据。

要同时删除工作表和图表中的数据，只要删除工作表中的数据，图表将会自动更新。

同时删除工作表和图表中的“三月”列的数据，具体操作为：选中“高级房车销售数量统计表”工作表中“三月”列的数据，按 Delete 键，删除工作表中“三月”列的数据，观察图表，图表会自动更新，“三月”的数据同时也被删除，如图 11-14 所示。

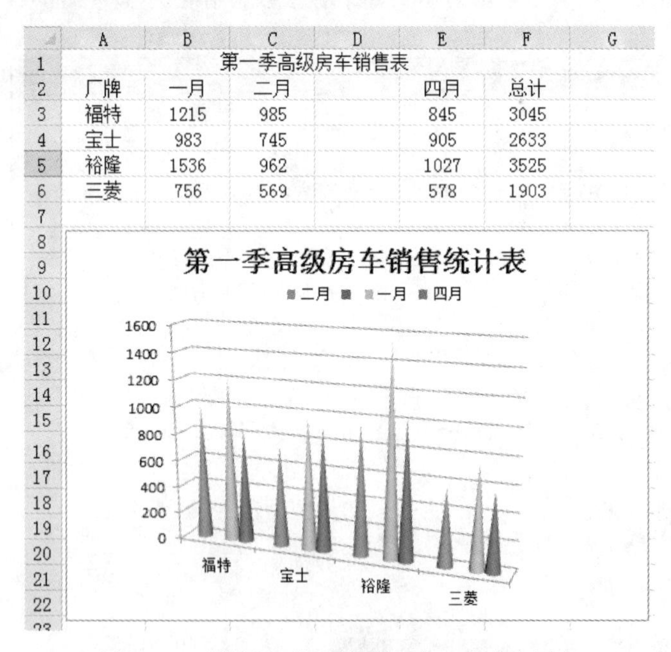

	A	B	C	D	E	F	G
1		第一季高级房车销售表					
2	厂牌	一月	二月		四月	总计	
3	福特	1215	985		845	3045	
4	宝士	983	745		905	2633	
5	裕隆	1536	962		1027	3525	
6	三菱	756	569		578	1903	

图 11-14　删除“三月”列数据后的工作表和图表

如果只从图表中删除数据，工作表中的数据不变，则在图表中单击要删除的图表系列，按 Delete 键即可完成；也可以利用“选择数据源”对话框“图例项(系列)”标签选项卡中的“删除”按钮删除图表数据。要实现删除图表中的“二月”列的数据，具体操作为：在“第一季高级房车销售统计表”图表绘图区中单击要删除的“二月”，按 Delete 键即可。或者单击“第一季高级房车销售统计表”绘图区，选择“图表工具”下“设计”中“数据”组中的“选择数据”命令，弹出“选择数据源”对话框，如图 11-15 所示。在“图例项(系列)”列表框下选中“二月”，单击“删除”按钮，此时在右侧的“水平(分类)轴标签”列表框下，原来的厂牌“福特、宝士、裕隆、三菱”变成了“1、2、3、4”，如图 11-16 所示。单击“水平(分类)轴标签”列表框下“编辑”按钮，弹出“轴标签”对话框，单击按钮，选择单元格区域的 A3:A6 区域，如图 11-17 所示。单击“确定”按钮，回到“选择数据源”对话框，如图 11-18 所示。再次单击“确定”按钮，即将“二月”列的数据从“第一季高级房车销售统计表”图表中删除，删除后的图表如 11-19 所示。只从图表中删除“二月”列数据，但工作表中“二月”列数据仍在。

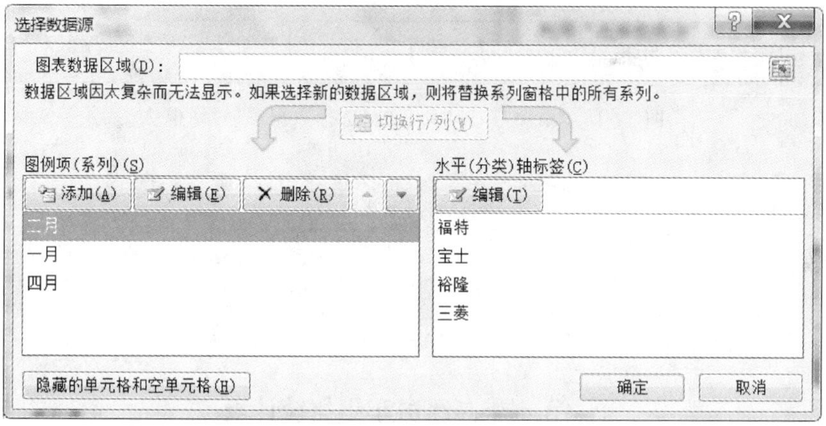

图 11-15　“选择数据源”对话框

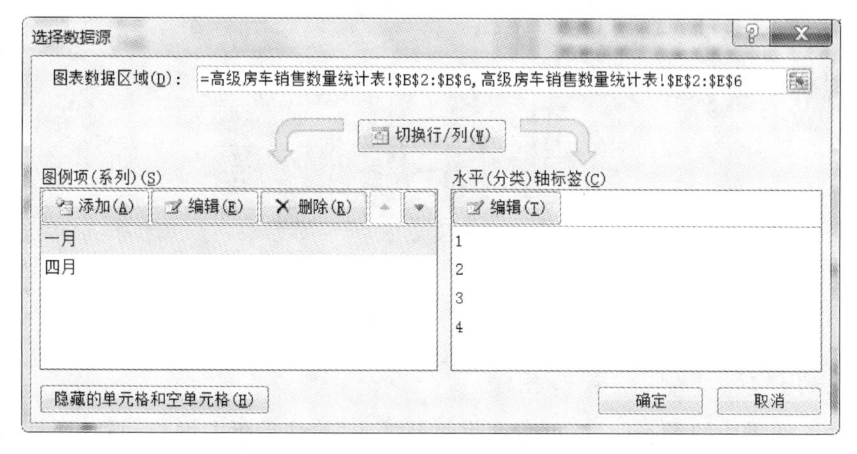

图 11-16　删除“二月”列后的“选择数据源”对话框

图 11-17　“轴标签”对话框

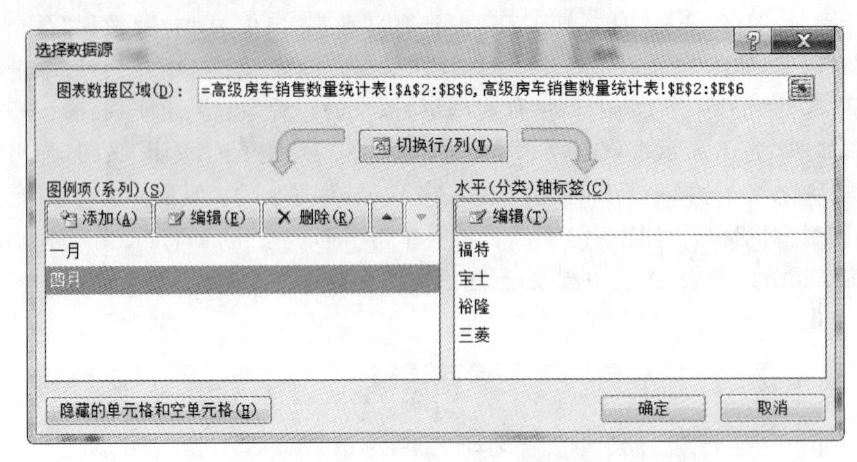

图 11-18　添加“厂牌”列后的“选择数据源”对话框

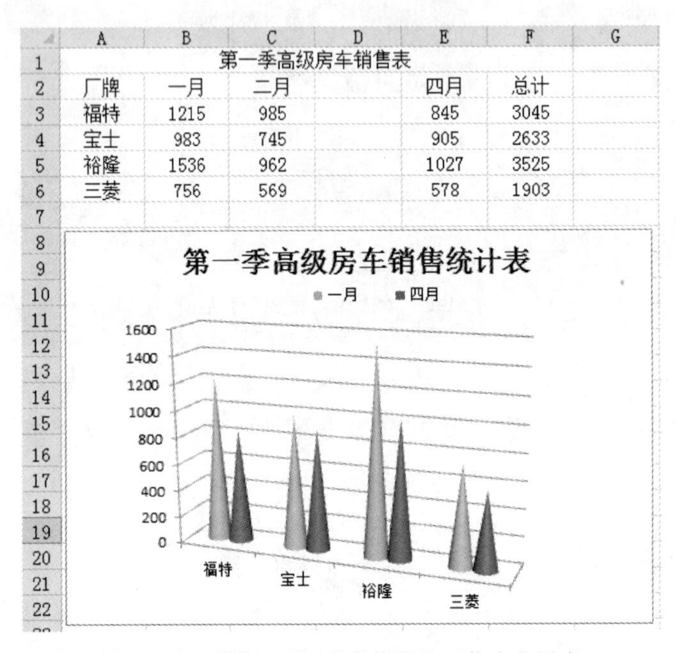

	A	B	C	D	E	F	G
1	第一季高级房车销售表						
2	厂牌	一月	二月		四月	总计	
3	福特	1215	985		845	3045	
4	宝士	983	745		905	2633	
5	裕隆	1536	962		1027	3525	
6	三菱	756	569		578	1903	

图 11-19　删除“二月”列数据后的工作表和图表

3. 图表的移动、复制、缩放和删除

(1)移动工作表中的图表位置：单击图表将其选中，按住鼠标左键拖动到指定位置，松开鼠标左键即可。

(2)复制工作表中的图表：若在同一工作表中复制，单击图表将其选中，单击鼠标右键，在快捷菜单中选择“复制”命令，在指定位置单击鼠标右键，在快捷菜单中选择“粘贴”命令即可。

(3)工作表中图表的缩放：单击图表将其选中，鼠标指向该图表四周上的任何一个句柄，拖动鼠标，即可实现图表在任何方向上的缩放。

(4)删除工作表中的图表：单击图表将其选中，按 Delete 键进行删除。要删除独立图表，右击该图表工作表标签，在弹出的快捷菜单中选择“删除”命令，然后单击“确定”按钮即可。

4. 编辑图表中的文字

图表中文字的编辑是指增加、删除或修改图表中的一些说明性文字，以便更好地说明图表中的有关内容。

(1)增加图表标题和坐标轴标题：单击图表将其选中，单击“布局”选项卡下“标签”命令组中的“图表标题”按钮或“坐标轴标题”按钮，再选择相应的选项，增加图表标题和纵横坐标轴标题。

(2)修改和删除图表中的文字：对图表中的文字修改，单击要修改的文字处，直接修改其中的内容，若要删除文字，选中文字后，按 Delete 键即可删除该文字。

5. 更改图表的位置

如果要将嵌入式图表改为独立图表，则先选定要更改位置的图表，然后单击“设计”选项卡下“位置”命令组中的“移动图表”按钮，弹出“移动图表”对话框。单击“新工作表”按钮，在右侧的文本框中输入图表所在的工作表名。单击“对象位于”按钮，在右侧的文本框中下拉列表中选择图表移动的目标工作表名。单击“确定”按钮，嵌入式图表变为独立图表，同样的操作可将独立图表更改为嵌入式图表。

11.3　图表的修饰

图表编辑修改后，可以对图表进行修饰，以便更好地表现工作表。利用“图表选项”对话框可以对图表的网格线、数据表、数据标志等进行编辑和设置。此外，还可以对图表进行修饰，包括设置图表的颜色、图案、线形、填充效果、边框和图片等，还可以对图表中的图表区、绘图区、坐标轴、背景墙和基底等进行设置，方法是选中所需修饰的图表，利用“图表工具”下的“布局”和“格式”中的命令完成图表的修饰。

11.3.1　学习视频

登录“网络教学平台”，打开“第 11 讲”中“图表的修饰”目录下的相关视频，在规定的时间内进行学习。

11.3.2　学习案例

以“高级房车销售数量统计表”工作表中包含“一月”、“二月”、“三月”、“四月”四列数据的“第一季高级房车销售统计表”图表为例来说明图表的修饰。设置图表区边框样式为“由粗到细”，“圆角”，宽度为“3 磅”，颜色为“深蓝”，并设置“内部居中预设”，“浅蓝色阴影”；设置绘图区边框样式为“划线-点”，宽度为“2 磅”，颜色为“红色”，填充“羊皮纸”图片；设置 Y 轴刻度最小值为 500，最大值为 1 600，主要刻度单位为 100，分类(X 轴)交叉于 500，增加纵横坐标轴标题分别为“销售量/台”和“厂牌”；无网格线，显示数据标签，基底填充“橙色，强调文字颜色 6”，背景墙填充“黄色”。

1. 利用“设置图表区格式”对话框

选中“第一季高级房车销售统计表”的图表区，单击鼠标右键，弹出快捷菜单，选择“设置图表区域格式”菜单项，弹出“设置图表区格式”对话框，如图 11-20 所示。

设置图表区格式

填充
边框颜色
边框样式
阴影
发光和柔化边缘
三维格式
三维旋转
大小
属性
可选文字

边框样式
宽度(W)：3 磅
复合类型(C)：
短划线类型(D)：
线端类型(A)：平面
联接类型(J)：圆形
箭头设置
前端类型(B)：　后端类型(E)：
前端大小(S)：　后端大小(N)：
圆角(R)

关闭

图 11-20　“设置图表区格式”对话框

在“边框颜色”标签选项卡下选择“实线”，“颜色”选择为“深蓝”。在“边框样式”标签选项卡下“宽度”设为“3 磅”，“复合类型”设为“由粗到细”，并把“圆角”前面的单选框勾上。在“阴影”标签选项卡下“预设”设为“内部”命令组中的“内部居中”，“颜色”设为“浅蓝”，单击“关闭”按钮，完成设置，设置后效果如图 11-21 所示。

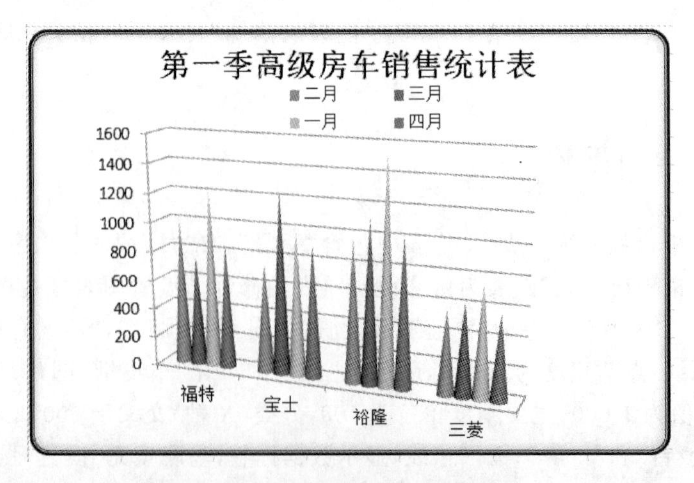

图 11-21　图表区格式设置效果图

2. 利用"设置绘图区格式"对话框

选中"第一季高级房车销售统计表"图表的绘图区，单击鼠标右键，弹出快捷菜单，选择"设置绘图区格式"菜单项，弹出"设置绘图区格式"对话框，如图 11-22 所示。

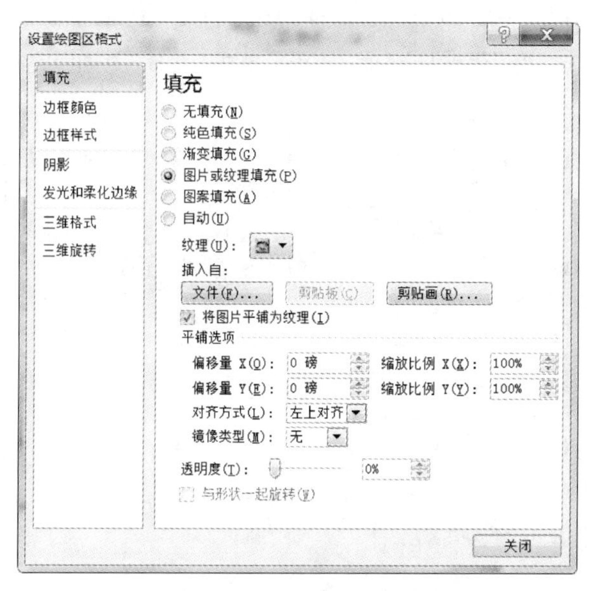

图 11-22　"设置绘图区格式"对话框

在"填充"标签选项卡下选择"图片或纹理填充"，"纹理"设为"羊皮纸"。在"边框颜色"标签选项卡下选择"实线"，"颜色"选择为"红色"。在"边框样式"标签选项卡下"宽度"设为"2 磅"，"短划线类型"设为"划线-点"。单击"关闭"按钮，完成设置，设置后效果如图 11-23 所示。

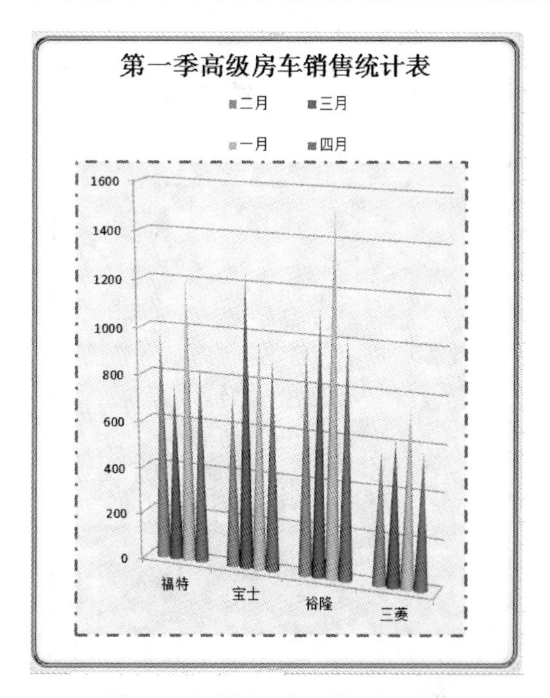

图 11-23　绘图区格式设置效果图

3. 利用“坐标轴格式”对话框

在“第一季高级房车销售统计表”图表绘图区的 Y 坐标轴上，单击鼠标右键，弹出快捷菜单，选择“设置坐标轴格式”菜单项，弹出“设置坐标轴格式”对话框，如图 11-24 所示。将“坐标轴选项”选项卡中“最小值”设为“固定 500”，“最大值”设为“固定 1 600”，“主要刻度单位”设为“固定 100”，“基地交叉点”设为“坐标轴值 500”。单击“关闭”按钮，完成设置，设置后效果如图 11-25 所示。

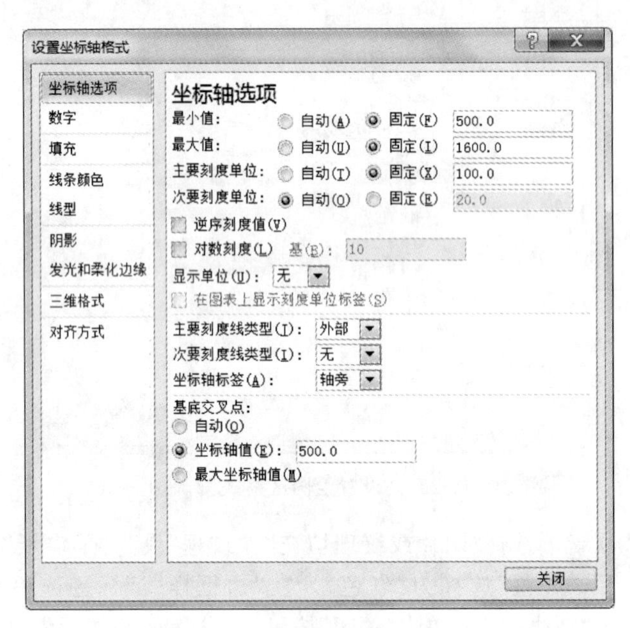

图 11-24 “设置坐标轴格式”对话框

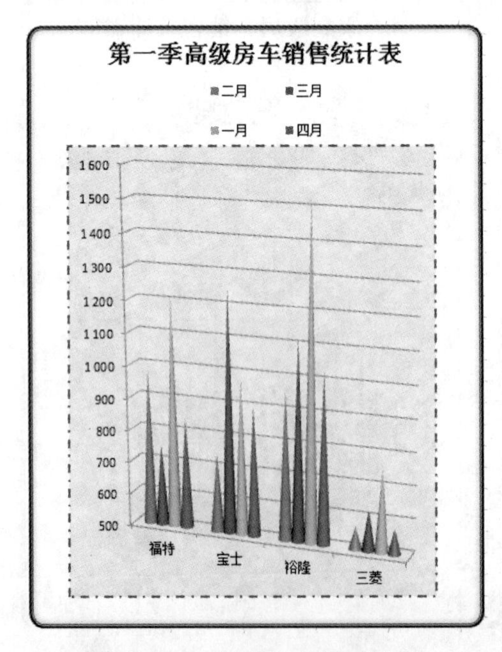

图 11-25 坐标轴格式设置效果图

下面进行坐标轴标题、网格线、数据标签、图表基底、背景墙等的设置。

选中图表，单击“图表工具”下“布局”中“标签”命令组中的“坐标轴标题”，找到“主要横坐标轴标题”下的“坐标轴下方标题”，此时，在横坐标轴下方输入“厂牌”。同样的方法，找到“主要纵坐标轴标题”下“竖排标题”，此时，在纵坐标轴左侧输入“销售量/台”，完成坐标轴标题设置。

选中图表，单击“图表工具”下“布局”中“坐标轴”命令组中的“网格线”，找到“主要横网格线”下的“无”，此时，图表的网格线消失了，完成网格线设置。

选中图表，单击“图表工具”下“布局”中“标签”命令组中的“数据标签”，找到“显示”，此时，在“第一季高级房车销售统计表”柱形图上方显示各厂销售量的数值。

选中图表，单击“图表工具”下“布局”中“背景”命令组中的“图表基底”，找到“其他基底选项”，打开“设置基底格式”对话框，在“填充”标签选项卡下选择“纯色填充”，“填充颜色”选择为“橙色，强调文字颜色6”，单击“关闭”按钮，完成基底设置。

选中“第一季高级房车销售统计表”图表的背景墙，单击鼠标右键，弹出快捷菜单，选择“设置背景墙格式”，弹出“设置背景墙格式”对话框，在“填充”标签选项卡下选择“纯色填充”，“填充颜色”选择为“黄色”，单击“关闭”按钮，完成背景墙设置。

最终效果图如图11-26所示。

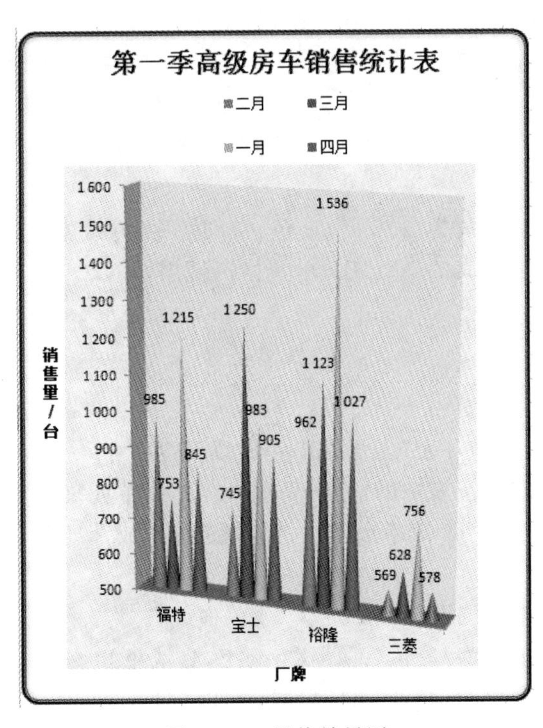

图11-26　最终效果图

11.4 课后练习

登录“网络教学平台”,下载本讲素材进行操作练习,在规定的时间内提交作业。

第 1 题

按照实验结果,在“销售单”工作表中完成以下设置:

(1)选取 A2:A6 和 C2:D6 单元格区域数据建立“簇状圆柱图”,以“型号”为 X 轴上的项,统计某型号产品每个月销售数量。

(2)图表标题为“销售数量统计图”,位于图表上方,图例位置为顶部。

(3)把“一月”列的数据添加到图表中。

(4)将图表插入到“销售单”工作表的 A9:G22 单元格区域内,并以“11-1. xlsx”为文件名保存至考生文件夹中。

第 2 题

按照实验结果,在“调查表”工作表中完成以下设置:

(1)选取 B2:F2 和 B5:F5 单元格区域数据建立“分离型三维饼图”,统计管理人员微机使用频率情况。

(2)设置图表标题为“管理人员微机使用频率”,位于图表上方,图例位置为底部,设置百分比数据标签并居中显示。

(3)设置图表区边框线样式为“1.5 磅、蓝色、带圆角”的双线。

(4)将图表插入到该工作表的 A7:F19 单元格区域内,并以“11-2. xlsx”为文件名保存至考生文件夹中。

第 3 题

按照实验结果,在“成绩统计表”工作表中完成以下设置:

(1)选取“成绩统计表”工作表中的“学号”列(A2:A12 单元格区域)和“平均成绩”列(E2:E12 单元格区域)的内容建立“簇状条形图”,图表标题为“成绩统计表”,位于图表上方,清除图例。

(2)设置图表绘图区格式图案区域填充为“浅色横线”。

(3)设置图表区格式填充为“紫色,强调文字颜色 4,淡色 60%”。

(4)将图表插入到表 A16:G35 单元格区域,并以“11-3. xlsx”为文件名保存至考生文件夹中。

第 4 题

按照实验结果,在“师资情况表”工作表中完成以下设置:

(1)选取“职称”和“百分比”两列的数据(不包括“总计”行)建立“三维饼图”。

(2)设置数据标签为“百分比”、“数据标签内”,图表标题为“学校师资情况表”,位于图表上方。

(3)修改图表类型为“分离型三维饼图”,图例位置为顶部。

(4)设置图表绘图区格式渐变填充为“雨后初晴”,将图表插入到 A9:F22 单元格区域,并以“11-4. xlsx”为文件名保存至考生文件夹中。

第 5 题

按照实验结果,在“运动会成绩统计表”工作表中完成以下设置:

(1)选取“队名”、“金牌”、“银牌”和“铜牌”列数据建立“带数据标记的折线图”。

(2)设置图表标题为“运动会成绩统计表”,位于图表上方,横坐标轴标题为“队名”,纵坐标轴标题为竖排标题“奖牌数/块”。

(3)设置 *Y* 轴刻度最小值为 15,最大值为 80,主要刻度单位为 10,分类(*X* 轴)交叉于 15。

(4)设置绘图区填充图片“羊皮纸”,边框线为“3 磅”、“紫色”,短划线类型为“圆点”。

(5)设置图表区填充颜色为“橙色强调颜色 6,淡色 60%”,边框线为“6 磅”、“深蓝”,复合类型为“三线”,并设置“内部居中”阴影。

(6)将图表插入到表 A12:H28 单元格区域,并以“11-5. xlsx”为文件名保存至考生文件夹中。

第 6 题

按照实验结果,在“蔬菜产量情况表”工作表中完成以下设置:

(1)用公式计算出产量的“总计”列和“所占百分比”行的内容,单元格格式的数字分类为百分比,保留小数点后两位。

(2)选取“种类”行和“所占百分比”行的内容(不含“总计”列)建立“分离型三维饼图”。

(3)标题为“蔬菜产量情况图”,位于图表上方,图表标题格式为“1 磅、红色、短划线”,图例位置在底部,数据标签显示为“值”。

(4)将图表插入到“蔬菜产量情况表”工作表的 A6:E18 单元格区域内,并以“11-6. xlsx”为文件名保存至考生文件夹。

第 7 题

按照实验结果,在“销售数据表”工作表中完成以下设置:

(1)选取数据建立“带数据标记的折线图”,图表标题为“2013 年希望书店图书销售折线图”,位于图表上方,设置图例边框格式为“2.5 磅渐变线”、“熊熊火焰”,横坐标轴标题为“月份”,纵坐标轴标题为竖排标题“销售量/册”,设置 *Y* 轴刻度最小值为 50,最大值为 200,主要刻度单位为 30,分类(*X* 轴)交叉于 50。

(2)设置绘图区填充图片“纸莎草纸”,边框线为“2.5 磅”、“深蓝色”,短划线类型为“方点”。

(3)设置图表区填充颜色“紫色,强调颜色 4,淡色 40%”,边框线为“5 磅”、“深红”,复合类型为圆角“由粗到细”,并设置“内部居中”阴影。

(4)将图表插入到“销售数据表”工作表的 A6:H19 单元格区域内,并以“11-7.xlsx”为文件名保存至考生文件夹中。

第 8 题

按照实验结果,在“电视产品销售情况表”工作表中完成以下设置:

(1)选取数据建立气泡图,图表标题为“某电器厂电视产品调查表”,位于图表上方,图表样式为“样式 48”。

(2)设置图表网格线线型为“1.5 磅”,“水绿色,强调文字颜色 5,淡色 50%”,短划线类型为“短划线”。

(3)设置数据标签为“气泡大小”,并居中显示。

(4)将图表插入到“电视产品销售情况表”工作表的 A8:E22 单元格区域,并以“11-8.xlsx”为文件名保存至考生文件夹中。

第 12 讲　数据的管理与统计

Excel 2010 不仅提供强大的计算功能，还提供了数据管理功能。使用 Excel 2010 的排序、分类汇总、筛选功能，可以很方便地管理、分析数据。

本讲介绍数据清单、数据排序、分类汇总、数据筛选、合并计算以及数据透视表的操作。

12.1　数据清单

Excel 2010 中的数据清单相当于一个表格形式的数据库，具有类似数据库管理的一些功能。在 Excel 2010 中建立的数据库称为数据清单，可以通过创建一个数据清单来管理数据。数据清单是指工作表中包含相关数据的一系列数据行，可以理解成工作表中的一张二维表格，如成绩表。在执行数据库操作，如排序、筛选或分类汇总等时，Excel 2010 会自动将数据清单视为数据库，并使用下列数据清单元素来组织数据：

(1)数据清单中的列是数据库中的字段。

(2)数据清单中的列标题是数据库中的字段名称。

(3)数据清单中的每一行对应数据库中的一条记录。

本节介绍数据清单的基本概念。

12.1.1　学习视频

登录“网络教学平台”，打开“第 12 讲”中“数据清单”目录下的视频，在规定的时间内进行学习。

12.1.2　学习案例

“格林电器 2014 年产品销售情况统计表”数据清单，如图 12-1 所示。数据清单中有 7 个字段，分别为分店名称、产品名称、第 1 季度、第 2 季度、第 3 季度、第 4 季度、销售总计，共有 15 条记录。

注意：数据清单应该满足下列条件：

(1)每一列必须要有列名，而且每一列中的数据必须是相同类型的。

(2)避免在一个工作表中有多个数据清单。

(3)数据清单与其他数据间至少留出一个空白列和一个空白行。

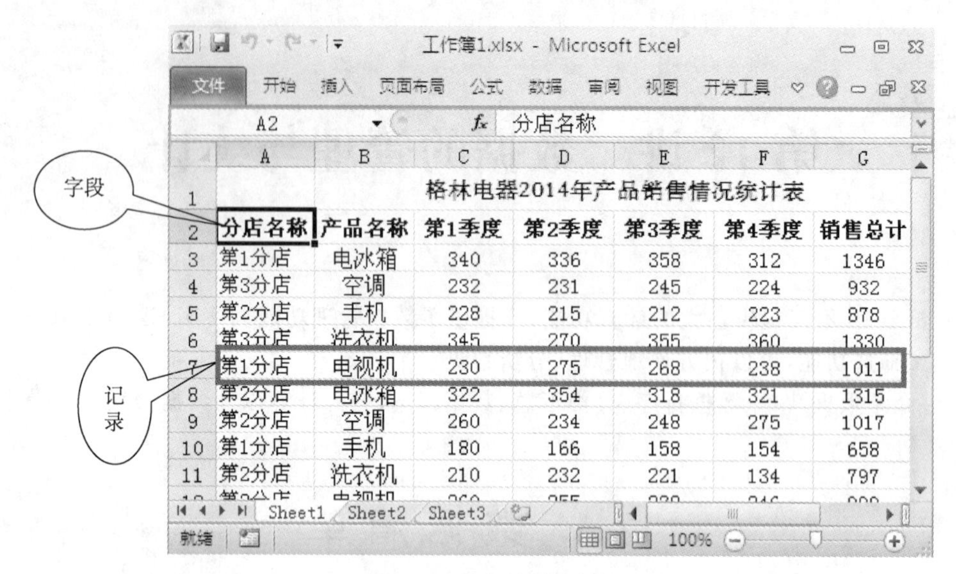

	A	B	C	D	E	F	G
1		格林电器2014年产品销售情况统计表					
2	分店名称	产品名称	第1季度	第2季度	第3季度	第4季度	销售总计
3	第1分店	电冰箱	340	336	358	312	1346
4	第3分店	空调	232	231	245	224	932
5	第2分店	手机	228	215	212	223	878
6	第3分店	洗衣机	345	270	355	360	1330
7	第1分店	电视机	230	275	268	238	1011
8	第2分店	电冰箱	322	354	318	321	1315
9	第2分店	空调	260	234	248	275	1017
10	第1分店	手机	180	166	158	154	658
11	第2分店	洗衣机	210	232	221	134	797

图 12-1　数据清单示例

12.2　数据排序

在用 Excel 2010 制作相关的数据表格时，我们可以利用其强大的排序功能浏览、查询、统计相关的数据。对 Excel 2010 数据进行排序是数据分析不可缺少的组成部分。用户可能需要执行以下操作：将名称列表按字母顺序排列；按从高到低的顺序编制产品存货水平列表；按颜色或图标对行进行排序。对数据进行排序有助于快速、直观地显示数据并更好地理解数据，有助于组织并查找所需数据，有助于最终作出更有效的决策。

建立数据清单时，各记录按照输入的先后次序排列；但是，当直接从数据清单中查找需要的信息时会很不方便，为了提高查找效率需要重新整理数据，其中最有效的方法就是对数据排序。排序是数据库的基本操作。数据排序是将数据清单列表中的数据按照一个或者多个数据列进行升序或者降序排序。排序不会改变每一行本身的内容，改变的只是它在数据清单中显示的位置。

Excel 2010 能够使数据清单中的记录按照某些字段进行排序，排序所依据的字段称为“关键字”，排序时最多可以有 3 个关键字，依次称为“主要关键字”、“次要关键字”、“第三关键字”。先根据主要关键字进行排序，若遇到某些行其主要关键字的值相同而无法区分它们的顺序时，再根据次要关键字的值进行区分，若还相同，则根据第三关键字区分。

本节介绍对数据清单中的数据进行排序。

12.2.1　学习视频

登录“网络教学平台”，打开“第 12 讲”中“数据排序”目录下的视频，在规定的时间内进行学习。

12.2.2　学习案例

1. 单字段排序

单字段排序是在数据清单中对一个关键字排序。

使用“格林电器 2014 年产品销售情况统计表”中的数据，如图 12-1 所示，以“第 1 季度”为主要关键字降序排列。

选中“第 1 季度”列，单击“数据”选项卡下的“排序和筛选”命令组的 Z↓A 降序按钮，即可完成对图 12-1 所示数据清单的排序，如图 12-2 所示。

格林电器2014年产品销售情况统计表

分店名称	产品名称	第1季度	第2季度	第3季度	第4季度	销售总计
第3分店	洗衣机	345	270	355	360	1330
第3分店	电冰箱	345	324	336	321	1326
第1分店	电冰箱	340	336	358	312	1346
第2分店	电冰箱	322	354	318	321	1315
第1分店	洗衣机	310	282	296	332	1220
第3分店	电视机	280	275	256	263	1074
第2分店	空调	260	234	248	275	1017
第2分店	电视机	260	255	238	246	999
第3分店	空调	232	231	245	224	932
第1分店	电视机	230	275	268	238	1011

图 12-2　以“第 1 季度”降序排序后的数据清单

注意：利用“数据”选项卡下的“排序和筛选”命令组的升序和降序按钮只能进行一个关键字的排序。

2. 多字段排序

多字段排序是在数据清单中对多个关键字排序，而且最多只能对 3 个关键字排序。

使用“格林电器 2014 年产品销售情况统计表”中的数据，如图 12-1 所示。以“第 1 季度”为主要关键字升序排列，以“第 3 季度”为次要关键字降序排列。

(1)选定数据清单区域，单击“数据”选项卡下的“排序和筛选”命令组的“排序”命令，弹出“排序”对话框，如图 12-3 所示。

(2)在“主要关键字”下拉列表框中选择“第 1 季度”，选中“升序”，单击“添加条件”按钮。在新增的“次要关键字”中，选择“第 3 季度”，选中“降序”，如图 12-3 所示。单击“确定”按钮，即可完成多字段排序，排序后的结果如图 12-4 所示。

注意：当排序时，对数字，是按大小顺序进行排序；对字母，是按 A 到 Z 的顺序进行排序；对汉字，是按汉语拼音字母顺序进行排序。

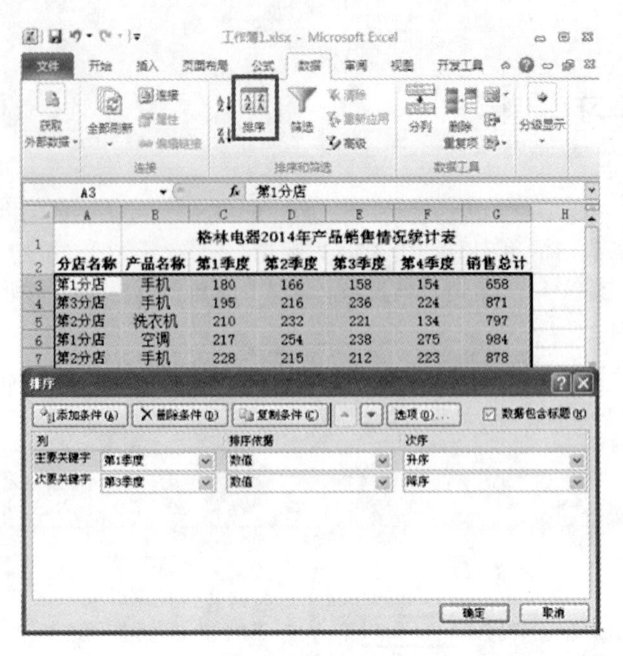

分店名称	产品名称	第1季度	第2季度	第3季度	第4季度	销售总计
第1分店	手机	180	166	158	154	658
第3分店	手机	195	216	236	224	871
第2分店	洗衣机	210	232	221	134	797
第1分店	空调	217	254	238	275	984
第2分店	手机	228	215	212	223	878

图 12-3 利用“排序”对话框进行排序

分店名称	产品名称	第1季度	第2季度	第3季度	第4季度	销售总计
第1分店	手机	180	166	158	154	658
第3分店	手机	195	216	236	224	871
第2分店	洗衣机	210	232	221	134	797
第1分店	空调	217	254	238	275	984
第2分店	手机	228	215	212	223	878
第1分店	电视机	230	275	268	238	1011
第3分店	空调	232	231	245	224	932
第2分店	空调	260	234	248	275	1017
第2分店	电视机	260	255	238	246	999
第3分店	电视机	280	275	256	263	1074
第1分店	洗衣机	310	282	296	332	1220
第2分店	电冰箱	322	354	318	321	1315
第1分店	电冰箱	340	336	358	312	1346
第3分店	洗衣机	345	270	355	360	1330
第3分店	电冰箱	345	324	336	321	1326

图 12-4 多字段排序后的数据清单

12.3 数据筛选

数据筛选是在工作表的数据清单中快速查找具有特定条件的记录。在筛选后数据清单中只包含符合筛选条件的记录，便于浏览。Excel 2010 中提供了两种数据的筛选操作，即“自动筛选”和“高级筛选”。

本节介绍数据的“自动筛选”和“高级筛选”操作。

12.3.1　学习视频

登录“网络教学平台”，打开“第 12 讲”中“数据筛选”目录下的视频，在规定的时间内进行学习。

12.3.2　学习案例

1. 自动筛选

“自动筛选”一般用于简单的条件筛选，筛选时，将不满足条件的数据暂时隐藏起来，只显示符合条件的数据。

使用“格林电器 2014 年产品销售情况统计表”中的数据，如图 12-1 所示，筛选出“销售总计”低于 1 000 的所有记录。

(1)单击数据清单中的任意单元格，单击“数据”选项卡下的“排序和筛选”命令组的“筛选”命令，在每个列标题旁边将增加一个向下的筛选箭头。

(2)单击“销售总计”下拉列表框，选择“数字筛选”命令，在下级菜单选项中选择“自定义筛选”命令，如图 12-5 所示。

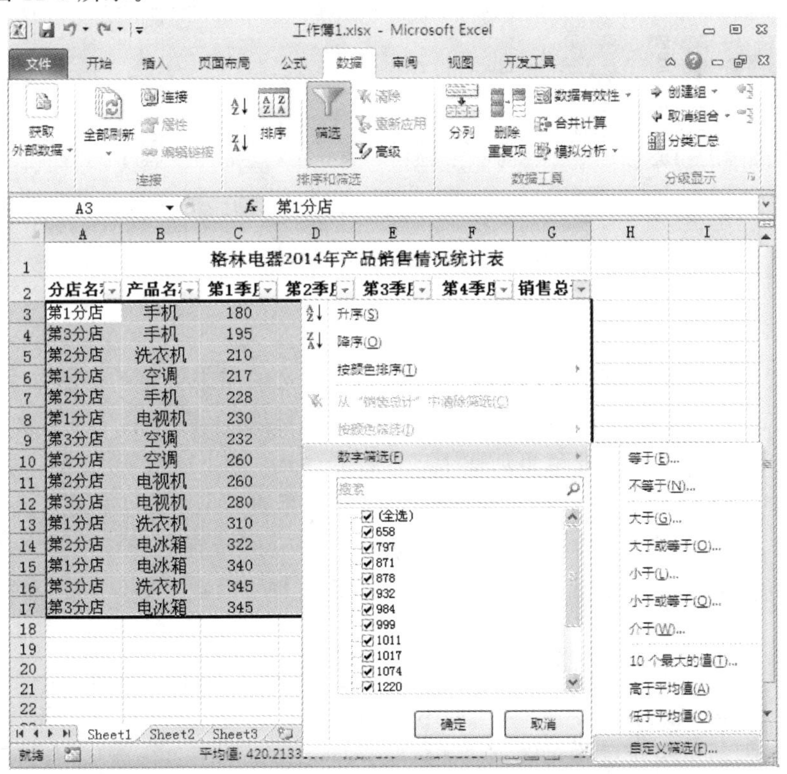

图 12-5　自定义筛选命令选择

(3)在弹出“自定义自动筛选方式”对话框中，在“销售总计”的第一个下拉列表框中选择“小于”，在右侧的输入框中输入“1 000”，如图 12-6 所示。单击“确定”按钮，即可完成自动筛选，筛选后的结果如图 12-7 所示。

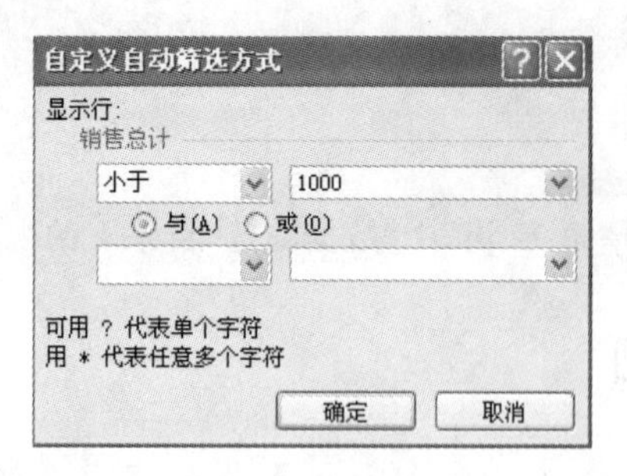

图 12-6 “自定义自动筛选方式”对话框

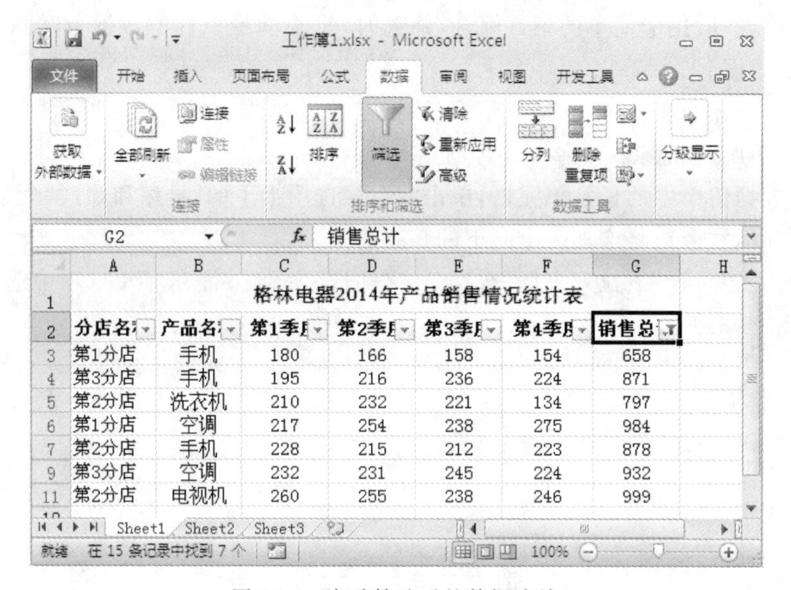

图 12-7 自动筛选后的数据清单

2. 高级筛选

“高级筛选”一般用于条件较复杂的筛选操作，其筛选的结果可显示在原数据表格中，不符合条件的记录被隐藏起来；也可以在新的位置显示筛选结果，不符合条件的记录同时保留在数据表中而不会被隐藏起来，这样就更加便于进行数据的比对。

使用“格林电器 2014 年产品销售情况统计表”中的数据，如图 12-1 所示。筛选出“第 2 季度”销售数量大于 300，或者“第 4 季度”销售数量大于 270 的所有记录。

(1)建立条件区域。将数据清单中要建立筛选条件的列标题“第 2 季度”和“第 4 季度”复制到工作表中的 D19 和 E19 单元格。

(2)在新的标题行下输入筛选条件，在“第 2 季度”标题下的单元格输入“＞＝300”，在“第 4 季度”标题下的单元格输入“＞＝270”，如图 12-8 所示。

(3)单击数据清单中任意单元格，在“数据”选项卡下的“排序和筛选”命令组中单击“高级”命令，打开“高级筛选”对话框。在对话框中，筛选方式为“在原有区域显示筛选结果”，数据区域已经自动选择好,单击条件区域的“提取”按钮,选择条件区域 D19:E21,如图 12-8 所示。最后单击“确定”按钮,筛选的结果如图 12-9 所示。

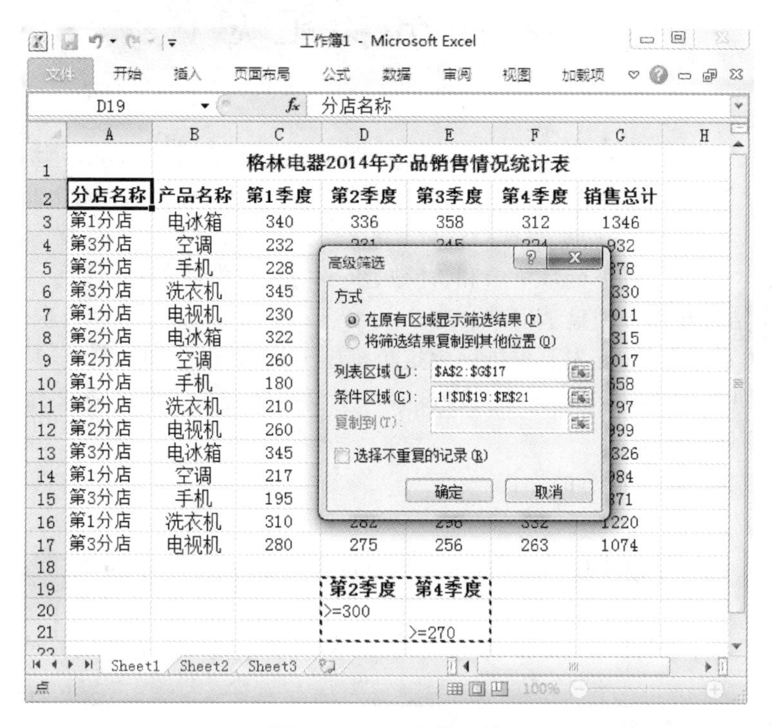

图 12-8　建立条件区域

工作簿1 - Microsoft Excel

A2　分店名称

格林电器2014年产品销售情况统计表

	A	B	C	D	E	F	G
2	分店名称	产品名称	第1季度	第2季度	第3季度	第4季度	销售总计
3	第1分店	电冰箱	340	336	358	312	1346
6	第3分店	洗衣机	345	270	355	360	1330
8	第2分店	电冰箱	322	354	318	321	1315
9	第2分店	空调	260	234	248	275	1017
13	第3分店	电冰箱	345	324	336	321	1326
14	第1分店	空调	217	254	238	275	984
16	第1分店	洗衣机	310	282	296	332	1220
18							
19				第2季度	第4季度		
20				>=300			
21					>=270		

Sheet1　Sheet2　Sheet3

就绪　在 15 条记录中找到 7 个　100%

图 12-9　高级筛选后的数据清单

注意:条件区域与数据清单区域不能连接,必须用空行隔开。条件区域的第一行是所有作为筛选条件的字段名,这些字段名必须与数据清单中的字段名完全一样。输入筛选条件时,“与”关系的条件必须出现在同一行,“或”关系的条件不能出现在同一行。

12.4 分类汇总

在日常的工作中，我们常用 Excel 2010 的分类汇总功能来统计数据。Excel 2010 可自动计算列表中的分类汇总和总计值。当插入自动分类汇总时，Excel 2010 将分级显示列表，以便为每个分类汇总显示和隐藏明细数据行。分类汇总就是将相同类别的数据，即数据清单中某一字段的数据放在一起，再进行数量求和、计数、求平均值之类的汇总运算。它还可逐级进行汇总计算，并将结果自动分级显示出来。

在进行分类汇总之前，首先要先排序。这个排序不是随意排序的，而是需考虑要针对哪个字段去做分类，就排序哪个字段，这个排序没有一定要升序或是降序的要求，而是根据最后展示的次序来排序即可。

本节介绍数据的分类汇总的操作。

12.4.1 学习视频

登录“网络教学平台”，打开“第 12 讲”中“分类汇总”目录下的视频，在规定的时间内进行学习。

12.4.2 学习案例

使用如图 12-1 所示的“格林电器 2014 年产品销售情况统计表”中的数据，进行分类汇总，汇总计算各分店各季度销售产品的平均值。其中，分类字段为“分店名称”，汇总方式为“平均值”，汇总项为“第 1 季度”、“第 2 季度”、“第 3 季度”、“第 4 季度”。

(1)在数据清单中对分类字段“分店名称”进行升序排序，以便进行分类汇总，如图 12-10 所示。

格林电器2014年产品销售情况统计表

分店名称	产品名称	第1季度	第2季度	第3季度	第4季度	销售总计
第1分店	电冰箱	340	336	358	312	1346
第1分店	电视机	230	275	268	238	1011
第1分店	手机	180	166	158	154	658
第1分店	空调	217	254	238	275	984
第1分店	洗衣机	310	282	296	332	1220
第2分店	手机	228	215	212	223	878
第2分店	电冰箱	322	354	318	321	1315
第2分店	空调	260	234	248	275	1017
第2分店	洗衣机	210	232	221	134	797
第2分店	电视机	260	255	238	246	999
第3分店	空调	232	231	245	224	932
第3分店	洗衣机	345	270	355	360	1330
第3分店	电冰箱	345	324	336	321	1326
第3分店	手机	195	216	236	224	871
第3分店	电视机	280	275	256	263	1074

图 12-10 对分类字段“分店名称”排序后的数据清单

(2)单击“数据”选项卡下的“分级显示”命令组的“分类汇总”命令，在弹出的“分类汇总”对话框中，在“分类字段”下拉列表框中选择“分店名称”，在“汇总方式”下拉列表框中选择“平均值”，在“选定汇总项”列表框中选择“第 1 季度”、“第 2 季度”、“第 3 季度”、“第 4 季度”复选框，如图 12-11 所示。最后单击“确定”按钮即可完成分类汇总，汇总后的结果如图 12-12 所示。

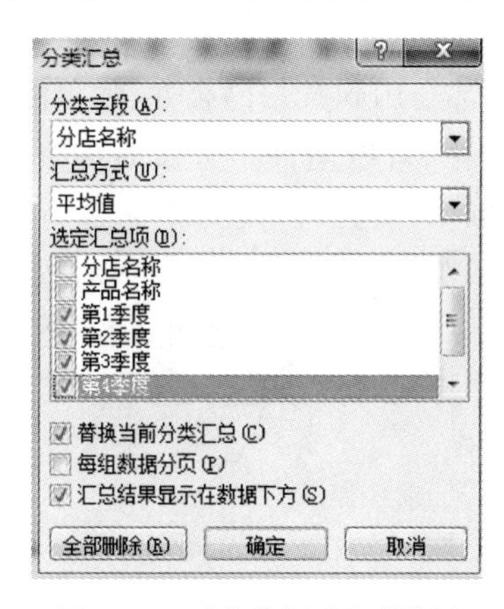

图 12-11　“分类汇总”对话框

	A	B	C	D	E	F	G
1	格林电器2014年产品销售情况统计表						
2	分店名称	产品名称	第1季度	第2季度	第3季度	第4季度	销售总计
3	第1分店	电冰箱	340	336	358	312	1346
4	第1分店	电视机	230	275	268	238	1011
5	第1分店	手机	180	166	158	154	658
6	第1分店	空调	217	254	238	275	984
7	第1分店	洗衣机	310	282	296	332	1220
8	第1分店 平均值		255.4	262.6	263.6	262.2	
9	第2分店	手机	228	215	212	223	878
10	第2分店	电冰箱	322	354	318	321	1315
11	第2分店	空调	260	234	248	275	1017
12	第2分店	洗衣机	210	232	221	134	797
13	第2分店	电视机	260	255	238	246	999
14	第2分店 平均值		256	258	247.4	239.8	
15	第3分店	空调	232	231	245	224	932
16	第3分店	洗衣机	345	270	355	360	1330
17	第3分店	电冰箱	345	324	336	321	1326
18	第3分店	手机	195	216	236	224	871
19	第3分店	电视机	280	275	256	263	1074
20	第3分店 平均值		279.4	263.2	285.6	278.4	
21	总计平均值		263.6	261.2667	265.5333	260.1333	

图 12-12　进行分类汇总后的数据清单

注意：(1)在数据分类汇总时，可供选择的汇总方式有“求和”、“计数”、“平均值”等，默认的汇总方式是“求和”。

(2)“＋”按钮表示这个级别的数据还有下级明细，单击“＋”按钮，就能看到相应的下层数据；“－”按钮恰恰相反，如果单击“－”按钮，就会隐藏相应的明细数据，回到上一级的汇总里去。

(3)如要要删除分类汇总，在“分类汇总”对话框中，单击“全部删除”即可。

12.5 数据合并

在办公制作表格的时候大多都会用到数据的合并，如果能够熟练地应用，将会使用户的工作效率事半功倍。在 Excel 2010 中，可以用许多方法对多个工作表中的数据进行合并计算。如果需要合并的工作表不多，可以用“合并计算”命令来进行。在 Excel 2010 中，若要汇总和报告多个单独工作表的结果，可以将每个单独工作表中的数据合并计算到一个主工作表中。这些工作表可以与主工作表在同一个工作簿中，也可以位于其他工作簿中。对数据进行合并计算就是组合数据，以便能够更容易地对数据进行定期或不定期的更新和汇总。

本节介绍数据合并的计算操作。

12.5.1 学习视频

登录“网络教学平台”，打开“第 12 讲”中“数据合并”目录下的视频，在规定的时间内进行学习。

12.5.2 学习案例

使用“图书销售表”中的数据对“各书店图书销售情况表”数据进行合并，如图 12-13 所示，在“图书销售情况表”中进行“求和”合并计算。

	A	B	C	D	E
1					
2	文墨居书店图书销售情况表			翰林轩书店图书销售情况表	
3	书籍名称	销售数量（本）		书籍名称	销售数量（本）
4	电子商务应用	217		电子商务应用	495
5	实用旅游英语	336		实用旅游英语	520
6	数字化摄影技术	857		数字化摄影技术	630
7	学生安全知识	370		学生安全知识	280
8	管理经济学	765		管理经济学	580
9	现代礼仪	940		现代礼仪	690
10					
11					
12	百文斋书店图书销售情况表			图书销售情况表	
13	书籍名称	销售数量（本）		书籍名称	销售数量（本）
14	电子商务应用	430			
15	实用旅游英语	680			
16	数字化摄影技术	380			
17	学生安全知识	450			
18	管理经济学	420			
19	现代礼仪	860			
20					

图 12-13 “图书销售表”的数据清单

从图 12-13 中可以看出，需要合并的区域在同一个工作表中，每个区域的形状类似，包含一些相同的行标题和列标题。现在需要将工作表中的数据合并到“汇总”到“图书销售情况表”空白区域，步骤如下：

(1)将光标定位在要合并计算的位置，单击“数据”选项卡下“数据”命令组中的“合并计算”命令，弹出“合并计算”对话框，如图 12-14 所示。

(2)在对话框中，在“函数”下拉列表框中选择“求和”，在引用位置单击“提取”按钮，选取工作表中的数据区域 A4:B9。

注意：在“函数”框中，有求和、计数、平均值、最大值、最小值等，这些函数是用来对数据进行合并计算的汇总函数，汇总函数是一种计算类型，用于合并计算表中合并源数据。

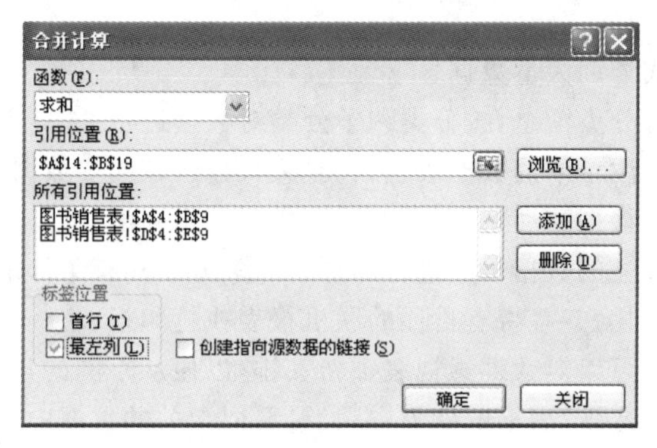

图 12-14　“合并计算”对话框

(3)单击“添加”按钮，选取工作表中的数据区域 D4:E9 后，再次单击“添加”按钮，选取选取工作表中的数据区域 A14:B19，在标签位置选取“最左列”，如图 12-14 所示。最后单击“确定”按钮即可完成数据合并，合并后的结果如图 12-15 所示。

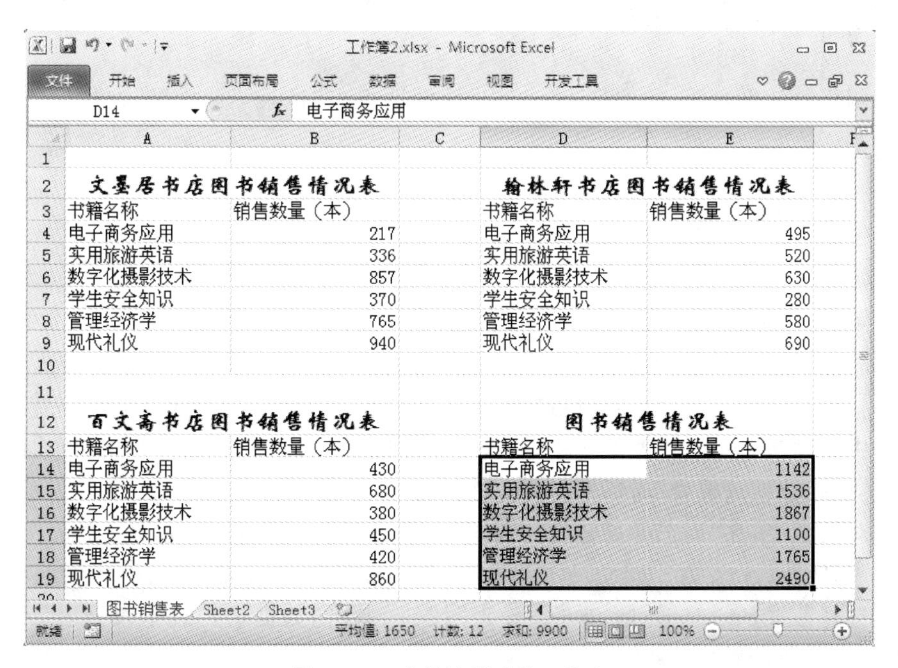

	A	B	C	D	E
1					
2	文墨居书店图书销售情况表			翰林轩书店图书销售情况表	
3	书籍名称	销售数量（本）		书籍名称	销售数量（本）
4	电子商务应用	217		电子商务应用	495
5	实用旅游英语	336		实用旅游英语	520
6	数字化摄影技术	857		数字化摄影技术	630
7	学生安全知识	370		学生安全知识	280
8	管理经济学	765		管理经济学	580
9	现代礼仪	940		现代礼仪	690
10					
11					
12	百文斋书店图书销售情况表			图书销售情况表	
13	书籍名称	销售数量（本）		书籍名称	销售数量（本）
14	电子商务应用	430		电子商务应用	1142
15	实用旅游英语	680		实用旅游英语	1536
16	数字化摄影技术	380		数字化摄影技术	1867
17	学生安全知识	450		学生安全知识	1100
18	管理经济学	420		管理经济学	1765
19	现代礼仪	860		现代礼仪	2490

图 12-15　合并计算后的工作表

注意：如果选中“创建指向源数据的链接”复选框，在源数据改变时会自动更新合并计算的数据。

12.6　数据透视表

Excel 2010 数据透视是一种可以快速汇总大量数据的交互式方法。使用数据透视表可以深入分析数值数据，并且可以回答一些无法预测的数据问题。数据透视表是针对以下用途特别设计的：

(1)以多种友好方式查询大量数据。

(2)对数值数据进行分类汇总，按分类和子分类对数据进行汇总，创建自定义计算和公式。

(3)展开或折叠要关注结果的数据级别，查看感兴趣区域摘要数据的明细。

(4)将行移动到列或将列移动到行，以查看源数据的不同汇总。

(5)对最有用和最关注的数据子集进行筛选、排序、分组和有条件地设置格式。

(6)提供简明、有吸引力并且带有批注的联机报表或打印报表。

建好数据透视表后，可以对数据透视表重新安排，以便从不同的角度查看数据。数据透视表的名字来源于它具有“透视”表格的能力，从大量看似无关的数据中寻找背后的联系，从而将纷繁的数据转化为有价值的信息，以供研究和决策利用。总之，合理运用数据透视表进行计算与分析，能使许多复杂的问题简单化，并且极大地提高工作效率。

本节介绍数据透视表的创建和编辑。

12.6.1　学习视频

登录“网络教学平台”，打开“第 12 讲”中“数据透视表”目录下的视频，在规定的时间内进行学习。

12.6.2　学习案例

1. 创建数据透视表

使用“五星科技有限公司费用支出情况”中的数据，如图 12-16 所示，以“支出情况”为行标签，以“部门”为列标签，数值以“会议费”为“求和”项，在现有工作表中建立“数据透视表”。

(1)选中数据清单中的任意单元格，单击“插入”选项卡下的“表格”命令组的“数据透视表”命令，打开“创建数据透视表”对话框，如图 12-17 所示。

(2)在对话框中，在“请选择要分析的数据”选项卡下会自动选中“选择一个表或区域”，选择表的区域为“Sheet1！$A$2：$I$12”，在“选择放置数据透视表的位置”选项卡下选择“现有工作表”选择位置从 A15 开始，单击“确定”按钮，弹出“数据透视表字段列表”对话框(见图 12-18)和未完成的数据透视表。

创建数据透视表 - Microsoft Excel

	A	B	C	D	E	F	G	H	I
1	五星科技有限公司费用支出情况（万元）								
2	部门	支出情况	交通	技术投入	书籍	翻译	设备	会议费	其他
3	质检部	预算	1.6	18	7	1	19	11	6
4	质检部	实际	2	20	7.8	0.9	18	12	6
5	销售部	预算	8	3	3.5	0.8	3	6	4
6	销售部	实际	7.5	2.8	3	0.6	3	5	3.7
7	研发部	预算	1.8	7	5	0.2	5	5	4
8	研发部	实际	2.5	6	3	0.2	5	4.6	4.5
9	软件部	预算	1	4	6	2	3	2	2
10	软件部	实际	0.8	4.1	3.5	1.6	2.9	3.2	2.9
11	硬件部	预算	2	3	3	1	10	5	2
12	硬件部	实际	1.8	3.6	3	0.6	11	4.7	2.5

图 12-16 创建数据透视表的数据清单

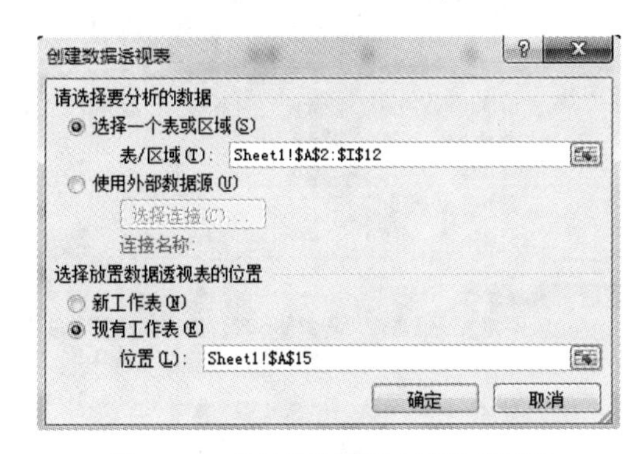

图 12-17 “创建数据透视表”对话框

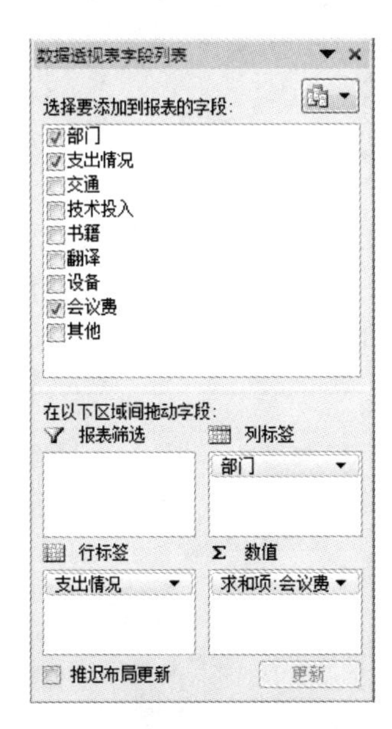

图 12-18 “数据透视表字段列表”对话框

在图 12-18 中可以看到，数据透视表字段列表分为 4 个区域，分别如下：

报表筛选：添加字段到报表筛选区可以使该字段包含在数据透视表的筛选区域中，以便对其独特的数据项进行筛选。

列标签：添加一个字段到列标签区域可以在数据透视表顶部显示来自该字段的独特的值。

行标签：添加一个字段到行标签区域可以沿数据透视表左边的整个区域显示来自该字段的独特的值。

数值：添加一个字段“数值”区域，可以使该字段包含在数据透视表的值区域中，并使用该字段中的值进行指定的计算。

(3)在弹出的“数据透视表字段列表”对话框中，将“支出情况”拖动到“行标签”列表框中，将“部门”拖动到“列标签”列表框中，将“会议费”拖动到“数值”列表框中。此时，在所选放置数据透视表的位置处显示完成的数据透视表，如图 12-19 所示。

创建数据透视表.xlsx - Microsoft Excel

文件 开始 插入 页面布局 公式 数据 审阅 视图 开发工具

A14

五星科技有限公司费用支出情况（万元）

部门	支出情况	交通	技术投入	书籍	翻译	设备	会议费
质检部	预算	1.6	18	7	1	19	11
质检部	实际	2	20	7.8	0.9	18	12
销售部	预算	8	3	3.5	0.8	3	6
销售部	实际	7.5	2.8	3	0.6	3	5

求和项:会议费	列标签					
行标签	软件部	销售部	研发部	硬件部	质检部	总计
实际	3.2	5	4.6	4.7	12	29.5
预算	2	6	5	5	11	29
总计	5.2	11	9.6	9.7	23	58.5

Sheet1 Sheet2 Sheet3

就绪 100%

图 12-19 完成的数据透视表

2. 编辑数据透视表

(1)移动数据透视表。

在需要移动的数据透视表的任意位置单击鼠标左键，菜单栏将显示“数据透视表工具”，自动添加“选项”和“设计”选项卡。在“选项”选项卡上的“操作”命令组中，选择“移动数据透视表”，这时会弹出如图 12-20 的对话框，选择放置数据透视表的位置即可。

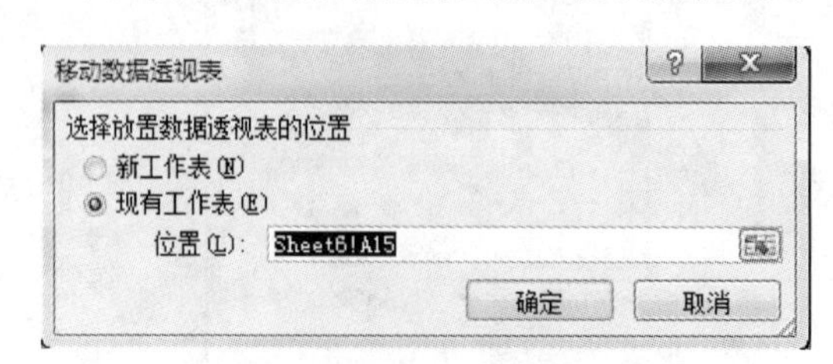

图 12-20 移动数据透视表

(2)删除数据透视表。

在需要删除的数据透视表的任意位置单击鼠标左键,在"选项"选项卡上的"操作"命令组中,单击"选择"下方的箭头,然后单击"整个数据透视表",按Delete键删除。

注意:如果要把透视表的所有边框和内容都删除,直接选中包含数据透视表的单元格,单击鼠标右键,选择"删除"命令即可。

(3)更改字段名称。

最终的数据透视表中的每个字段都有一个名称,列和筛选区域中的字段从源数据的标题继承其名称,数据部分中的字段会被赋予"求和项:××"这样的名称。

实际操作中,可以更改默认名称,直接单击字段输入一个新名称即可。

(4)从数据透视表中删除字段。

若要删除字段,在数据透视表字段列表中,执行下列操作之一:

①在"选择要添加到报表的字段"框中,清除要删除的字段的复选框。注意清除复选框将从报表中删除该字段的所有实例。

②在布局区域中,单击要删除的字段,然后单击"删除字段"。

③在布局区域中,单击要删除的字段,并按住鼠标不放,然后将其拖到数据透视表字段列表之外。

(5)修改数据透视表的样式。

在"设计"选项卡的"数据透视表样式"样式库中,选中自己喜欢的样式。

(6)更改数据的汇总方式。

在"数据透视表工具"的"选项"选项卡中,单击"计算"下方的箭头,然后单击"按值汇总",汇总方式有求和、计数、平均值、最大值、最小值等,选择所设置的方式。

(7)设置数字格式。

在"数据透视表工具"的"选项"选项卡中,单击"计算"下方的箭头,然后单击"值显示方式",选择设置单元格格式中的任意一种格式。

(8)刷新数据。

当数据源中的某一个数值更改,只要单击透视表中的任意单元格,在"数据透视表工具"中,单击"选项"选项卡下"刷新"命令,就可得到更新数据后的数据透视表。

12.7 课后练习

登录"网络教学平台",下载本讲素材进行操作练习,在规定时间内提交作业。

第1题

打开文件"D12-1.xlsx",按如下要求进行操作:

(1)数据排序。

使用Sheet1工作表中的数据清单,按主要关键字"用水量"的降序次序和次要关键字"门牌号"的升序次序进行排序。

(2)数据筛选。

使用 Sheet2 工作表中的数据清单,筛选出“用水量”大于或等于平均用水量的记录。

(3)分类汇总。

使用 Sheet3 工作表中的数据清单,按“家庭人口”进行分类汇总,汇总方式为“平均值”,汇总项为“用水量”和“本月水费”。

(4)合并计算。

使用 Sheet4 工作表中的数据在“汇总表”中对“某公司费用支出情况(万元)”的数据进行“求和”合并计算。

(5)数据透视表。

使用 Sheet5 工作表中的数据,以“序号”为报表筛选,以“工资代号”为行标签,以“部门”为列标签,以“工龄”为求和项,在现有工作表的 A26 单元格处,建立数据透视表。

第 2 题

打开文件“D12-2. xlsx”,按如下要求进行操作:

(1)数据排序。

使用 Sheet1 工作表中的数据清单,按主要关键字“计算机”的降序次序和次要关键字“程序设计”的降序次序进行排序。

(2)数据筛选。

使用 Sheet2 工作表中的数据清单,使用高级筛选选出“程序设计”成绩大于或等于 85 分,或者“多媒体”成绩大于或等于 75 分的记录。

(3)分类汇总。

使用 Sheet3 工作表中的数据清单,以“商品”为分类字段,对“价格”进行“最大值”进行分类汇总。

(4)合并计算。

使用 Sheet4 工作表中的数据在“中心综合市场近期蔬菜价格均值”表中对连续 4 日的“中心综合市场蔬菜价格表”的数据进行“平均值”合并计算。

(5)数据透视表。

使用 Sheet5 工作表中的数据,以“商品”为行标签,以“时间”为列标签,数值以“价格”为“平均值”项,在现有工作表的 A24 单元格处,建立数据透视表。

第 3 题

打开文件“D12-3. xlsx”,按如下要求进行操作:

(1)数据排序。

使用 Sheet1 工作表中的数据清单,按“概率”进行升序排序。

(2)数据筛选。

使用 Sheet2 工作表中的数据清单,筛选出“市场情况”为“一般”的记录。

(3)分类汇总。

使用 Sheet3 工作表中的数据清单,以“方案”为分类字段,将“概率”和“利润”进行“最小值”进行分类汇总。

(4)合并计算。

使用 Sheet4 工作表中的数据,在“盈利概率分析”表中进行“最大值”合并计算。

(5)数据透视表。

使用 Sheet5 工作表中的数据,以“年份”为报表筛选,以“方案”为行标签,以“概率”为列标签,数值以“利润”为“最大值”项,在现有工作表的 A18 单元格处,建立数据透视表。

第 4 题

打开文件“D12-4. xlsx”,按如下要求进行操作:

(1)数据排序。

使用 Sheet1 工作表中的数据清单,按主要关键字“2012 年(万人)”的降序次序和次要关键字“四年总人数”的降序次序进行排序。

(2)数据筛选。

使用 Sheet2 工作表中的数据清单,筛选出“地名”为“上海”的记录。

(3)分类汇总。

使用 Sheet3 工作表中的数据清单,按“地区”为分类字段,将“三月”和“九月”的降雨量进行“求和”的分类汇总。

(4)合并计算。

使用 Sheet4 工作表中的数据在“汇总表”中对 两个“分公司医学仪器销售表”的数据进行“求和”合并计算。

(5)数据透视表。

使用 Sheet5 工作表中的数据,以“月份”为行标签,以“乌鲁木齐”为平均值,在现有工作表的 A16 单元格处,建立数据透视表。

第 5 题

打开文件“D12-5. xlsx”,按如下要求进行操作:

(1)数据排序。

使用 Sheet1 工作表中的数据清单,按主要关键字“销售量排名”的升序次序和次要关键字“经销部门”的升序次序进行排序。

(2)数据筛选。

使用 Sheet2 工作表中的数据清单,筛选出“数量”大于或等于 300 的记录。

(3)分类汇总。

使用 Sheet3 工作表中的数据清单,按“经销部门”为分类字段,将“数量”和“销售额”进行“求和”的分类汇总。

(4)合并计算。

使用 Sheet4 工作表中的数据在“汇总表”中对“明珠市各中学实验仪器统计表”的数据进行“平均值”合并计算。

(5)数据透视表。

使用 Sheet5 工作表中的数据，以“年份”为报表筛选，以“季度”为列字段，以“手机”为求和项，在现有工作表的 A16 单元格处，建立数据透视表。

第 6 题

打开文件“D12-6. xlsx”，按如下要求进行操作：

(1)数据排序。

使用 Sheet1 工作表中的数据清单，按主要关键字“分公司”的升序次序和次要关键字“产品类别”的降序次序进行排序。

(2)数据筛选。

使用 Sheet2 工作表中的数据清单，筛选出“销售数量”大于或等于 75 的记录。

(3)分类汇总。

使用 Sheet3 工作表中的数据清单，以“分公司”为分类字段，完成对销售数量进行“平均值”的分类汇总。

(4)合并计算。

使用 Sheet4 工作表中的数据在“全公司合计销售情况”中对“某分公司销售情况”的数据进行“求和”合并计算。

(5)数据透视表。

使用 Sheet5 工作表中的数据，以“分公司”为行标签，以“季度”为列标签，以“销售数量”为求和项，在现有工作表的 I8:M22 单元格区域，建立数据透视表。

完成操作后，工作表名不变，保存“D12-6. xlsx”工作簿。

第 7 题

打开文件“D12-7. xlsx”，按如下要求进行操作：

(1)数据排序。

使用 Sheet1 工作表中的数据清单，按主要关键字“系别”的降序次序和次要关键字“总成绩”的降序次序进行排序。

(2)数据筛选。

使用 Sheet2 工作表中的数据清单，使用高级筛选选出“实验成绩”成绩大于或等于 16 分，且总成绩大于或等于 90 分的记录。

(3)分类汇总。

使用 Sheet3 工作表中的数据清单，以“系别”为分类字段，完成对考试成绩进行“平均值”的分类汇总。

(4)合并计算。

使用 Sheet4 工作表中的数据在“甲/乙超市 2014 年部分商品夏季(利润)情况”中对“某超市 2014 年部分商品夏季(利润)情况(万元)”的数据进行“求和”合并计算。

(5)数据透视表。

使用 Sheet5 工作表中的数据，以“系别”为行标签，以“姓名”为计数项，在现有工作表的 A23 单元格处，建立数据透视表。

完成操作后，工作表名不变，保存“D12-7. xlsx”工作簿。

第 8 题

打开文件“D12-8. xlsx”，按如下要求进行操作：

(1)数据排序。

使用 Sheet1 工作表中的数据清单，按主要关键字“操作系统”成绩的升序次序进行排序。

(2)数据筛选。

使用 Sheet2 工作表中的数据清单，筛选出“平均成绩”大于或等于 80 分的记录。

(3)分类汇总。

使用 Sheet3 工作表中的数据清单，以“班级”为分类字段，完成对“数据库原理”、“操作系统”、“体系结构”成绩进行“平均值”的分类汇总。

(4)合并计算。

使用 Sheet4(a)工作表中的数据和 Sheet4(b)工作表中的数据在 Sheet4(c)工作表中进行“求和”合并计算。

(5)数据透视表。

使用 Sheet5 工作表中的数据，以“班级”为行标签，以“学号”为计数项，在现有工作表的 A33 单元格处，建立数据透视表。

完成操作后，工作表名不变，保存“D12-8. xlsx”工作簿。

第 4 篇　PowerPoint 2010

第 13 讲　PowerPoint 2010 的基本操作

PowerPoint 2010 是 Microsoft Office 2010 办公系列家族中的一个重要组成部分，是一种简单、方便的幻灯片演示文稿制作软件。PowerPoint 2010 能够制作出集文字、表格、图形、图像、音频、视频及动画演示效果等多媒体元素于一身的演示文稿，为人们传播信息、扩大交流提供了方便，目前被广泛应用于会议、工作汇报、课堂演示、教育培训、产品推介及各种报告会等场合。

13.1　PowerPoint 2010 的基础和创建

演示文稿是一个由幻灯片、备注页和讲义 3 部分组成的文档。PowerPoint 2010 默认的文件扩展名为“. pptx”，演示文稿中的一页称为幻灯片。演示文稿通常由若干张幻灯片组成，每张幻灯片都是演示文稿中既相互独立又相互联系的内容。

13.1.1　学习视频

登录“网络教学平台”，打开“第 13 讲”中“PowerPoint 2010 基本操作”的相关视频，在规定的时间内进行学习。

13.1.2　学习案例

1. *启动和退出* PowerPoint

启动：双击桌面上已创建的 PowerPoint 2010 的快捷方式图标；单击“开始”→“所有程序”→“Microsoft Office 2010”，打开“Microsoft PowerPoint 2010”软件；双击已存在的演示文稿文件（“. pptx”格式）。

退出：单击 PowerPoint 2010 窗口标题栏右端的“关闭”按钮；执行“文件”→“退出”命令；按快捷键 Alt＋F4。

2. PowerPoint *窗口*

PowerPoint 窗口由标题栏、菜单栏、功能区、状态栏、演示文稿编辑区和视图切换工具栏等组成，如图 13-1 所示。

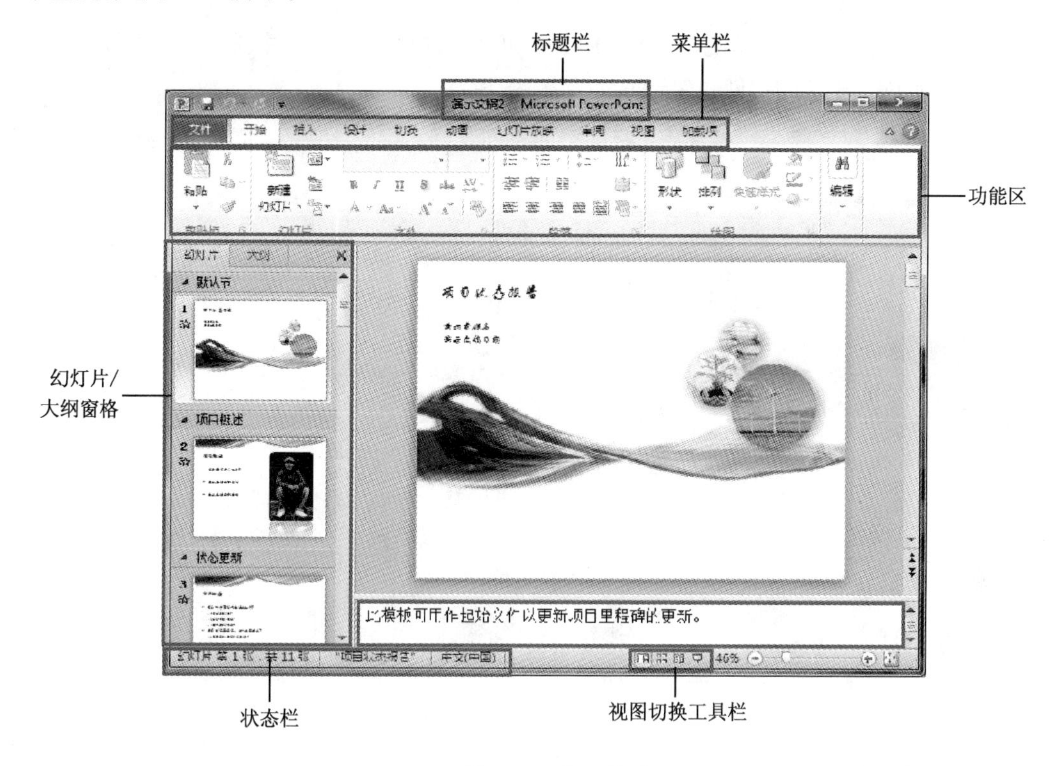

图 13-1　窗口组成

下面以具体的案例形式讲解如何创建演示文稿。

1. 创建空白演示文稿

在 PowerPoint 2010 中，在“文件”选项卡下选择“新建”命令，在右侧双击“空白演示文稿”按钮，或者单击“创建”按钮，即可创建一个空白演示文稿，如图 13-2 所示。

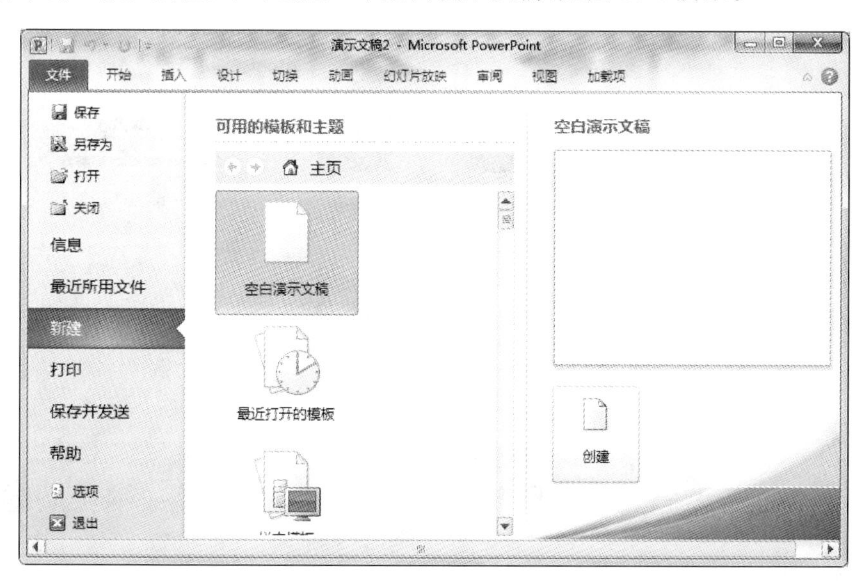

图 13-2　创建空白演示文稿

2. 根据主题创建

在“文件”选项卡下，选择“新建”命令，在右侧“可用的模板和主题”中选择“主题”，在主题列表中选择一种主题，并单击“创建”按钮，如图 13-3 所示。

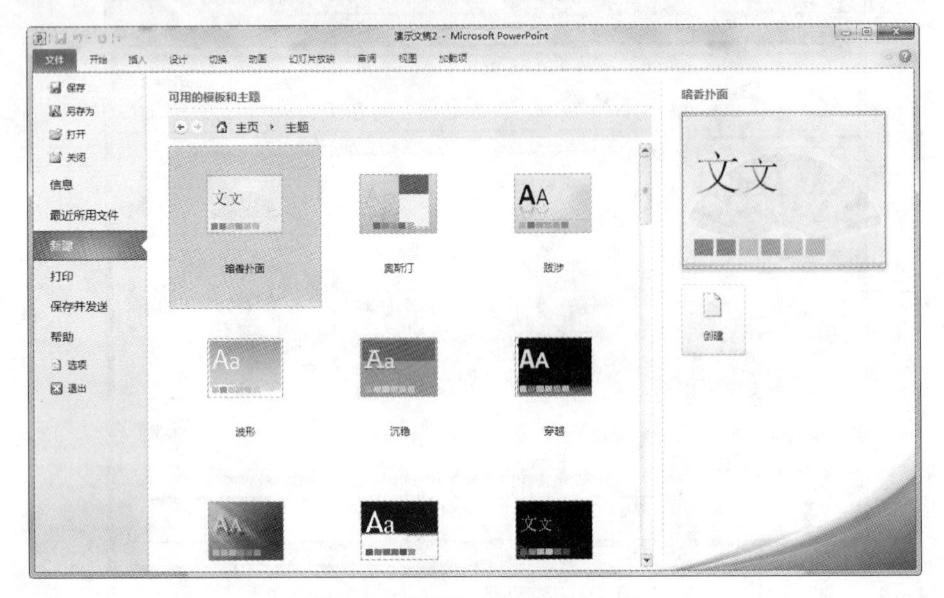

图 13-3 根据主题创建演示文稿

3. 根据样本模板创建

PowerPoint 2010 为用户提供了 9 种样本模板。在“文件”选项卡下选择“新建”命令，在右侧“可用的模板和主题”中选择“样本模板”，在其展开的列表中选择一种模板，并单击“创建”按钮，如图 13-4 所示。

图 13-4 根据样本模板创建演示文稿

4. 使用我的模板

用户还可以使用自定义的模板来创建演示文稿，在“文件”选项卡下选择“新建”命令，在右侧双击“我的模板”按钮，在弹出的对话框中选择模板文件，单击“确定”按钮即可。

5. 使用 Office. com 模板

用户也可以利用 Office. com 中的模板来创建演示文稿。在“文件”选项卡下选择“新建”命令，在“Office. com 模板”列表中选择模板类型，并在展开的列表中选择相应的模板图标即可，如图 13-5 所示。

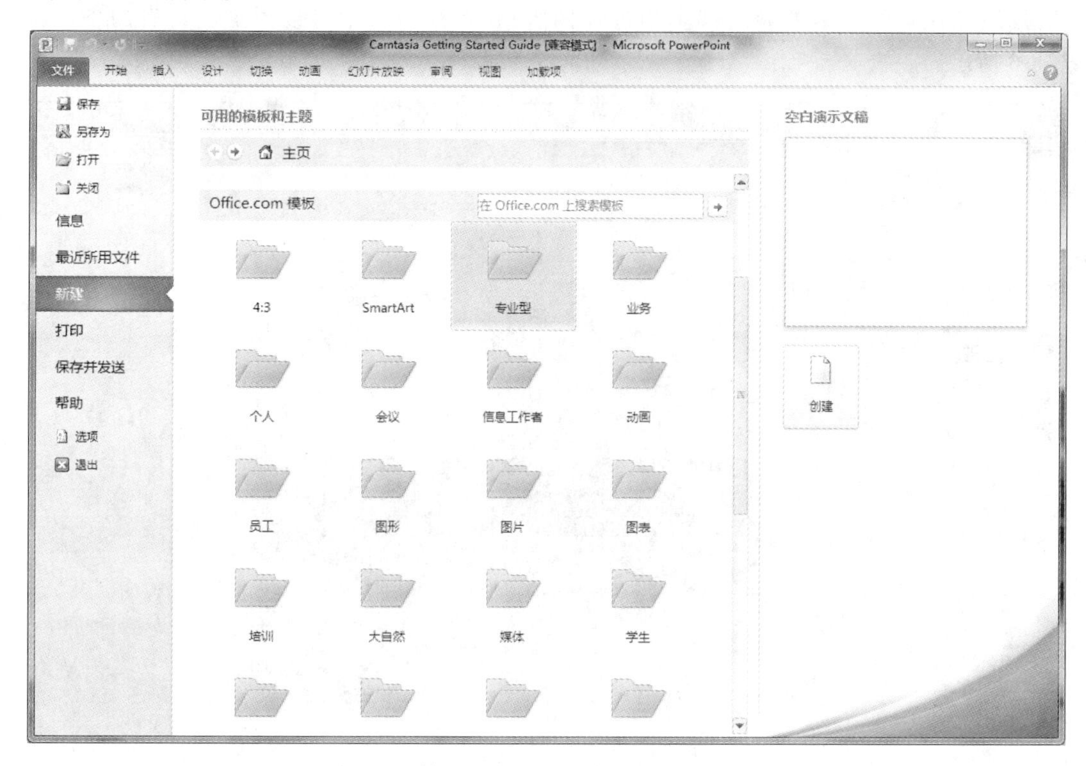

图 13-5　使用 Office. com 模板创建演示文稿

13.2　演示文稿的显示视图

PowerPoint 2010 提供了 4 种显示演示文稿的视图。切换视图的方式有两种：一种是打开“视图”菜单，从中选择所需视图；另一种是通过窗口右下角的 3 个视图按钮进行不同视图的切换。

13.2.1　学习视频

登录“网络教学平台”，打开第 13 讲中的“演示文稿的显示视图”中的视频，在规定的时间内进行学习。

13.2.2　学习案例

1. 普通视图

此视图包含 3 种窗格，即大纲窗格、幻灯片窗格和备注窗格。在大纲窗格中，可以组织和构架演示文稿的大纲，组织幻灯片各项的层次和调整幻灯片的顺序；在幻灯片窗格中，可以查看每张幻灯片中的文本外观与编辑幻灯片内容；在备注窗格中可以添加演讲者的备注，如图 13-6 所示。

图 13-6　普通视图

2. 幻灯片浏览视图

在这种视图下，按幻灯片序号的顺序显示演示文稿中全部幻灯片缩略图，可以复制、删除幻灯片，调整幻灯片顺序，但不能对个别幻灯片的内容进行编辑、修改，如图 13-7 所示。

3. 备注视图

此视图模式用来建立、编辑和显示演讲者对每一张幻灯片的备注，如图 13-8 所示。

4. 阅读视图

阅读视图用来动态播放演示文稿的全部幻灯片。在此视图下，可以查看每一张幻灯片的播放效果。要切换幻灯片，可以直接单击屏幕，也可以按 Enter 键，如图 13-9 所示。

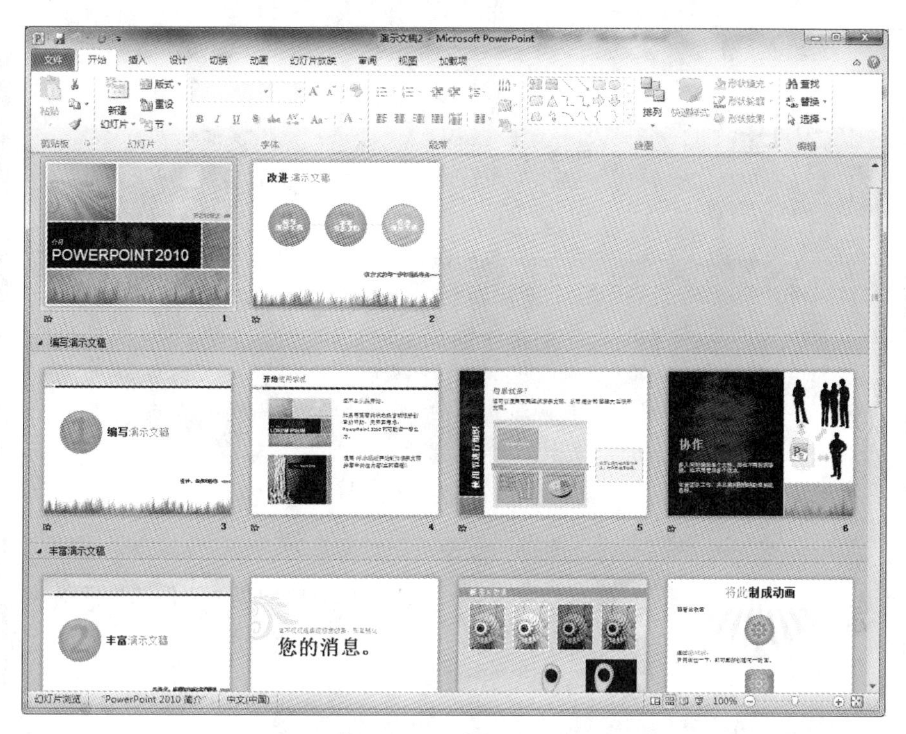

图 13-7　幻灯片浏览视图

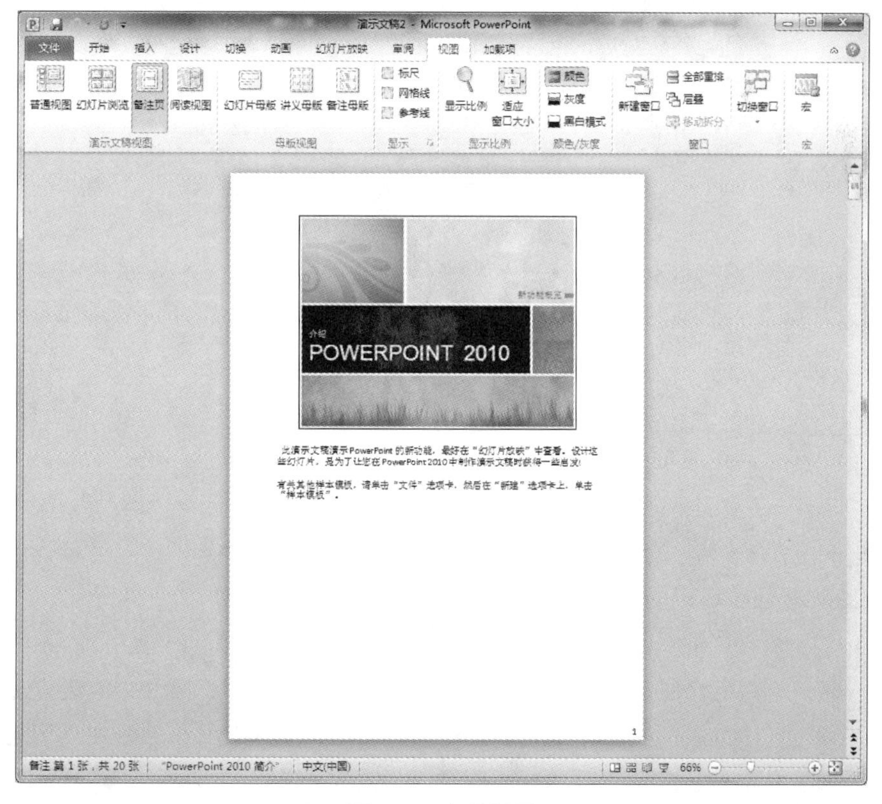

图 13-8　备注视图

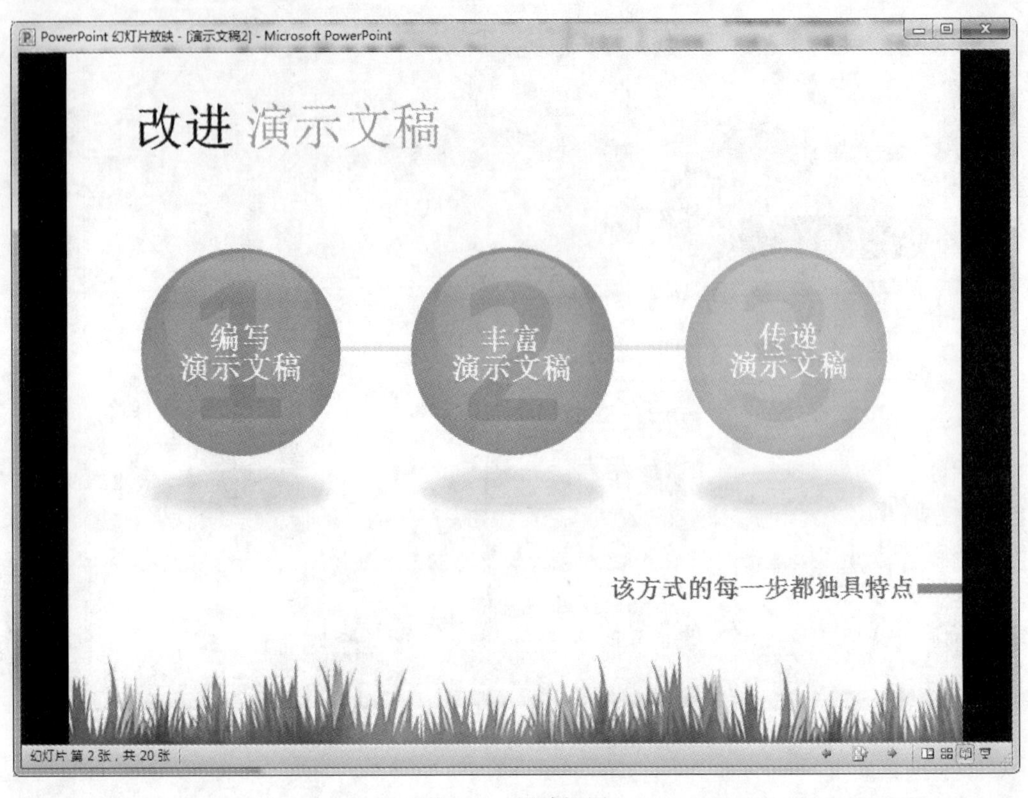
PowerPoint 幻灯片放映 - [演示文稿2] - Microsoft PowerPoint
改进 演示文稿
编写
演示文稿
丰富
演示文稿
传递
演示文稿
该方式的每一步都独具特点
幻灯片 第 2 张，共 20 张

图 13-9 阅读视图

第 14 讲　幻灯片的修饰

PowerPoint 2010 作为 Office 2010 办公软件中的主要组件之一。制作的演示文稿配以恰当、合理的外观修饰及灵活的音、像、动作效果，将在很大程度上加强演讲、教学、产品演示等的效果。本讲内容将要学习如何修饰幻灯片，使得我们制作的幻灯片得体，且富有美感。

14.1　幻灯片外观修饰

幻灯片的外观修饰包括母版设置、主题设置、背景设置、应用设计模板 4 方面内容。

母版是存储有关演示文稿背景、颜色、字体、效果、占位符大小和位置等信息的模板。

版式是母版的具体体现形式，是母版的组成部分。

主题是指一组有关幻灯片外观的格式，包括颜色、背景、字体、幻灯片版式等；而背景样式是反映当前主题颜色的一组背景效果。

模板是母版及其主题、背景设置的聚合体。每个设计模板至少包含一个幻灯片母版。

本节介绍如何设置幻灯片母版及在母版中如何设置版式、主题及背景，模板的应用及保存等内容。

14.1.1　学习视频

登录“网络教学平台”，打开“第 14 讲”中“幻灯片外观修饰”目录下的视频，在规定的时间内进行学习。

14.1.2　学习案例

在某次分组学习中，需要为本组学习成果制作演示文稿模板，利用本讲知识，通过综合应用母版设置、背景设置、主题设置等方法设计学习汇报演示文稿模板。具体要求如下：

(1)制作片头母版。片头包含主题、成员、时间。片头标题艺术字样式为“填充-橙色，强调文字颜色 2，暖色粗糙棱台”，使用内置主题颜色“精装书”，字体使用“视点-微软雅黑”；字号为“48”，片头幻灯片版式重命名为“片头”。

(2)制作片尾。片尾主体内容为“感谢您的聆听！”片尾幻灯片版式重命名为“片尾”。

(3)所有幻灯片左上角添加“D14-1. png”标识；除片头片尾外，所有幻灯片添加页脚“信息科学与技术学院计算机基础教学部”。

(4)所有幻灯片背景设置为“渐变填充-雨后初晴”。

1. 幻灯片母版设置

新建名为“D14-1. pptx”的演示文稿，选定“视图”菜单选项卡，在“母版视图”区域选择“幻灯片母版”，如图 14-1 所示。

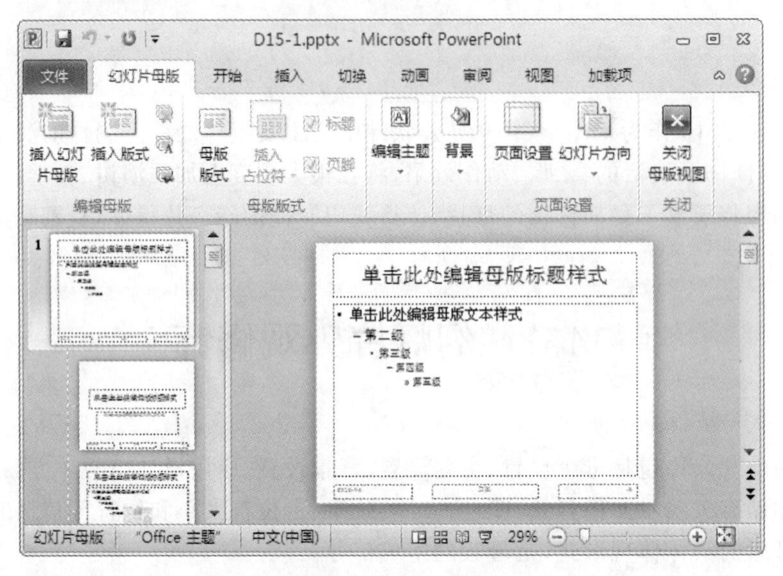

图 14-1 幻灯片母版

选定版式“标题幻灯片”，单击鼠标右键，在弹出的快捷菜单中选择“重命名版式”，该版式更改为“片头”，选定片头(或选中片头幻灯片中的“标题”占位符)，在“幻灯片母版”的“编辑主题”区域，选取“颜色”下拉列表中的“精装书”；选取“字体”下拉列表中的“视点-微软雅黑”。单击“绘图工具”→“格式”→“艺术字样式”命令，选取“填充-橙色，强调文字颜色 2，暖色粗糙棱台”，副标题处添加成员信息，完成后插入占位符或文本框完成日期添加，如图 14-2 所示。

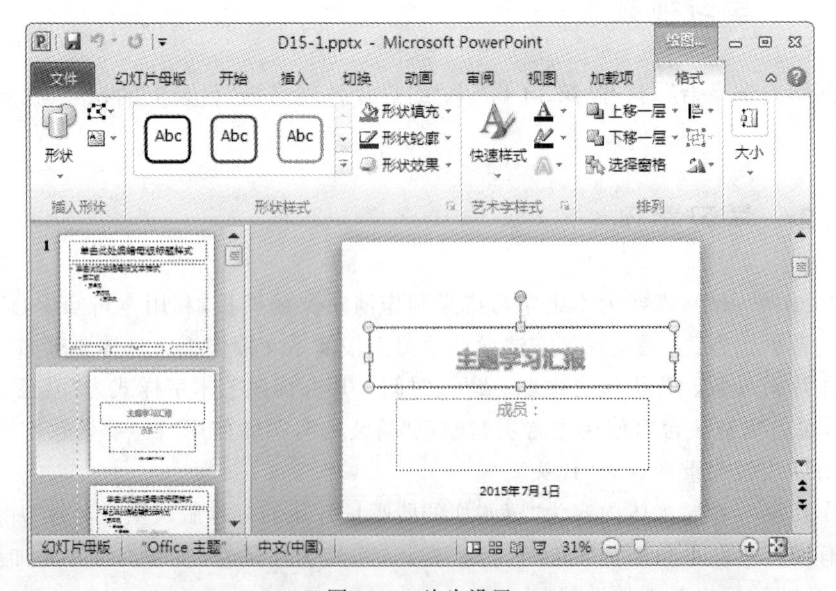

图 14-2 片头设置

插入空白版式，重命名为“片尾”，添加相应内容，完成如图 14-3 所示的幻灯片版式。

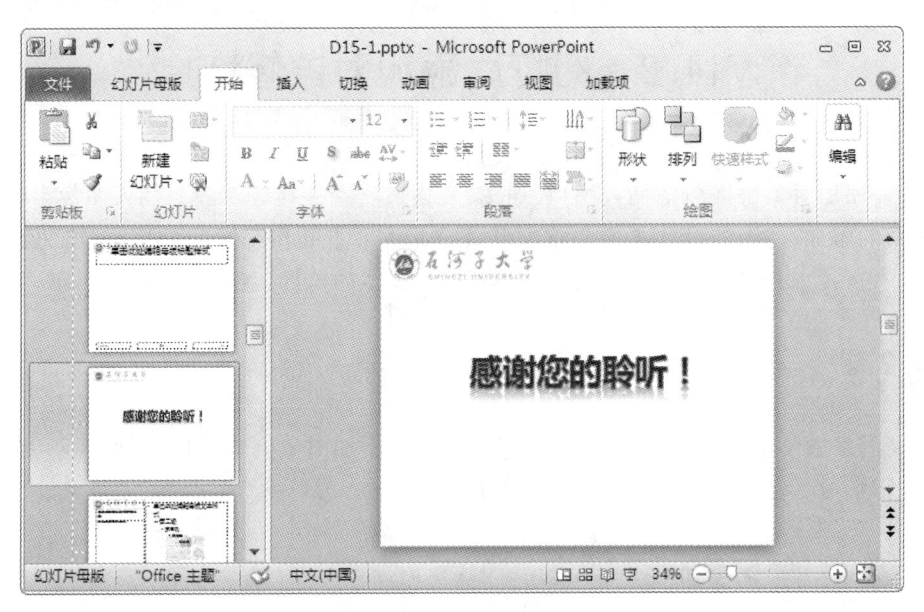

图 14-3　片尾设置

2. 背景设置

选定幻灯片母版首页，在“幻灯片母版”的“背景”区域选择“背景样式”，在设置“背景格式”对话框中选定“渐变填充”，且在“预设颜色”中选定“雨后初晴”，设置效果如图 14-4 所示。

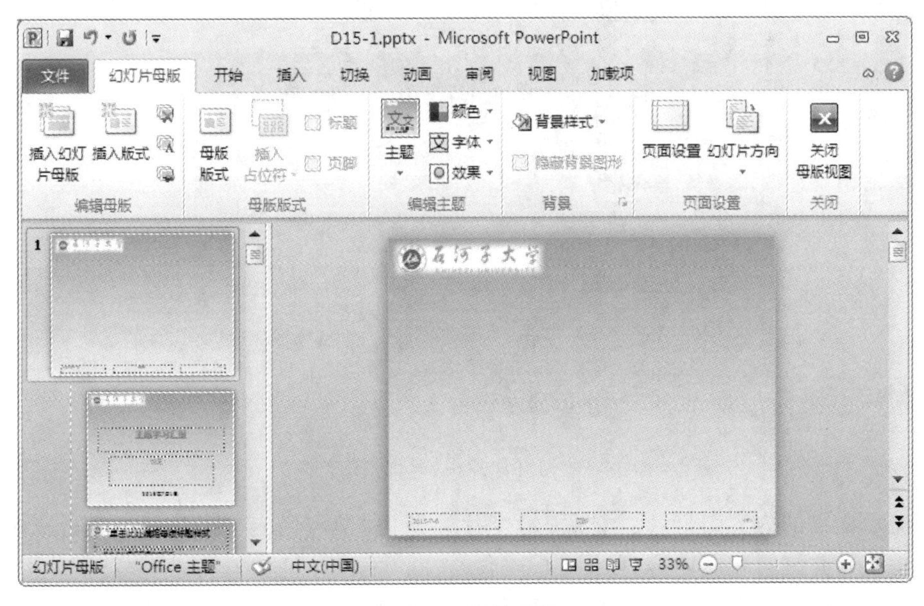

图 14-4　背景设置

保存设计完成的幻灯片母版，在后续完成具体汇报幻灯片过程中选择上述设计中对应的版式即可。如果相应的设计为今后经常使用的固定模板，则可将设计的内容保存为自己的模板留待后续使用，另存时只需将保存类型更改为“PowerPoint 模板(*. potx)”即可。

14.2 幻灯片添加对象修饰

幻灯片添加对象修饰包括插入图像、插图、表格、媒体、链接等对象。插入图像主要包含图片、剪贴画的添加；插图的设计主要包括形状、SmartArt 图形和图标的添加；表格的添加主要包括插入表格、绘制表格及 Excel 电子表格等对象；媒体的添加包括视频、音频对象。

14.2.1 学习视频

登录"网络教学平台"，打开"第 14 讲"中 "幻灯片添加对象修饰"目录下的视频，在规定的时间内进行学习。

14.2.2 学习案例

使用 14.1.1 案例中制作的模板，完成主题为"中国网民规模与结构"演示文稿制作（共计 6 张幻灯片），制作内容与要求如下：

(1)片头：演示文稿第 1 张为片头，包含主题、成员、时间。片头标题为"中国网民规模与结构"，其他内容如图 14-5 所示。

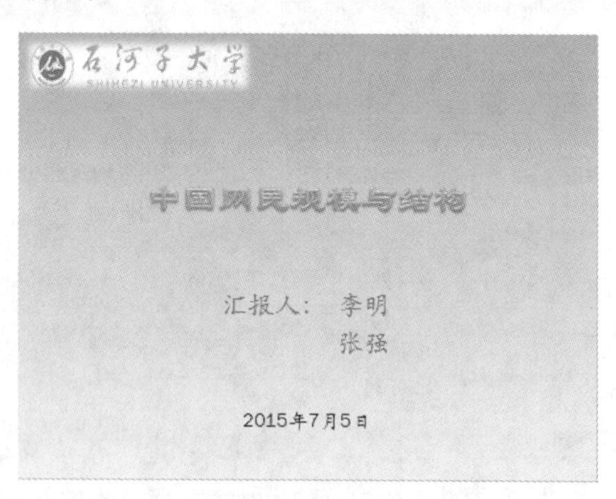

图 14-5 幻灯片片头（第 1 张幻灯片）

(2)演示文稿的内容幻灯片：第 2 张幻灯片标题为"学习内容介绍"，插入 SmartArt 图形（层次结构类），并编辑相应内容，如图 14-6 所示。

第 3 张幻灯片主题为，"网民"的范畴，内容如图 14-7 所示。其中，包含两个对象，第 1 个对象名为"垂直公式"的 SmartArt 图形（"关系"类）；第 2 个对象的形状为"五角星"，形状样式为"渐变填充"，预设颜色为"熊熊火焰"，类型为"路径"。

第 4 张幻灯片主题为"2005～2014 年中国网民规模"，内容如图 14-8 所示。完成相应文本及表格插入。

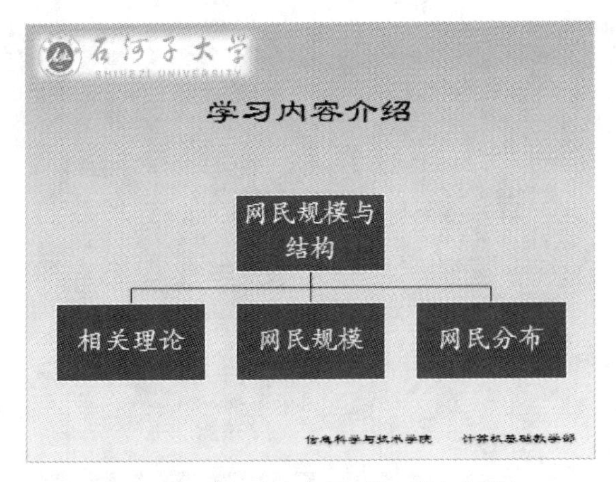

图 14-6　学习内容介绍(第 2 张幻灯片)

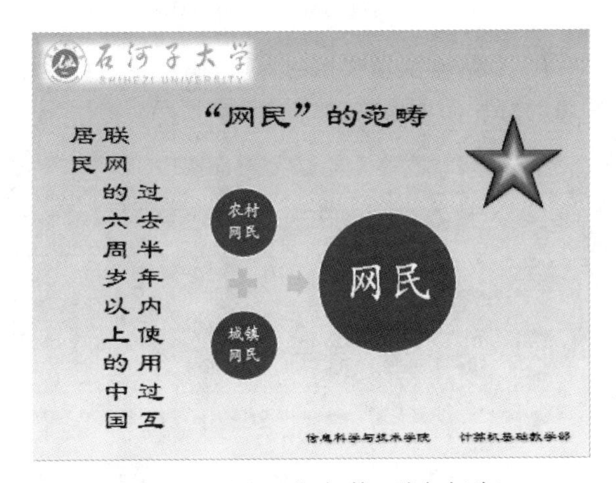

图 14-7　“网民”范畴(第 3 张幻灯片)

年度	2005	2006	2007	2008	2009	2010	2011	2012	2013	2014
网民数	1.11	1.37	2.10	2.98	3.84	4.57	5.13	5.64	6.17	6.49
普及率	0.085	0.105	0.16	0.226	0.289	0.343	0.383	0.421	0.458	0.479

图 14-8　十年“网民”规模(第 4 张幻灯片)

第 5 张幻灯片内容如图 14-9 所示。完成相应文本表格，在相应位置插入关键词为“因特网”下的对应剪贴画，并根据表格数据完成城镇、农村网民图表。

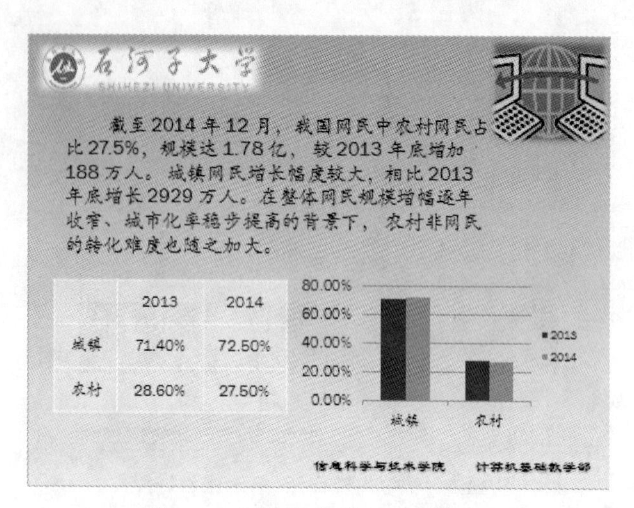

图 14-9　网民构成(第 5 张幻灯片)

(3)片尾:选定版式“片尾”作为本演示文稿的片尾,在片尾幻灯片中插入音频作为演示文稿背景音乐,设置该音频跨幻灯片循环播放,如图 14-10 所示。

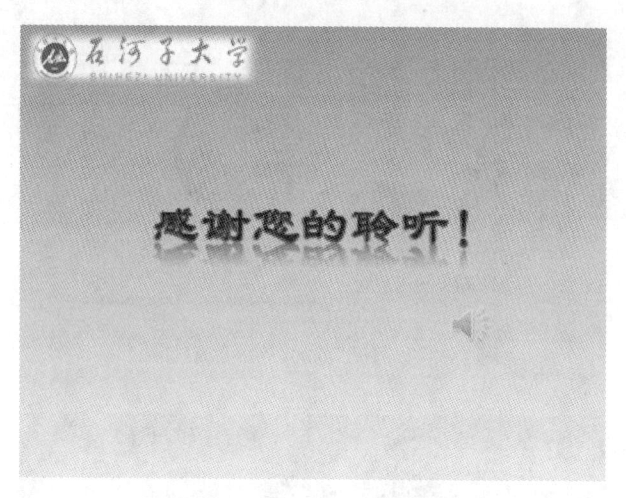

图 14-10　片尾(第 6 张幻灯片)

(4)完成演示文稿制作,保存名为“D14-2. pptx”至相应文件夹。

1. 制作片头

打开文件“D14-1. pptx”,另存为“D14-2. pptx”。新建幻灯片,选取版式“片头”,并按照题目要求文本内容编辑标题、汇报人。如果需要修改日期,则按上一节内容中的母版设置方法进入幻灯片母版,在片头母版中编辑日期信息。

2. 制作内容幻灯片

在幻灯片导航栏片头下方单击鼠标右键,新建版式为“内容”的幻灯片(或在“开始”选项卡中的“幻灯片”区域新建幻灯片),根据题目要求编辑相应标题。在“插入”菜单选项卡下,选定“插图”区域的 SmartArt 命令选项,打开如图 14-11 所示对话框,在“层次结构”类别中选取“组织结构图”图形作为本张幻灯片插入的对象。编辑相应文本内容,并将多余部分删除即可。

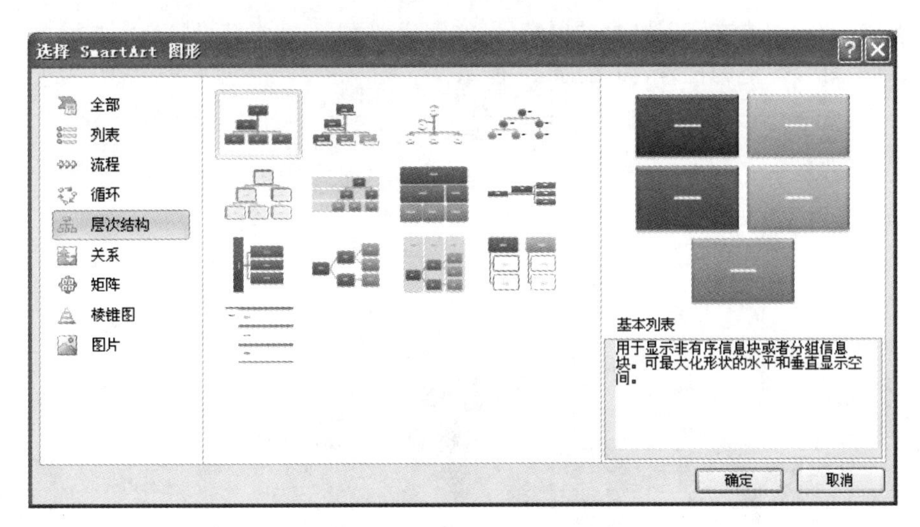

图 14-11　选择 SmartArt 图形

鼠标定位在左侧导航栏已完成的第 2 张幻灯片下方，单击鼠标右键，继续新建版式为内容的第 3 张幻灯片。编辑相关文本内容并按照第 2 张幻灯片添加 SmartArt 图形方式，选取“关系”类别中的“垂直公式”图形，完成题目要求的相应内容；在插入菜单选项卡“形状”列表中，选定“星与旗帜”类下的“五角星”，在幻灯片相应位置插入五角星图形。选定已绘制的五角星图形，单击“切换绘图工具”→“格式”命令，打开“设置形状格式”对话框，如图 14-12 所示。设置“填充-渐变填充”，预设颜色设置为“熊熊火焰”，类型设置为“路径”，完成相应内容调整。

图 14-12　设置形状格式

新建版式为“标题和内容”的第 4 张幻灯片，按照题目要求完成相应文本编辑。选择插入菜单选项卡，单击表格区域的“表格”命令选项，按照题目要求内容插入表格并编辑表格内容。

建立第 5 张幻灯片，编辑相应的文本内容并插入表格。在插入菜单选项卡的“图像”区域单击“剪贴画”，在“搜索文字”处输入“因特网”并完成搜索，在搜索结果中选定本题要求的剪贴画并插入到幻灯片对应的位置，如图 14-13 所示。

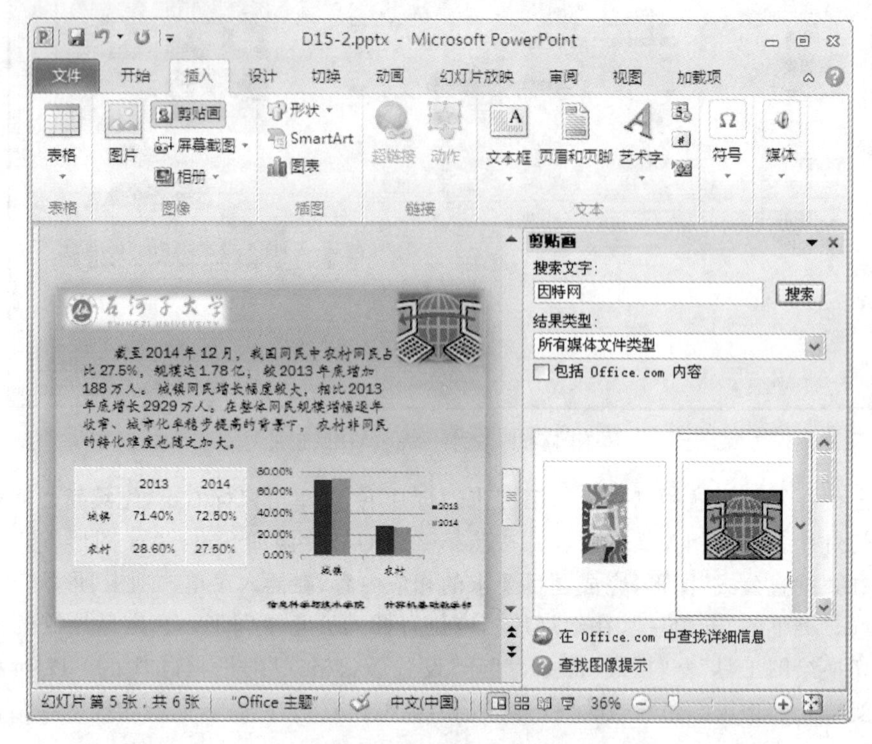

图 14-13 插入剪贴画

在“插入”选项卡下“插图”命令组中选择“图表”命令，按题目要求中的表格数据完成图表数据编辑，完成图表，如图 14-14 所示。

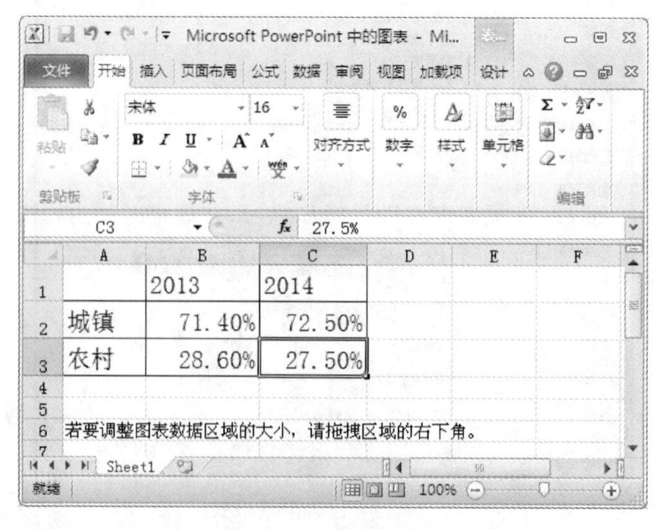

图 14-14 图表数据源

3. 制作片尾

新建版式为“片尾”的幻灯片，在“插入”选项卡下“媒体”命令组中选择“音频”并设置某音频文件为插入的背景音乐，选中音频图表，在菜单栏中切换至“音频工具”下的“播放”命令，选取“跨幻灯片播放”、“循环播放，直到停止”，完成相应的编辑。设置过程如图 14-15 所示。

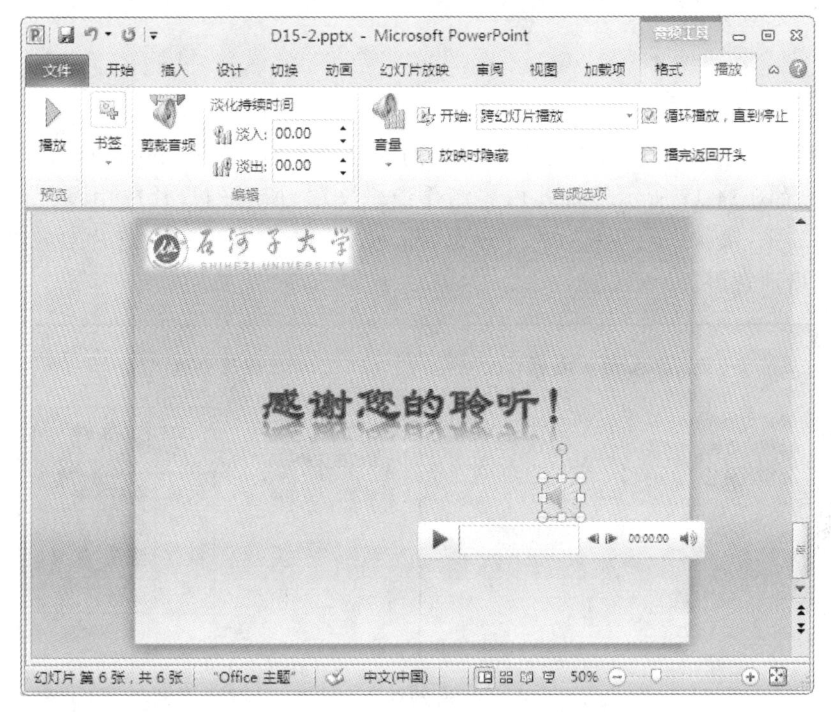

图 14-15　音频及设置

4. 检查并保存

检查所设计的演示文稿，无误后保存。

14.3　课后练习

登录“网络教学平台”，下载本讲素材进行操作练习，在规定时间内提交作业。

第 1 题

设计并保存名为“学号后三位＋姓名”的演示文稿模板，具体要求如下：

(1)设计片头母版，包括标题、副标题。标题字体为“隶书”，颜色为“红色”，字号为“48”；副标题字体为“楷体”，颜色为“深蓝”，字号为“36”。片头幻灯片版式重命名为“我的片头”。

(2)制作内容版式，利用系统提供的“标题和内容”版式设置内容版式，标题设置为“宋体”、“蓝色”、“40 号”，其他默认。页脚右下角处添加占位符并编辑你所在学院的名称。重命名该版式为“我的内容”。

(3)制作片尾，选取空白版式设置片尾，并在该版式居中位置插入艺术字样式为“填充-红色，强调文字颜色 2，暖色粗糙棱台”，艺术字内容为“自我介绍结束!”，片尾幻灯片版式重命名为“我的片尾”。

(4)所有幻灯片左上角添加你所在学院的标识图表。所有幻灯片背景样式设置为“图片”或“纹理填充-纹理-水滴”。

第 2 题

作为一个培训部门负责人，将为参加培训的学员进行“PowerPoint 培训”内容的宣讲，请按照图 14-16 及图 14-17 所示幻灯片内容制作演示文稿，所有幻灯片应用设计主题“暗香扑面”，其中，第 2 张、第 4 张幻灯片对象部分为 SmartArt 图形，第 3 张幻灯片对象部分为表格。文件保存为“培训宣讲. pptx”。

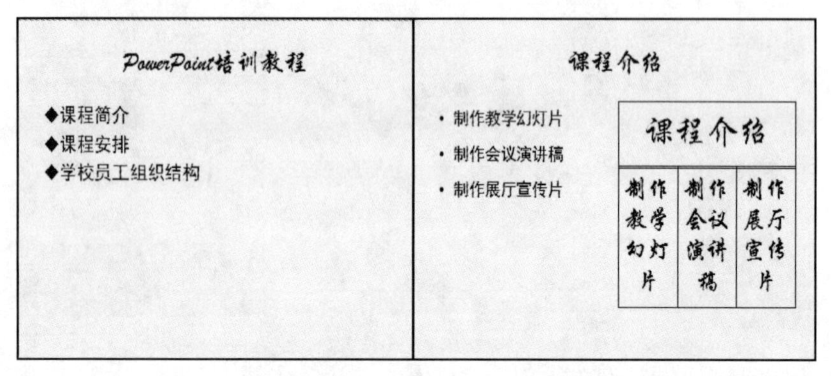

图 14-16　幻灯片 1 和 2

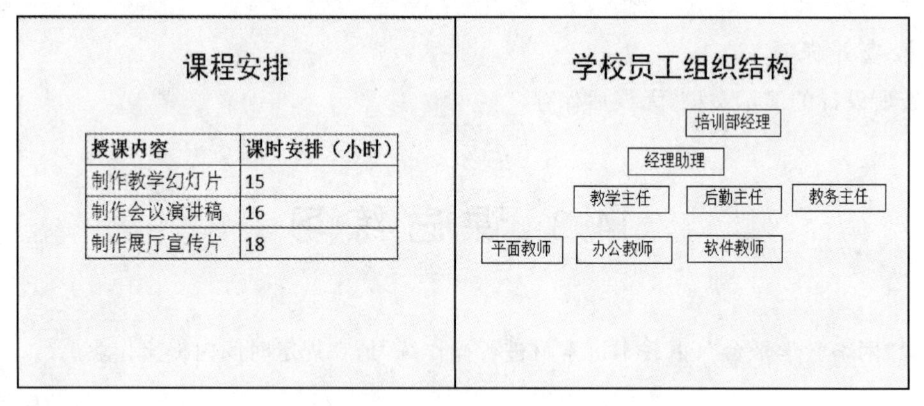

图 14-17　幻灯片 3 和 4

第 3 题

制作如图 14-18、图 14-19 和图 14-20 所示关于介绍菊花的演示文稿，所有幻灯片主题应用素材 D14 下的“菊花. thmx”，片头页标题艺术字样式为“填充-橙色，强调文字颜色 6，暖色粗糙棱台”，艺术字内容为“菊花介绍”；内容页幻灯片标题为“华文行楷”、“60 号”、“深红色”，文本内容字体为“华文新魏”、“36 号”、“黑色”；插入图片名为“菊花. jpg”，图片样式为“柔化边缘椭圆”。

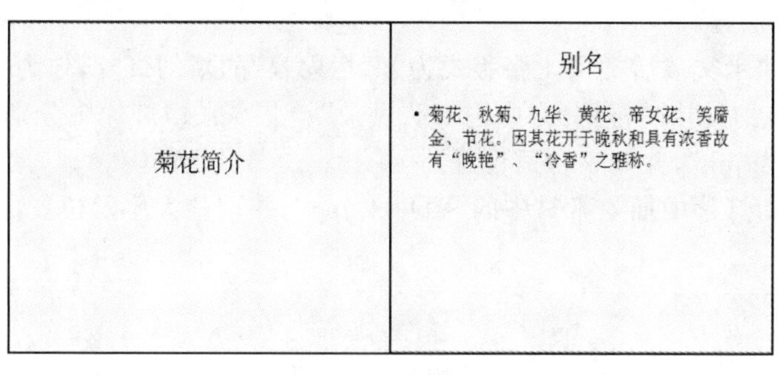

图 14-18　菊花的简介、别名

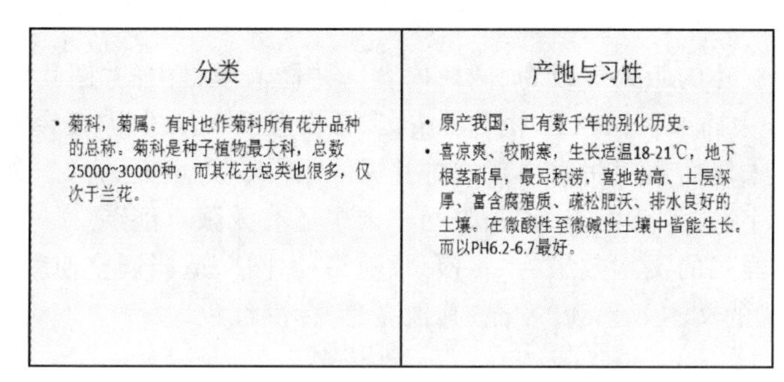

图 14-19　菊花的分类、产地与习性

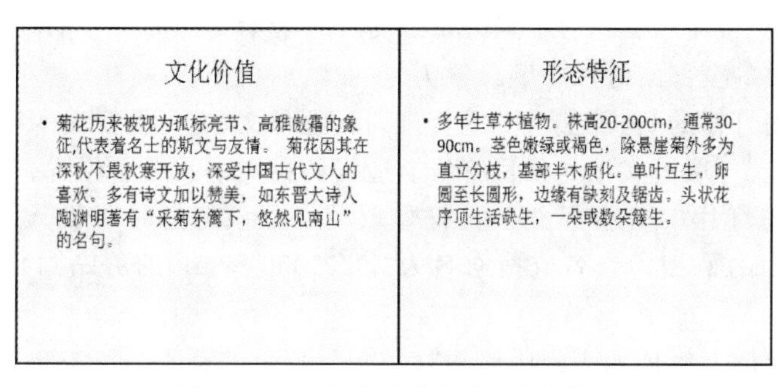

图 14-20　菊花的文化价值、形态特征

第 4 题

应用练习题 1 所设计的模板，设计一个自我介绍的演示文稿，该演示文稿包含 4 张幻灯片。第 1 张为片头，标题为“自我介绍”，副标题为个人姓名；第 2 张应用内容版式，标题为“我的家乡”，文本部分为个人家乡介绍；第 3 张应用内容版式，标题为“我的兴趣爱好及特长”，文本部分为个人兴趣、爱好、特长介绍；第 4 张为片尾，应用片尾版式。

第 5 题

复制素材文件夹中演示文稿“D14-5. pptx”文件到考生文件夹中，打开并完成如下操作：

(1)将演示文稿的全部幻灯片主题设置为“新闻纸”，主题字体设置为“行云流水”。

(2)在第 3 张幻灯片中插入素材中的“图片 1. jpg”，设置该图片样式为“映像圆角矩形”，适当调整图片大小及位置。

(3)在第 3 张演示文稿后插入 1 张版式为“两栏内容”的新幻灯片,作为整个演示文稿的第 4 张幻灯片,输入该幻灯片的标题为“中国军队风采”。在本张幻灯片中分别插入素材中的“图片 2.jpg”和“图片 3.jpg”,并调整合适位置。

(4)在第 5 张幻灯片中插入素材中的“图片 4.jpg”,并调整大小及位置。

第 6 题

复制素材文件夹中演示文稿“D14-6.pptx”文件到考生文件夹中,打开并完成如下操作:

(1)将演示文稿的全部幻灯片主题设置为“波形”,主题颜色设置为“流畅”,主题字体设置为“龙腾四海”。

(2)将第 3 张幻灯片的版式更改为“两栏内容”,并插入素材中的“图片 5.jpg”。

在第 4 张幻灯片中插入素材中的“图片 6.jpg”,并设置图片样式为“棱台左透视、白色”。

(3)在演示文稿末尾插入 1 张空白新幻灯片,插入样式为“填充-青绿、强调文字颜色 2,暖色粗糙棱台”的艺术字,艺术字内容为“互联网+未来还有无限可能”。

(4)设置艺术字样式的文本效果为“转换-跟随路径-圆”,适当调整使得艺术字整体呈现圆形。设置艺术字样式的文本效果为“发光-其他亮色-标准红色”。

第 7 题

复制素材文件夹中演示文稿“D14-7.pptx”文件到考生文件夹中,打开并完成如下操作:

(1)将演示文稿的全部幻灯片主题设置为“华丽”。

(2)将第 2 张幻灯片的版式更改为“垂直排列标题与文本”。设置文本字号为“36”,字体颜色为“蓝色(标准色)”。取消文本的项目符号。适当调整文本及标题位置。

(3)将第 3 张幻灯片中文本部分项目符号取消。在该幻灯片中插入名为“architecture, buildings,Islam”剪贴画(搜索该名或搜索名为“j0301050.wmf”的剪贴画)。适当调整文本及剪贴画大小及位置。

(4)在演示文稿的末尾插入 1 张版式为“标题和内容”的新幻灯片,并编辑标题为“年轻的石城欢迎您!”。在内容区域插入 SmartArt 图形,图形选取“关系”类中的“齿轮”,并自上而下依次在对应文本区输入:“年轻、美丽、朝气蓬勃”。更改该 SmartArt 图形的颜色为“彩色范围-强调文字颜色 2 至 3”,设置其 SmartArt 样式为“卡通”。

第 8 题

复制素材文件夹中演示文稿“D14-8.pptx”文件到考生文件夹中,完成如下操作并保存:

(1)将演示文稿的全部幻灯片背景样式设置为纹理“水滴”。

(2)将片头幻灯片(第 1 张)中的标题设置为“填充-粉红,强调文字颜色 2,暖色粗糙棱台”的艺术字,艺术字的形状样式为“强烈效果-深蓝,强调颜色 6”。

(3)设置除片头之外的所有幻灯片:标题文字设置为“紫色”、“加粗”、“40 号”、“华文楷体”,内容部分文字设置为“红色”、“楷体”。

(4)在演示文稿的末尾新增 1 张版式为“图片与标题”的幻灯片,标题编辑为“父爱永恒”、居中,图片区插入素材中的“图片 8.jpg”。

第15讲　演示文稿的放映

PowerPoint 2010 具有优秀的多媒体和交互动画功能，可以使演示文稿更加绚丽夺目，在演示过程中更好地吸引观众注意力。PowerPoint 2010 能够为其中的每一个对象设置个性化的动画效果及声音效果，为幻灯片之间的转换设置特殊的切换效果，并根据用户需求的不同，设置多种放映方式，帮助演讲者在达到最佳展示效果的同时，最大程度地节省时间与资源。

15.1　自定义动画

PowerPoint 2010 可以为演示文稿中的文本、图片、形状、表格等其他各种对象制作动画效果，并可以设置它们的进入、退出、强调、自定义路径等不同视觉效果。自定义动画的设置，使得演示文稿中的对象"动"起来，提升观众的观看体验，有助于展示者更好地表述展示主题。

本节介绍添加与删除动画的方法、为对象设置自定义路径、设置动画的播放次序以及开始方式、设置对象动画播放时长并添加音效以及为动画设置计时。

15.1.1　学习视频

登录"网络教学平台"，打开"第15讲"中"自定义动画"目录下的相关视频，在规定的时间内进行学习。

15.1.2　学习案例

为了更好地介绍和宣传石河子大学，请为已经制作好的幻灯片添加动画和切换效果，使演示文稿更加绚丽夺目，增强展示力度，使观赏者留下深刻的印象。

1. 添加自定义动画

PowerPoint 2010 的动画分为三大类：进入效果、强调效果、退出效果。

进入效果：当幻灯片放映或切换时，对象并不是直接显示在幻灯片上，而是根据动画动作的设置，以某种效果在幻灯片呈现后显示出来，使演讲内容更具层次感。

强调效果：当幻灯片放映或切换时，对象随着幻灯片的切换已经显示在幻灯片上，当触发了强调效果的动画设置时，该对象以某种效果执行设定动作，从而吸引观众的注意力，烘托氛围，在动画效果结束后，对象恢复原状。

退出效果：当幻灯片放映或切换时，已经显示于幻灯片上的对象，在触发该效果时，对象做完所设的动画效果就被隐藏起来，给观众造成该对象在幻灯片上消失的假象。

(1)快速创建基本的动画。

PowerPoint 2010 提供了“标准动画”功能，可以快速创建基本动画。具体操作步骤如下：

在普通视图中，选中要设置动画的文本或对象，选择“动画”选项卡，在“动画”命令组的“动画”列表中选择所需的动画效果，如图 15-1 所示。

图 15-1 快速创建基本动画

(2)为对象设置更多的进入效果。

为第 1 张幻灯片中正文文字部分设置自定义动画，进入效果，效果为“华丽型、挥鞭式”。具体操作步骤如下：

选中正文文字所在文本框，选择“动画”选项卡的“动画”命令组，单击下拉按钮，打开下拉菜单后，选择“更多进入效果”选项，打开“更多进入效果”对话框，如图 15-2 所示。

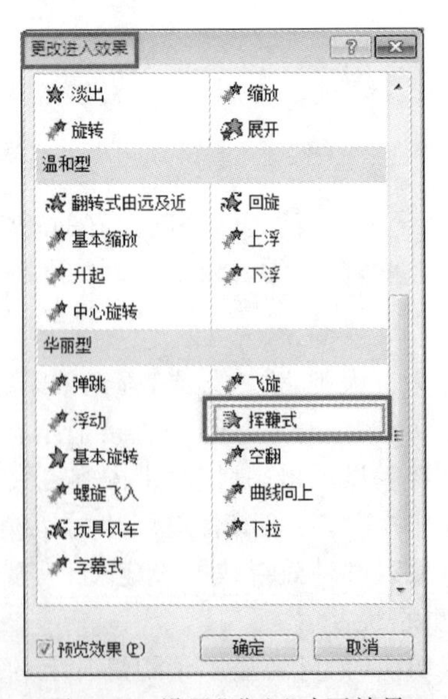

图 15-2 设置“进入”动画效果

在勾选如图 15-2 所示对话框底部的复选框“预览效果”后，每选中一种效果，即在所选定文本框中显示预览效果。

(3)为对象设置更多强调效果。

为第 1 张幻灯片的标题部分“石河子大学”设置自定义动画，强调效果为“填充颜色”。具体操作步骤如下：

选中文字“石河子大学”，选择“动画”选项卡，在“动画”命令组的下拉菜单中选择“强调”中的“填充颜色”命令，如图 15-3 所示。

在该下拉菜单中，选择“更多强调效果”命令，将弹出“更多强调效果”对话框，提供更多强调效果以供选择。

(4)为对象设置更多退出效果。

为第 2 张幻灯片文字部分设置自定义动画，选择“退出”中的“收缩并旋转”选项。

选中文字，选择“动画”选项卡，在“动画”命令组的下拉菜单中选择“退出”中的“收缩并旋转”命令，如图 15-4 所示。

图 15-3　设置“强调”动画效果

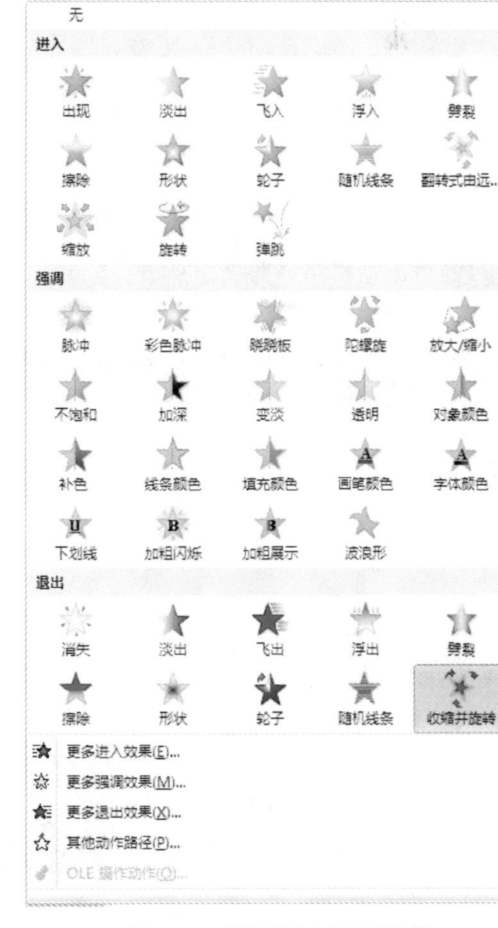

图 15-4　设置“退出”动画效果

在该下拉菜单中，选择“更多退出效果”命令，将弹出“更多退出效果”对话框，提供更多强调效果以供选择。

2. 设置对象的自定义动画路径

按如下步骤为第 1 张幻灯片中的标题设置自定义动画路径：

(1)选中要设置自定义动画路径的对象，选择“开始”选项卡“动画”命令组，单击下拉按钮，打开下拉菜单，选择“其他动作路径”命令，打开“更改动作路径”对话框，如图 15-5 所示。

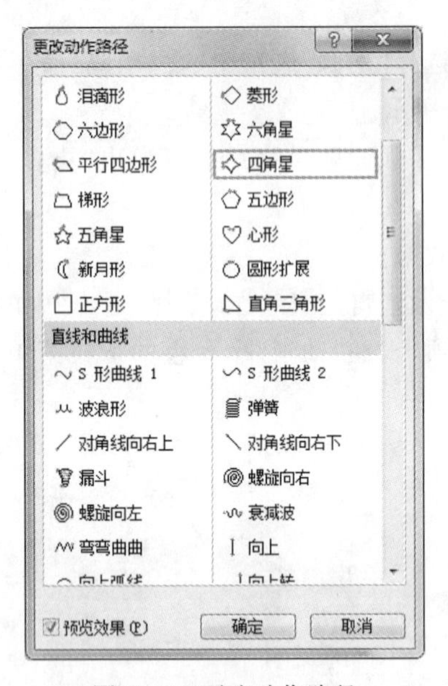

图 15-5 更改动作路径

(2)更改动作路径并确定后，已经为对象设置了动作路径，如图 15-6 所示，将光标定位在四角形周围的 4 个圆圈上并拖动，可以根据需要调整动作路径的形状及大小；将光标定位在四角形路径左边的绿色三角上，可以改变路径形状的位置；将光标定位在四角形路径上边的绿色圆点上，拖动鼠标，可以将四角形路径形状旋转任意的角度。

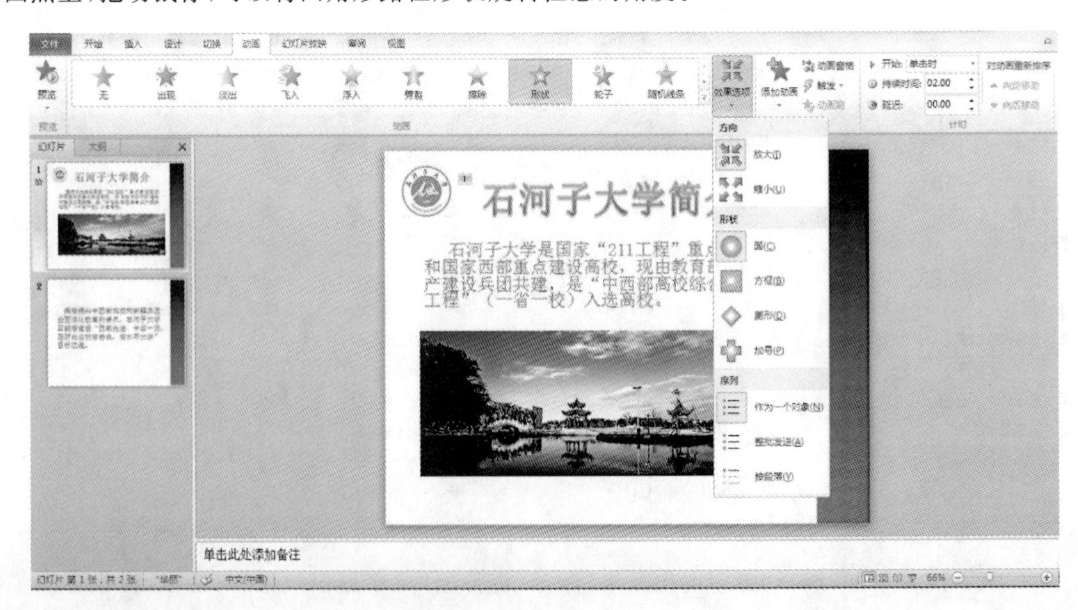

图 15-6 调整动作路径

3. 设置动画的运动方向

每个动画效果根据其打开的方向不同，有一个或多个不同的选项，设置完动画后，可以使用“动画”命令组的“效果选项”打开下拉菜单，在下拉列表框中选择动画的运动方向，如图 15-7 所示。若动画效果为自定义路径，则可以在“效果选项”中修改自定义路径的顶点，或者反转自定义路径。

图 15-7　设置动画运动方向

4. 为同一对象设置多个动画效果

一个对象的动画效果可以有多种，在设置完一种自定义动画后，可以选择“动画”选项卡的“高级动画”命令组，使用“添加动画”按钮，可以继续为该对象添加多个动画效果。

需要注意的是，为同一对象设置多个动画效果，应先选择“动画”选项卡“动画”命令组，为对象设置第一个动画效果，之后的动画效果，需在选定该对象的情况下，选择“动画”选项卡“高级动画”命令组中的“添加动画”，打开下拉列表，使用其中的命令为对象设置其余动画效果。

5. 设置多个动画间的播放次序

当用户在同一张幻灯片中添加了多个动画效果后，可以为动画效果重新设置播放次序，具体操作步骤如下：

在普通视图中，添加了动画效果的对象左侧会显示出动画播放次序的编号。

(1)选择“动画”选项卡“高级动画”命令组“动画窗格”按钮，打开“动画窗格”列表框，列表框中将显示出当前幻灯片中的所有动画效果，如图 15-8 所示。

(2)选定要调整顺序的动画效果，单击重新排序左右两边的箭头，即可移动动画效果位置；或者选中并拖动动画效果，也可以对动画效果进行重新排序。

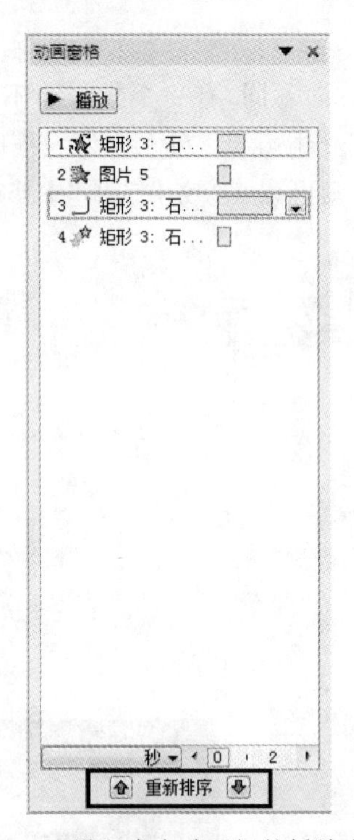

图 15-8　设置多个动画间的播放次序

6. 设置动画的开始方式

动画的开始方式分为 3 种:单击时、与上一动画同时、上一动画之后,如图 15-9 所示。

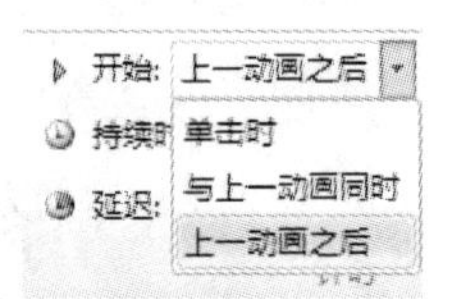

图 15-9　设置动画的开始方式

(1)单击时:选择此选项,则当前动画在上一动画播放完成之后,通过单击鼠标左键播放,当前动画的序号为前一动画序号+1。

(2)与上一动画同时:选择此选项,则当前动画与前一动画同时播放,当前动画序号与前一动画序号相同。

(3)上一动画之后:选择此选项,则当前动画在前一个动画播放后自动开始播放,当前动画的序号与前一动画序号相同。

7. 调控动画播放时长

PowerPoint 2010 中动画的默认播放时长为 0.5 秒,如果需要加快或者减慢动画的播放速度,可以通过手动的方式延长或缩短动画的播放时间,以调整动画的运动速度。具体操作步骤为:在“动画窗格”中选定要调整播放时长的动画效果,选择“动画”选项卡的“计时”命令组,在“持续时间”栏中,使用微调按钮或者手动输入需要设置的持续时间,如图 15-10 所示。

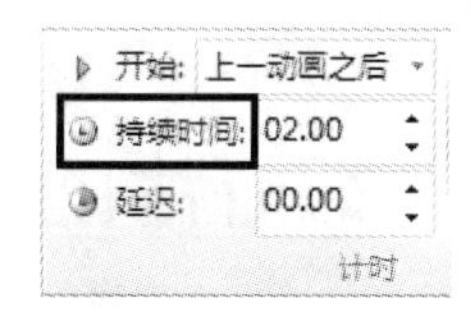

图 15-10　设置动画持续时间

8. 设置动画声音效果

将声音与动画联系起来，会收到更加满意的演示效果，可以按如下步骤为动画添加声音效果：

（1）在“动画窗格”中选择需要添加声音的动画效果。

（2）单击位于动画效果右端的向下箭头，在打开的下拉列表中选择“效果选项”选项，如图 15-11 所示。

（3）在弹出的对话框中，选择“效果”选项卡“增强”命令组中的“声音”，打开其右侧的下拉菜单，选择合适的声音效果，如图 15-12 所示。

（4）在使用声音效果时，除了内置的增强声音外，用户还可以选择位于“声音”下拉列表最后的列表项“其他声音”，通过弹出的“添加声音”对话框浏览并选择计算机硬盘中可用的声音文件。

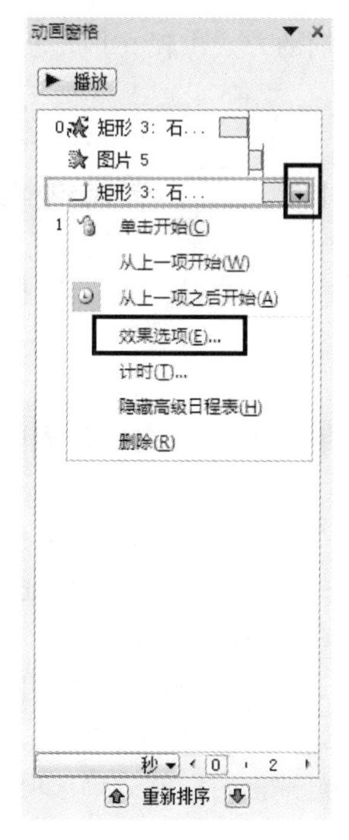

图 15-11　选择效果选项添加声音

9. 删除自定义动画

删除自定义动画的方法有如下两种：一种是选定要删除动画的对象，在“动画”选项卡的“动画”命令组中，选择“无”；另一种是在“动画”选项卡的“高级动画”命令组中，单击“动画窗格”按钮，打开动画窗格，在列表中右击要删除的动画，在弹出的快捷菜单中选择“删除”命令即可。

图 15-12　选择声音效果

15.2 幻灯片的切换

幻灯片切换是指在幻灯片放映视图中，从上一张幻灯片转换到下一张幻灯片时出现的类似动画的效果。为幻灯片之间的切换添加效果，可以使演示风格更加生动有趣，使幻灯片以多种不同的方式出现在屏幕上。可以通过设置控制每章幻灯片的切换速度，并为其添加声音效果。

15.2.1 学习视频

登录“网络教学平台”，打开“第 15 讲”中“幻灯片的切换”目录下的视频，在规定的时间内进行学习。

15.2.2 学习案例

为 15.1 节中制作完成的幻灯片设置切换效果，使其在放映时更加酷炫。

幻灯片切换方式分为细微型、华丽型、动态内容 3 种，每种各包含多个子类型。

(1)选择切换效果。

选择“切换”选项卡“切换到此幻灯片”命令组，单击下拉按钮，打开如图 15-13 所示的下拉菜单，当鼠标指向某效果上时，将显示该效果的提示说明。选择某效果，则将此效果应用到当前幻灯片上，打开“效果选项”下拉菜单，可为当前效果设置切换方向或切换形状。

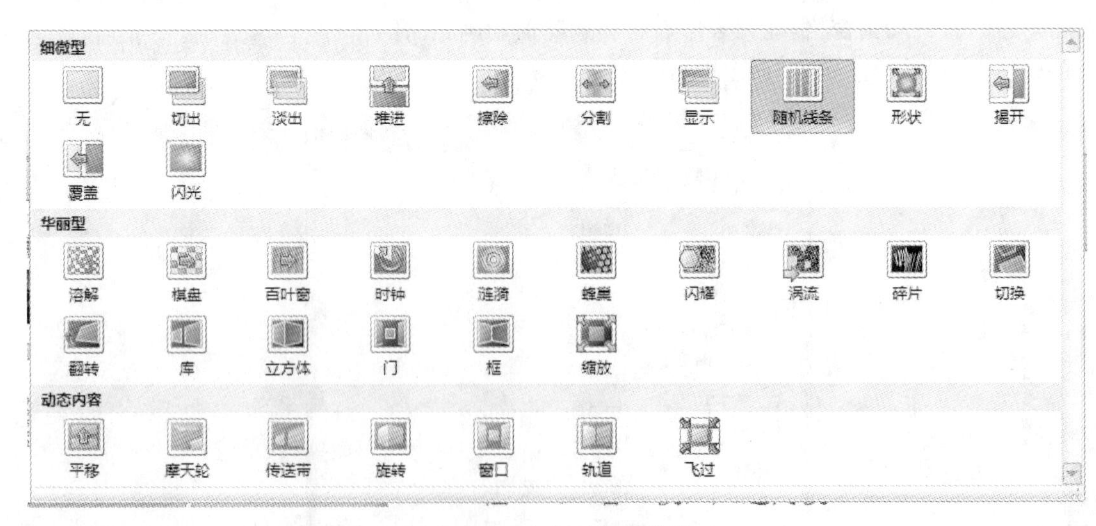

图 15-13 幻灯片切换效果

(2)设置声音、持续时间及换片方式。

选择“切换”选项卡“计时”命令组，如图 15-14 所示。

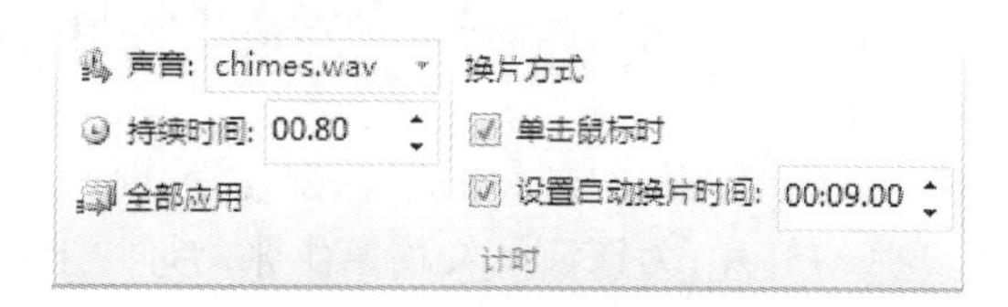

图 15-14　幻灯片切换计时

在“声音”下拉菜单中可以选择切换时的声音效果。

“持续时间”可以手动输入或者使用微调按钮调整时间，设置从上一张幻灯片切换到下一张幻灯片所用的时间。

单击“全部应用”按钮，可以将当前切换设置应用到该演示文稿的所有幻灯片切换中。

选择“单击鼠标时”复选框，将在单击鼠标时，切换到下一张幻灯片。

选择“设置自动换片时间”复选框，并在文本框中输入或者使用微调按钮调整时间，经过设置的时间后，将自动切换到下一张幻灯片。

“单击鼠标时”与“设置自动换片时间”复选框被同时选中时，则未超过自动换片时间时，单击鼠标左键可切换到下一张幻灯片；到了自动换片时间而未单击鼠标左键，则自动切换到下一张幻灯片。

15.3　演示文稿的交互与放映

演讲者在演讲或展示时，通常需要对演示文稿的放映进行控制，包括播放时对幻灯片的导航和对幻灯片中演示对象出现的控制等。演示文稿设计的质量，是否易于演讲者控制演示内容是一个重要的衡量指标。PowerPoint 2010 既能够方便地实现对幻灯片放映的控制又能够创建具有良好交互性的演示文稿。

创建完一个演示文稿之后，需要通过播放的方式展示给观众。演示文稿的播放方式通常有两种：连续放映幻灯片和自定义幻灯片放映。另外，也可以通过录制旁白，实现演示文稿的自动放映。

15.3.1　学习视频

登录“网络教学平台”，打开“第 15 讲”中“演示文稿的交互与放映”目录下的视频，在规定的时间内进行学习。

15.3.2　学习案例

1. 演示文稿的交互

在幻灯片的放映中，激活一个对象的交互式动作有两种方式，一种是用鼠标单击对象；另一种是将鼠标移动到对象上。用户可以指定一种用于启动交互式动作的方式，也可以将两个不同的动作指定给某个对象,从而使对象被鼠标单击时激活某个动作,而在鼠标移过该对象时则激活另一个动作。

为15.1节中建立的演示文稿第1张幻灯片的标题创建动作,使得鼠标在单击该标题时,自动播放该演示文稿的第2张幻灯片;为该演示文稿第1张幻灯片上的校徽图片创建动作,使得鼠标在移动到该图片上时,运行Windows 7操作系统的IE浏览器程序。具体操作步骤如下:

(1)设置单击对象链接到的位置。

在普通视图中,选中第1张幻灯片的标题。选择“插入”选项卡,在“链接”命令组中单击“动作”按钮,弹出如图15-15所示的“动作设置”对话框。选择“单击鼠标”选项卡,选择“超链接到”单选按钮,在下拉列表中选择“下一张幻灯片”列表项,单击“确定”按钮,在幻灯片放映视图中,单击该标题将会切换到下一张幻灯片。

图15-15 设置单击对象链接到的位置

(2)设置移动到对象时自动运行程序。

在普通视图中,选中第1张幻灯片上的校徽图片。选择“插入”选项卡,在“链接”命令组中单击“动作”按钮,弹出如图15-16所示的“动作设置”对话框。选择“鼠标移过”选项卡,选择“运行程序”单选按钮,单击其右侧的“浏览”按钮,弹出“选择一个要运行的程序”对话框,如图15-17所示,在“C:\Program Files\Internet Explorer”中选择“iexplore.exe”文件,单击“确定”按钮后,回到“动作设置”对话框,单击“确定”按钮即可。在幻灯片放映视图中,当鼠标移动到该图片上，将会自动运行系统自带的浏览器。

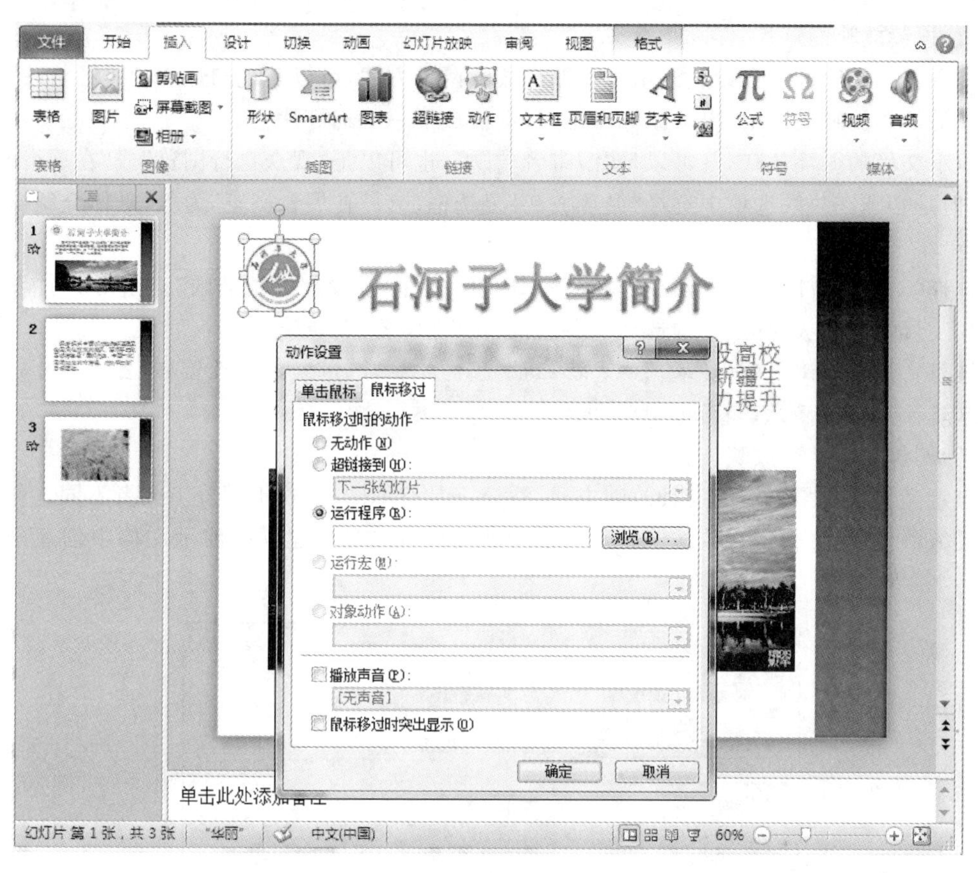

图 15-16　“动作设置”对话框

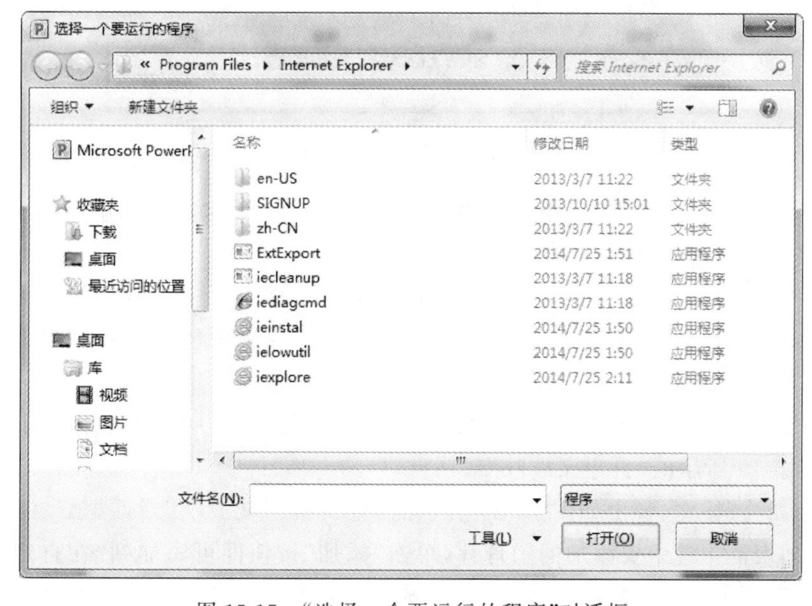

图 15-17　“选择一个要运行的程序”对话框

2. 演示文稿的放映

(1)连续放映幻灯片。

使用手动连续放映和设置演示文稿循环放映两种方式,可以实现幻灯片的连续放映。

在幻灯片放映视图中,单击鼠标左键,自动播放下一张幻灯片。

演示文稿的循环放映,既可以是“演讲者放映”,也可以是“观众自行浏览”或“在展台浏览”类型,但是必须在放映选项中选择“循环放映”复选框。以“在展台浏览”为例,具体介绍操作步骤如下:

选择“幻灯片放映”选项卡,在“设置”命令组中选择“设置幻灯片放映”,在弹出的“设置放映方式”对话框的“放映类型”中选择“在展台浏览(全屏幕)”。

注意:“在展台浏览(全屏幕)”要求已经设置好“排练计时”或已经设置好“自动换片时间”,并且只能按 Esc 键终止,如图 15-18 所示。

(2)幻灯片自定义放映。

自定义放映是最灵活的一种放映方式,适合于具有不同权限、不同分工或者不同工作性质的各类人群使用。“自定义放映”功能,可以帮助使用者在已经建立的演示文稿中创建子演示文稿。

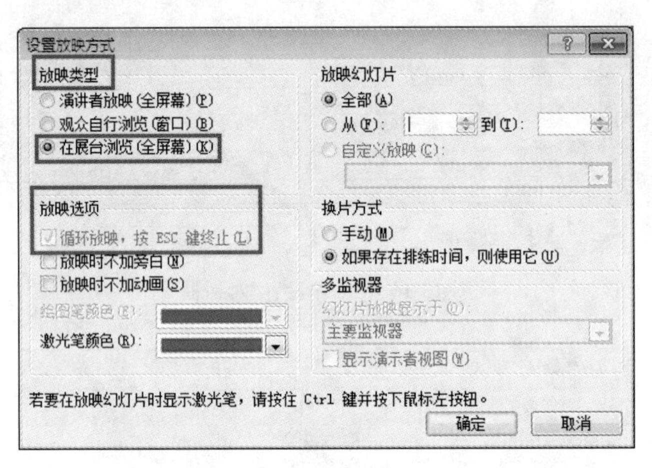

图 15-18　设置放映方式

例如,要分别对一个公司的市场部和销售部进行演示,通常会制作两个演示文稿。假设这两个演示文稿分别包含 30 张幻灯片,其中 20 张是重复的,则既浪费空间又浪费时间。更好的解决办法是,使用自定义放映。将两个演示文稿合成一个演示文稿,只需创建一个包含 40 张幻灯片的演示文稿,在放映完 20 张共同的幻灯片后,继续放映针对特定观众的幻灯片。

具体操作步骤如下:

(1)选择“幻灯片放映”选项卡,在“开始放映幻灯片”命令组中单击“自定义幻灯片放映”命令,弹出如图 15-19 所示的“自定义放映”对话框。

(2)单击“新建”按钮,弹出如图 15-20 所示的“定义自定义放映”对话框。在“在演示文稿中的幻灯片”列表框中选中要添加的幻灯片,单击“添加”按钮即可添加到“在自定义放映中的幻灯片”中。若要同时选中多张幻灯片,可在选中幻灯片时按下 Ctrl 键,再单击要选择的幻灯片。

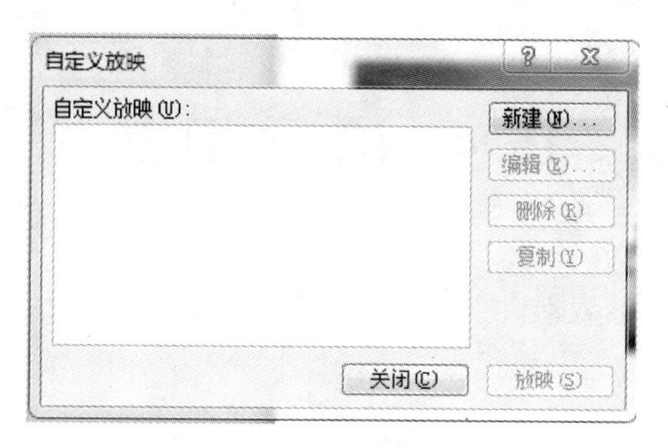

图 15-19　“自定义放映”对话框

若要改变自定义放映幻灯片中的幻灯片顺序，可先选中要调整位置的幻灯片，然后单击对话框最右边的上下箭头调整顺序。

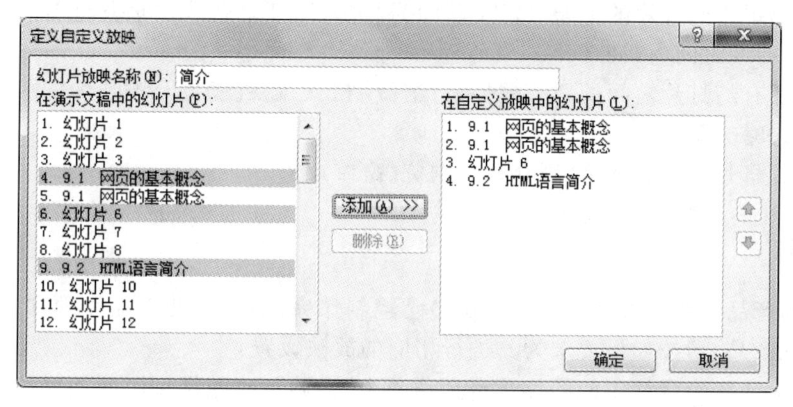

图 15-20　定义自定义放映

(3)在“幻灯片放映名称”文本框中输入放映的名称，单击“确定”按钮后，将放回到“自定义放映”对话框中，同时在“自定义放映”列表框中出现新建的自定义放映名称，如图 15-21 所示。

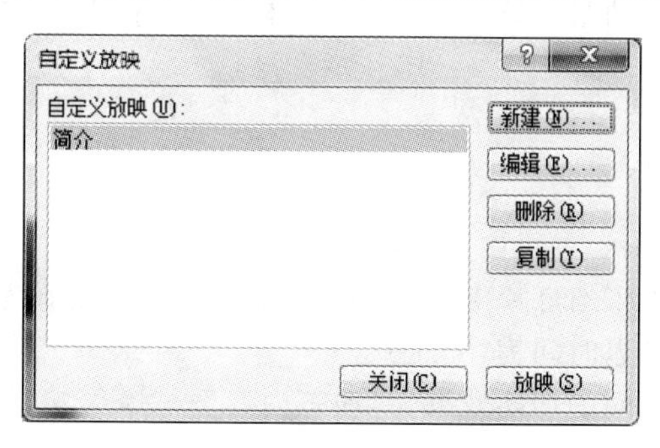

图 15-21　建立完成的自定义放映

在如图 15-21 所示的对话框中，单击“编辑”按钮，将弹出“定义自定义放映”对话框，使用户可以添加或删除任意幻灯片；单击“删除”按钮，将删除在“自定义放映”列表框中被选定的方案；单击“复制”按钮，将复制在“自定义放映”列表框中被选定的方案。

15.4 课后习题

登录“网络教学平台”，下载本讲素材进行操作练习，并以原文件名保存至学生文件夹中，在规定的时间内提交作业。

第 1 题

仕达科技公司董秘制作好了公司宣传幻灯片(D15-1.pptx)，为了在展台播放，请按如下要求为其设置演示文稿的放映：

(1)设置第 1 张幻灯片的标题自定义动画为“进入”→“翻转式由远及近”，开始时间为“上一动画之后”，持续时间为“02.00”。

(2)设置所有幻灯片之间的切换效果为“细微型”→“随机线条”，声音为“收款机”，自动换片时间为“00.09.00”。

(3)设置幻灯片放映方式为“观众自行浏览(窗口)”。

第 2 题

某饮料的产品介绍幻灯片(D15-2.pptx)已经制作完成，为了使产品经理在产品推介会上更好地展示该产品，请按如下要求为其进行相应的放映设置：

(1)设置第 2 张幻灯片中的图片自定义动画为“强调”→“陀螺型”，开始时间为“与上一动画同时”，延迟时间为“00.05”。

(2)设置所有幻灯片之间的切换效果为“华丽型”→“立方体”，声音为“无”，换片方式为“单击鼠标时”。

(3)为第 2 张幻灯片中的图片设置超链接，使得在放映中，通过单击图片，跳转到下一张幻灯片。

第 3 题

请为幻灯片(D15-3.pptx)进行如下设置：

(1)设置第 2 张和第 4 张幻灯片中的 Smart 图形的自定义动画为“进入”→“飞入”，开始时间为“在上一动画之后”，延迟时间为“00.10”。

(2)设置所有幻灯片之间的切换效果为“动态内容”→“摩天轮”，声音为“风铃”，换片方式为“单击鼠标时”。

(3)为第 2 张幻灯片中的 Smart 图形设置超链接，使得在放映中，单击该图形，跳转到第四张幻灯片。

第 4 题

请为幻灯片(D15-4.pptx)进行如下设置：

(1)设置片头页的艺术字的自定义动画为“动作路径”→“自定义路径”，效果选项为“曲线”,开始时间为“单击时”,持续时间为“00.80”。

(2)设置所有幻灯片之间的切换效果为“华丽型”→“涡流”,效果选项为“自底部”,声音为“无”,换片方式为“单击鼠标时”。

(3)为最后 1 张幻灯片中的文字设置超链接,使得在放映中,单击该文字,跳转到第 1 张幻灯片。

第 5 题

请为幻灯片(D15-5.pptx)进行如下设置:

(1)设置第 2 张幻灯片的文本部分的自定义动画为“退出”→“淡出”,开始时间为“单击时”,持续时间为“00.60”。

(2)设置所有幻灯片之间的切换效果为“华丽型”→“闪耀”,效果选项为“从左侧闪耀的菱形”,声音为“微风”,自动换片时间为“00.16.00”。

(3)为第 1 张幻灯片中的“个人姓名”设置超链接,使得在放映中,单击该文字,跳转到第 3 张幻灯片。

第 6 题

为使演讲更加生动,请为幻灯片(D15-6.pptx)进行如下设置:

(1)设置第 1 张幻灯片的标题文字的自定义动画为“强调”→“波浪形”,持续时间为“00.75”。

(2)设置第 1 张幻灯片与第 2 张幻灯片之间的切换效果为“华丽型”→“涡流”;效果选项为“自右侧”。

(3)设置自定义放映,其中只包含第 1 张与第 3 张幻灯片,自定义放映名称为“p1”。

第 7 题

请为幻灯片(D15-7.pptx)进行如下设置:

(1)设置第 2 张幻灯片中的第 1 行文字的自定义动画为“进入”→“百叶窗”,持续时间为“01.00”,开始时间为“上一动画之后”,并设置其余各行文字与第 1 行文字具有相同的动画效果。

(2)设置第 1 张幻灯片与第 2 张幻灯片之间的切换效果为“华丽型”→“时钟”;效果选项为“楔入”。

(3)为第 1 张幻灯片中文字“李白”设置超链接,使得在放映中,单击该文字,跳转到第 3 张幻灯片。

第 8 题

请为幻灯片(D15-8.pptx)进行如下设置:

(1)设置第 1 张幻灯片的标题文字的自定义动画为“强调”→“跷跷板”,持续时间为“00.35”。

(2)设置第 1 张幻灯片与第 2 张幻灯片之间的切换效果为“华丽型”→“涟漪”;效果选项为“自左上部”。

(3)设置自定义放映,其中包含第 1 张、第 3 张和第 4 张幻灯片,自定义放映名称为“p1”。

第5篇　其　　他

第16讲　因特网基础与简单应用

计算机网络的应用无处不在，计算机网络技术是计算机技术和通信技术紧密结合的产物。本讲内容包含两大类：一是理论知识，简要介绍网络及因特网的基本概念；二是因特网简单应用，包括 IE 浏览器的使用及电子邮件应用。

16.1　计算机网络的基本知识

计算机网络基本知识包括计算机网络的概念、组成、分类、网络拓扑结构、通信协议、IP 地址和域名、Internet 接入方式、电子邮件地址及格式等。

16.1.1　学习视频

登录“网络教学平台”，打开“第 16 讲”中 “计算机网络的基本知识”目录下的视频，在规定的时间内进行学习。

16.1.2　学习案例

计算机局域网的表示形式是什么？因特网上一台主机的域名由几部分构成？在域名中，edu 的意义是什么？使用最多的上网方式是什么？

计算机局域网的表示形式为 LAN；因特网上一台主机的域名由 4 部分构成；在域名中，edu 的意义是教育机构；使用最多的上网方式是电话拨号，即 ADSL 方式拨号。

1. 计算机网络概念

计算机网络是按照特定的通信规则，利用通信设备和通信线路将地理上分散的、具有独立功能的多个计算机系统连接起来，进而实现信息交流和资源共享的系统。

2. 计算机网络组成

从功能上来看，计算机网络由资源子网和通信子网两部分组成。资源子网是信息资源的提供者；通信子网提供了通信线路的功能。

3. 计算机网络拓扑结构

关于计算机网络的分类，计算机网络拓扑结构是指网络中的线路和节点的几何或逻辑排列关系，反映了网络的整体结构及各模块间的关系。主要有总线型、星型、环型、网型、树型 5 种拓扑结构。如图 16-1 所示，各类拓扑结构有较大差异。

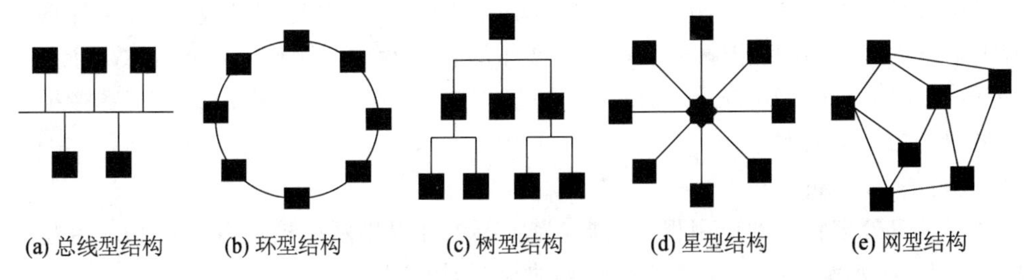

图 16-1　网络的拓扑结构

总线型拓扑结构，如图 16-1(a)所示，各节点连接在一条共用的通信电缆上，采用基带传输。其优点是节点加入和退出网络都非常方便、结构简单灵活、可靠性高、成本低、性能好；缺点是主干总线对网络起决定性作用，总线故障将影响整个网络。

环型拓扑结构，如图 16-1(b)所示，各节点依次连接起来，并把首尾相连构成一个环型结构。其优点是结构简单、建网容易、方便管理、成本低；缺点是环路是封闭的，不方便扩充，可靠性低，一个节点发生故障，将会造成全网瘫痪，维护困难，对分支节点故障定位较难。

树型拓扑结构，如图 16-1(c)所示，任意两个节点之间不产生回路。其优点是通信线路总长度较短、节点易于扩充、灵活、成本较低、易推广；缺点是除了叶子节点及与其相连的线路外，任一节点或与其相连的线路故障都会使系统受到影响。

星型拓扑结构，如图 16-1(d)所示，每个节点与中心节点连接，中心节点控制全网的通信，任何两个节点之间的通信都要通过中心节点。其优点是结构简单，易于实现和管理；缺点是由于采用集中控制方式的结构，一旦中心节点出现故障，就会造成全网瘫痪，可靠性较差。

网型拓扑结构，如图 16-1(e)所示，节点的连接是任意的，没有规律。其优点是可靠性比较高，易于扩充；缺点是结构复杂，建设成本高。

4. 计算机网络分类

(1)按地域划分。

局域网(Local Area Network，LAN)：覆盖的地理范围为几米到几千米的网络，如校园网等。

城域网(Metropolitan Area Network，MAN)：覆盖的地理范围为一个地区或城市，地理范围一般在 5～50 千米，是介于局域网和广域网之间的网络。

广域网(Wide Area Network，WAN)：又称远程网，覆盖的地理范围为几十千米到几万千米，可以覆盖一个国家、地区甚至全世界。

(2)按通信媒体划分。

按通信所用媒体划分可分为有线网和无线网两类。

(3)按通信传播方式划分。

按通信传播方式划分为点对点式网络和广播式网络两类。

(4)按使用范围划分。

按使用范围划分为公用网和专用网两类。

5. 通信协议

通信协议是为了使网络中相互通信的计算机之间高度协调地交换数据,每台计算机都必须在有关信息内容、格式和传输顺序等方面遵守的事先约定的规则。这里主要掌握 TCP/IP (Transmission Protocol/Internet Protocol)协议参考模型的分层结构,TCP/IP 参考模型将计算机网络划分为 4 个层次。

(1)应用层(Application Layer)。

应用层负责处理特定的应用程序数据,为应用软件提供网络接口,包括 HTTP(超文本传输协议)、Telnet(远程登录)、FPT(文件传输协议)等协议。

(2)传输层(Transport Layer)。

传输层为两台主机间的进程提供端到端的通信,主要协议有 TCP(传输控制协议)和 UDP (用户数据报协议)。

(3)互联层(Internet Layer)。

互联层确定数据包从源端到目的端如何选择路由,主要协议有 IPv4(Internet 协议版本 4)、ICMP(Internet 控制报文协议)以及 IPv6(Internet 协议版本 6)等。

(4)主机至网络层(Host-to-Network Layer)。

主机至网络层规定了数据包从一个设备的网络层传输到另一个设备的网络层的方法。

6. IP 地址

IP 地址是一种在 Internet 上给主机编址的方式,是连接到 Internet 上的每台计算机都由授权单位分配一个唯一的地址,也称为网际协议地址,由网络地址和主机地址两部分构成。IP 地址是由 32 位二进制数值组成,即 IP 地址占 4 个字节。为了书写方便,习惯上采用“点分十进制”方法,即每 8 位二进制数为一组,用十进制数表示,并用小数点“.”隔开形成 4 个十进制数和 3 个分隔点,如 192.168.1.1。其中,每个十进制数的范围是 0～255。

按照网络地址范围,即点分十进制数的首个十进制数的范围,IP 地址分为 A、B、C、D、E 五类,其中,A 类、B 类、C 类为基本类,D 类和 E 类地址留作特殊用途。在日常生活中,我们使用的地址一般为 C 类地址。IP 地址基本类的地址范围如下:

A 类 IP 地址:1～126,例如,121.156.254.1 为 A 类地址。

B 类 IP 地址:128～191,例如,128.168.250.220 为 B 类地址。

C 类 IP 地址:192～223,例如,192.168.2.1 为 C 类地址。

7. 域名

由于一台主机的 IP 地址是用 4 字节数字表示的,这种地址不便于记忆,而且从 IP 地址本身也得不到更多的信息,实际使用中很难推广,于是出现了用域名代替 IP 地址的方案。

域名(Domain Name)是用一组字符表示的一台主机的字符串通信地址,用来代替 IP 地址。为避免重名,域名采用层次结构,各层次的子域名之间用圆点(小数点)隔开。一个完整域名的一般格式是“主机名.单位名.机构.国别或地区”。域名可以表现出主机所在位置的社会氛围，如石河子大学的域名是 www.shzu.edu.cn。其中，www 表示主机，shzu 代表石河子大学，edu 代表教育机构，cn 表示中国。在网络上访问一台主机既可以使用该主机的域名访问，也可以使用它的 IP 地址来访问。域名中常用的缩写及含义如表 16-1 所示。

表 16-1　域名对照表

分类	缩写	代表意义	分类	缩写	代表意义
组织或行业性域名	COM	商业组织	国家或地区域名	CN	中华人民共和国
	EDU	教育机构		AG	南极大陆
	GOV	政府机构		AU	澳大利亚
	INT	国际性组织		HK	中国香港特区
	MIL	军队系统机构		IT	意大利
	NET	网络技术组织		DE	德国
	ORG	研究或非商业机构		UK	英国

关于域名还有以下几点需要注意：

(1)因特网的域名不区分大小写。

(2)整个域名的长度不可超过 255 个字符。

(3)网络中的一台计算机(终端)一般只能用于一个 IP 地址，但可以拥有多个域名地址。

(4) IP 地址与域名之间的转换由域名服务器 DNS 完成。

8. Internet 接入方式

Internet 接入方式通常有专线连接、局域网连接、无线连接和电话拨号连接 4 种，其中，使用 ADSL(非对称数字用户线路)方式拨号连接对众多个人用户和小单位来说是最经济、最简单，也是目前采用最多的一种接入方式。

9. 电子邮件基本知识

电子邮件(E-mail)是一种用电子手段提供信息交换的通信方式，在 Internet 上，电子邮件是一种通过计算机网络与其他用户联系的电子式邮政服务，也是当今使用最广泛而且最受欢迎的网络通信方式。

(1)电子邮件地址。

在 Internet 上，E-mail 地址是指某个用户的电子邮件地址，电子邮件信箱(电子邮箱)就是用该地址标识的。电子邮件地址的一般形式为：

username@hostname

其中，“username”是用户名或称为用户标识符；“hostname”是邮件服务器的域名，即主机名。

(2)电子邮件格式。

电子邮件一般由信头和信体两个部分组成。

①信头。

信头相当于信封，通常包含以下几项内容：

发送人：发送者的 E-mail 地址是唯一的。

收件人:收信人的 E-mail 地址,至少一个。若一次给多人发信,则多个收信人的 E-mail 地址之间用分号(;)或逗号(,)隔开。

抄送:表示发送给收信人的同时也可以发送到其他人的 E-mail 地址,可以是多个 E-mail 地址。

主题:信件的标题。一般用于提示收件人该邮件的内容。

②信体。

信体相当于信件的内容,可以是单纯的文字,也可以是超文本,还可以包含附件。

(3)电子邮箱。

电子邮箱是在网络上保存邮件的存储空间,一个电子邮箱对应一个 E-mail 地址,有电子邮箱才能收发邮件。

16.2 因特网简单应用

16.2.1 学习视频

登录“网络教学平台”,打开“第 16 讲”中 “因特网简单应用”目录下的视频,在规定的时间内进行学习。

16.2.2 学习案例

表弟张小朋今年高考考上了清华大学,发邮件向他表示祝贺。

E-mail 地址是:“zhangpeng_1989@163. com”。

主题为:“祝贺表弟高考成功!”

内容为:“小朋,你顺利考上清华大学,祝贺你考上自己心目中理想的大学,表哥在这里祝你大学生活顺利,学习进步,身体健康!”

1. *启动* Outlook 2010

单击考试界面菜单“答题”→“上网”→“启动 Outlook”命令,如图 16-2 所示,启动 Outlook 2010。

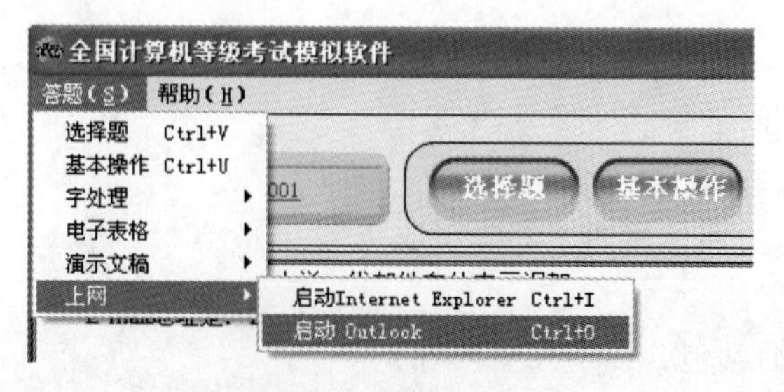

图 16-2 启动 Outlook 2010

在已启动的 Outlook 2010 窗口选取“开始”选项卡，如图 16-3 所示。单击“新建电子邮件”命令，即可打开“新邮件”窗口，如图 16-4 所示。

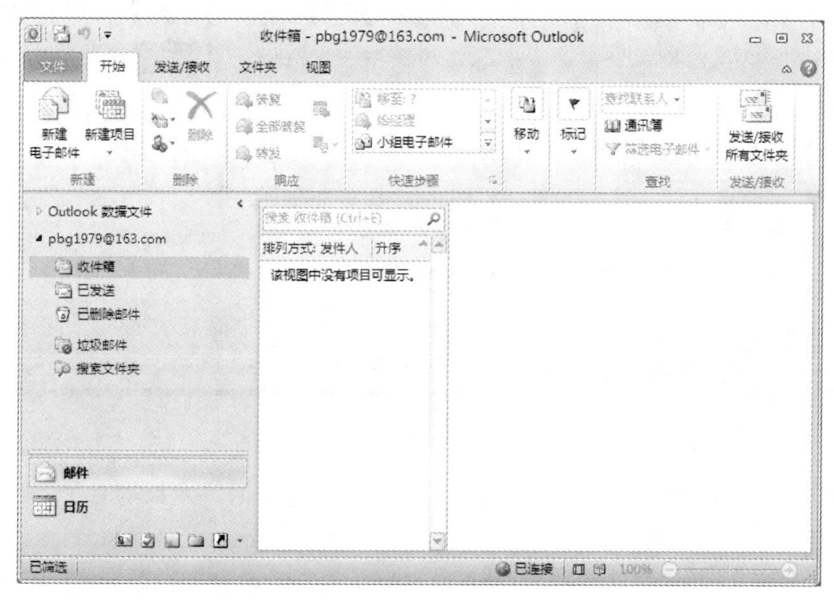

图 16-3　Outlook 2010 窗口

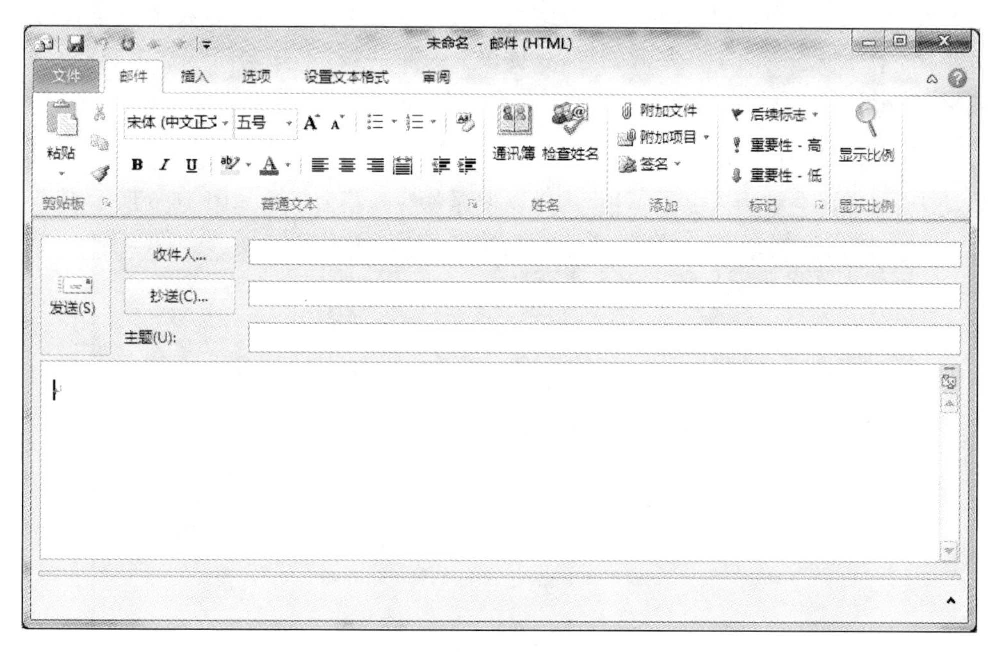

图 16-4　新建邮件

2. 邮件编辑

按照要求，依次填写收件人、主题、信件内容 3 个部分的具体内容，检查信头和信体内容无误后单击工具栏内“发送”命令，完成邮件发送，如图 16-5 所示。

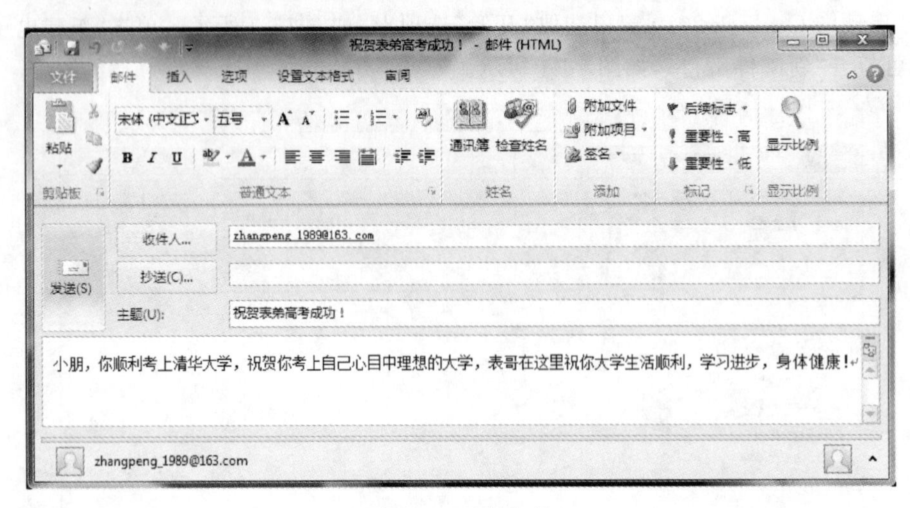

图 16-5　编辑邮件

在寒假中打算与高中同学小东、小强聚会，现发邮件向他们二人征求意见，并要求二人收信后发送回执。

小东与小强的 E-mail 地址分别是：“bg2008@vip. qq. com，1409272336@qq. com。”

主题为：“寒假小聚意见征求。”

内容为：“小东、小强，我是德华。高考结束后我们各自考上了自己理想的大学，转眼间分别已近半年，十分想念老同学。寒假临近，我提议大家聚一聚，不知老同学是否赞同？祝学习进步，身体健康！”

1. 个人电子邮箱登录

启动 IE 浏览器登录个人电子邮箱（这里以搜狐免费邮箱为例），如图 16-6 所示。

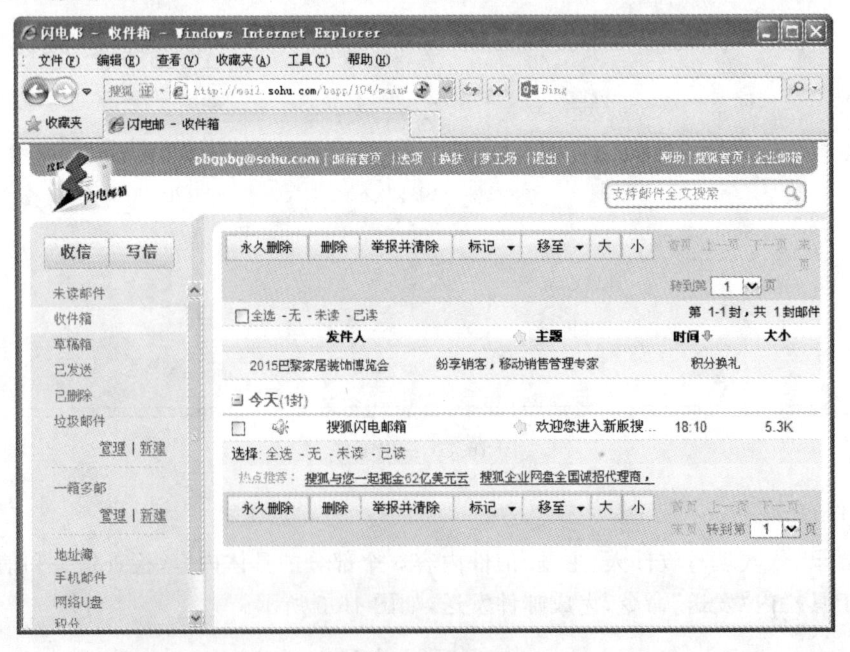

图 16-6　邮箱登录

2. 编辑并发送电子邮件

选定电子邮箱左侧导航栏处“写信”,并按照题目要求填写收件人、主题及邮件正文,并设置“要求回执”,如图 16-7 所示。

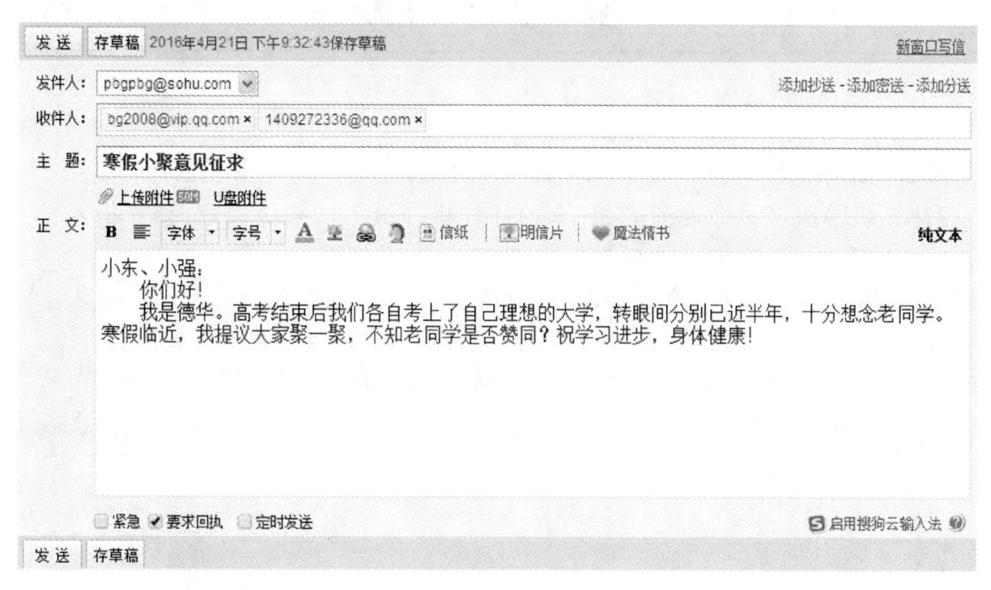

图 16-7　邮件编辑

检查信头与信体无误后,单击“发送”按钮,完成邮件发送,如图 16-8 所示。

图 16-8　邮件发送

参 考 文 献

[1] 冯泽森,王崇国.计算机与信息技术基础[M].4版.北京:电子工业出版社,2013.
[2] 全国计算机等级考试命题研究组.全国计算机等级考试一级教程:计算机基础及MS Office应用[M].天津:南开大学出版社,2015.
[3] 王诚君,杨全月,聂娟.Office 2010高效应用从入门到精通[M].北京:清华大学出版社,2013.
[4] 宋翔.Office 2010办公专家从入门到精通[M].北京:北京希望电子出版社,2010.
[5] 王成志,王海峰,李少勇.Office 2010高效办公综合应用完全自学手册[M].中文版.北京:兵器工业出版社,2011.